"우리가 누군가를 만나면 시너지가 나야 좋은 만남입니다."

아트놀로지시대,
정보통신과
음악산업의 만남

김일중 · 류석윤 공저

BOOK STAR

| 여는 글 |

"아트놀로지 시대, 정보통신과 음악산업이 만나다."
"우리가 누군가를 만나 시너지가 나야 좋은 만남입니다."

정보통신기술의 발전으로 스마트폰이 대중화됨에 따라 대부분 산업에서 경쟁 양상이 변화하였습니다. 그 이유는 경쟁 환경과 도구가 바뀌면 그에 대한 비즈니스 방법도 달라지기 때문입니다.

2016 OECD 보고서에 따르면 정보통신기술은 기술적인 변화(rapid technological change)가 매우 빠른 분야라고 하였습니다. 하지만 우리는 실제로 정보통신기술의 변화로 어떤 비즈니스 모델들이 등장하였고, 이로 인해 어떤 경쟁 전략을 추구해야 지속적인 경쟁 우위를 차지할 수 있을지에 대하여 구체적으로 알지 못하는 경우가 많습니다.

스마트 생태계로 진화하면서 나타난 대표적인 변화는 첫째, 창의력이 경제력이 된다는 것, 둘째는 ICT 기술에 의존하는 다양한 미디어 채널의 등장, 그리고 세 번째로 SNS를 통한 소비자들의 소통과 정보 획득 능력의 증대로 말미암은 소비자들의 권한 향상을 들 수 있습니다. 본 책은 이러한 대표적인 스마트 생태계의 특징을 독자들이 실제로 체감할 수 있도록 구성하였습니다.

정보통신기술의 진화에 따른 비즈니스 전략 변화를 음악산업에서 모색한 이유는 음악산업은 정보통신기술에 가장 많은 영향을 받는 산업 중 하나이기 때문입니다. 따라서 본 책에서는 스마트 생태계로 변화되는 물결 속에서 음악산업 비즈니스 방향과 전략이 어떻게 변화해 왔는지를 면밀히 분석하고, 이를 바탕으로 경쟁에서 지속해서 승리할 수 있는 전략적인 시사점을 제시하였습니다.

학자들이 모르는 현장의 이야기가 있고 현장에서 모르는 학자들의 이론에 근거한 이야기가 있습니다. 본 책의 최대 장점으로는 정보통신 분야 연구에 특화된 전문 연구원과 엔터테인먼트 대표가 함께 힘을 합쳐 집필하였다는 점입니다. 따라서 앞서 언급한 두 집단 간의 공백을 채울 수 있었으며, 추가적으로 각각의 장이 끝날 때마다 해당 분야의 전문가들로부터 인터뷰를 수행하였습니다. 이에 따라 독자들은 실제 스마트 생태계 내 기업들 간 경쟁에 대한 생생한 현장감 또한 느낄 수 있습니다.

본 책은 정보통신의 변화에 가장 민감한 산업인 음악산업을 집중적으로 딥다이브(deep dive) 했기 때문에 책의 내용과 제시 전략은 다른 콘텐츠 산업 분야(영화, 게임 등)에 종사하고 있는 독자들 또한 자신의 상황에 맞게 적용 및 응용할 수 있습니다. 그 이유는 모든 산업이 스마트 기기를 통해서 융합 현상(convergence phenomenon)이 나타나고 있기 때문입니다.

이탈리아의 볼로냐 대학교(Università di Bologna)에서 기호학, 건축학, 미학 등 다양한 분야에서 강의를 한 움베르토 에코(Umberto Eco, 1932~2016) 교수는 문화를 가진 사람의 첫 번째 의무는 계속해서 백과사전을 다시 쓰는 것이라 하였습니다. 저희는 이러한 관점에 입각하여 집필을 하였습니다. 따라서 본 책은 많은 학자들의 연구 성과물, 바쁜 와중에도 인터뷰에 흔히 응해주신 산업 관계자 분들, 익명의 인터넷 집필자들과 지식을 공유한 결과물입니다. 그리고 본 출판에 있어 함께 교정작업을 수행한 정수아, 안명아 씨에게 감사의 마음을 전합니다. 또한, 경제적 위험을 마다치 않고 본 책의 출판을 선뜻 응해주신 광문각출판사 박정태 회장님과 본 책이 더욱 대중적인 책이 되도록 도와주신 출판사 직원 분들께도 감사의 인사를 올립니다.

저자들은 본 책이 음악산업을 포함한 다양한 산업 분야에서 참고자료로 활용되어 한류 3.0시대에 대한민국 경제 발전을 위한 성장 동력 창출에 자그마한 기여가 되길 간곡히 희망합니다.

2016년 11월
김일중, 류석윤

| Overview |

　본격적인 창조경제의 시대가 시작되었습니다. 하지만 여전히 많은 사람이 대한민국 창조경제의 실체가 무엇인지에 대하여 의문점을 가지고 있습니다. 우선 실체라는 단어는 외형에 대한 실상(實相)을 의미합니다. 즉 실체라는 단어는 촛불에 비친 그림자가 아닌 촛불 자체의 형태에 포커스를 둔다는 것을 나타내는 단어입니다. 저자의 관점에서 창조경제의 실체는 문화 경제라고 볼 수 있습니다. 특정 나라의 문화에 기반을 두어 창의적으로 만들어진 제품과 서비스의 가치가 돈으로 환산되는 경제 활동입니다.

　한국형 창조경제는 무형의 경험 경제라고도 불리며 창조력을 기반으로 하는 콘텐츠 산업, 콘텐츠를 실어 나르는 수로의 역할을 하는 정보통신기술(ICT)산업, 그리고 전략적인 의사결정을 위한 경영기법(management skill)이 삼박자가 조화롭게 융합될 때 비로소 실현 가능합니다. 정보통신기술의 발전과 함께 다양한 형태의 스마트기기들은 이제 공기와 같이 우리 생활에 없어서는 안 되는 필수재가 되었으며, 이에 따라 대부분 산업의 경영 전략이 모바일 기반으로 재편되게 되었습니다. 그뿐만 아니라 기존 산업 간 경계가 모호해지는 융합 현상이 빈번하게 발생함으로써 사업자들 간의 이해관계 역시 더욱 복잡하게 변화하였습니다. 따라서 변화된 환경에 부합할 수 있는 새로운 경영 기법의 개발과 기존 경영 기법의 보완은 지속 가능한 경영을 위한 핵심 과제임이 틀림없습니다.

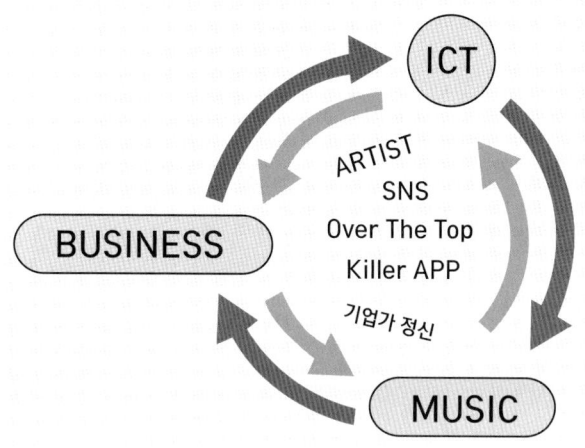

　본 책은 우리나라 콘텐츠 산업이 창조경제 달성을 위한 튼튼한 기둥과 새로운 성장 동력이라는 임무를 수행할 수 있도록 ICT의 역할과 이에 따른 다양한 경영 전략들을 음악산업을 중점으로 살펴보았습니다. 음악산업은 정보통신기술의 변화와 가장 연관성이 높은 산업 중 하나이기 때문에 스마트 시대 음악산업의 최신 이슈, 변화 양상, 그리고 변화된 환경에 경영학적인 대처 방안에 대한 이해는 인접 산업의 전략 설정과 적용에 매우 용이합니다.

　또한, 음악산업은 창의력을 바탕으로 콘텐츠를 창조하고 ICT를 활용함으로써 대한민국의 세계화(globalization)와 창조경제를 구축할 수 있는 근간 사업이라고 볼 수 있습니다. 예를 들면 월드스타 싸이는 ICT의 발전을 통하여 새롭게 생겨난 뉴 미디어 채널인 유튜브(OTT)를 통해서 세계에 알려지게 되었고, 그 결과 우리나라에 많은 외화를 가지고 올 수 있게 되었습니다.

음악산업은 제조업과 다른 특성을 지닌 산업입니다. 음악산업은 기술적인 측면 뿐 아니라 청취자의 감정 또한 어루만져 줄 수 있어야 하는 콘텐츠산업의 특징을 가지고 있습니다. 그러므로 음악산업은 기술적인 제작 및 유통 가능성뿐만 아니라 인간의 감성까지 고려해야 하는 매우 복잡한 메커니즘을 가지고 있습니다.

스마트 시대, 더욱 복잡해진 가치사슬(value chain)이 형성된 음악 생태계의 구조와 사업자들의 생존 전략을 더욱 면밀히 분석하기 위하여 본 책은 경영 정보 시스템(MIS, Management Information System) 전문가와 다양한 실무 경험을 가지고 있는 엔터테인먼트 대표가 함께 머리를 맞대어 탄생하였습니다. 저자들의 지식뿐만 아니라 현장의 생생함을 더하기 위하여 각 장이 끝날 때마다 해당 장의 주제에 부합하는 관련 산업 전문가들로부터 인터뷰를 실시하였습니다. 그러므로 본 책을 읽는 독자들은 실제로 변화된 음악산업 내에서의 최근 ICT 트랜드 및 스마트 시대에 실효성 있게 적용 및 응용할 수 있는 경영 노하우를 어렵지 않게 이해할 수 있습니다.

앞서 언급한 것과 같이 본 책은 ICT(정보통신기술)의 발전에 가장 민감하게 변화하는 음악산업을 중심으로 기술하였기 때문에 본 책에서 제시하는 내용은 음악산업과 인접 콘텐츠 산업인 영화산업, 게임산업, 모바일 만화산업, 모바일 교육산업 등에 적용 가능성이 매우 높습니다.

마지막으로 이 책을 읽어 주시는 독자 여러분들이 본 책을 통하여 스마트 시대, 경쟁에서 승리할 수 있는 통찰력(insight)과 지혜(wisdom)가 향상되길 기대하며 나아가 대한민국 경제발전을 위한 새로운 성장 동력과 튼튼한 기둥의 역할을 수행할 수 있기를 간곡히 희망합니다.

| CONTENTS |

1. 창의력 시대로의 전환 ········· 13

1. 창의력이란 무엇인가? ········· 15
2. 창조사회로의 물결 이동 ········· 17
3. 창의력을 통한 성과 ········· 21
4. 창조경제(creative economy)의 실체란 무엇일까? ······ 23
5. 대한민국 창조경제의 현실 ········· 30
6. 창조경제와 정보통신기술의 중요성········· 38
7. 정보통신기술(ICT)과 음악산업의 연관성 ········· 43

[전문가 인터뷰]
김홍기(카카오뮤직, 마케팅 담당 부장) ········· 54

2. 스마트 생태계 내, 음악산업의 이해 ········· 57

1. 음악산업이란? ········· 62
2. ICT의 발전과 음악산업의 변화 ········· 82
3. 음악산업을 통한 한류의 효과 ········· 100
4. 음악산업의 새로운 시도들 ········· 109

[전문가 인터뷰]
김인호(XIX Entertainmen, 부사장) ········· 120
윤홍관(AMP COMPANY, 이사) ········· 126

3. SNS를 통한 Music Ecosystem의 확산 ········ 129

1. 소셜네트워크서비스란? ························· 134
2. SNS는 구글의 대항마 ························· 138
3. 소셜네트워크서비스(SNS)와 음악산업················ 145
4. SNS를 통한 음악산업 경영 전략 ··················· 159
5. 음악산업에서 SNS를 통한 가수와 팬 사이의 신뢰 형성 방법 177

[전문가 인터뷰]
김인호(XIX Entertainment, 부사장) ················· 183
이현국(티켓몬스터, 티몬플러스실 과장) ··············· 186

4. 진격의 OTT (Over the Top) ················ 189

1. 언제, 어디서나 보고 듣는 음악 시대 ················ 193
2. 오티티(OTT, Over The Top)란? ·················· 197
3. OTT의 확산 ································· 201
4. 지상파와 OTT의 차이점 ······················· 205
5. 음악산업의 OTT 활용 전략 ····················· 211
6. OTT와 함께 나타난 사회문제 ··················· 228

[전문가 인터뷰]
김태완(C-LUV)[브랜드뮤직, 음악 PD/가수]············ 242

| CONTENTS |

5. 소비자 경험(UX) 중심 음악 시대 ······ 247

1. 사용자 경험(User Experience, UX) 이란? ······ 251
2. 사용자 경험(UX Design) 디자인의 특징 ······ 254
3. UX Design에 입각한 음악 콘텐츠 제작 전략 ······ 265

[전문가 인터뷰]
오승우(광고 음악 PD) ······ 286
원더키드(Wonderkid) [음악 PD] ······ 288

6. 한류를 위한 Killer App 개발 ······ 291

1. 스마트 시대의 애플리케이션 ······ 296
2. 국제적 Killer Application의 시대 ······ 301
3. Killer App을 활용한 한류 촉진 ······ 316
4. 기업가 정신과 정부의 지원 ······ 321

[전문가 인터뷰]
최낙호(말랑스튜디오, 공동창업자) ······ 331

7. [부록] 스마트 시대의 음악 제작 과정 ······ 337

[전문가 인터뷰]
백찬(Luvan)[음악 PD, 가수] ······ 340

❞ 01
창의력 시대로의 전환
-창의력이 돈이 되는 시대-

Andy Warhol의 Dollar Sign (1981)

"돈을 버는 것은 예술이다. 일하는 것도 예술이다. 장사를 잘하는 것은 최고의 예술이다."
"즉 예술과 상업적 성공의 연관성은 당연한 것이다."
- Andy Warhol -

창조경제

아이디어   문화   인문학

정보통신(ICT)   예술   모바일

이종 산업 간 융합 시너지 창출

사람 중심   다양성   개인화

01
창의력이란 무엇인가?

"연결을 통해 새로운 시너지를 찾아내는 힘"

　인간은 동물과 구분되는 여러 가지 고유한 능력들을 갖추고 있다. 첫째는 불과 도구를 사용한다는 것이고, 둘째는 분업 체계를 만들어 낼 수 있다는 점이다. 여기에 세 번째로 인간은 창의력(creative power)을 가지고 있다는 점을 더할 수 있다. 창의력(creative power)이란 인간에게 유용한 새로운 것을 만들어 내

ⓒ Inspirationfeed, Washington D.C

는 능력이다. 이는 상상과 같이 하나의 생각이 다른 생각을 불러일으키는 두뇌 활동뿐만 아니라 학습과 경험에 의하여 산출되는 인간이 가질 수 있는 고유한 힘이다.

　스마트 시대의 창의력은 그동안 쌓아온 학습과 경험을 통하여 자신에게 가장 적합한 연결성(connection)과 가능성을 창출하는 힘을 의미한다. 기존에 존재하는 세상의 현상들을 가져다가 나의 목표에 맞게(fit) 최적화시키는 능력인 것이다. 제품과 제품 또는 서비스와 서비스 간의 연

결 과정을 통해 최종적으로 기존에 분리되어 있던 산업과 산업이 연결된다.

이러한 연결 또는 결합 현상은 소비자들에게 기존에 누리지 못하였던 새로운 편리성과 유용성을 제공해 줄 수 있게 된다. 이를 결합을 통한 힘(collective dominance) 혹은 융합 시너지(convergence synergy)라고 표현한다.

상기 내용을 종합적으로 고려해 볼 때, 창의력은 인간의 생각하는 능력을 기반으로 지식의 통섭(consilience)과 융합(convergence)을 통한 기존에 존재하지 않던 새로운 시너지를 창출시키는 힘을 의미한다고 할 수 있다.

02
창조사회로의 물결 이동
"상황에 맞는 유연한 지혜가 요구되는 사회"

창의력을 통해 권력(power, dominance)을 획득할 수 있는 시대는 어떤 시대일까?

영국의 경제신문 파이낸셜 타임(Financial Times)지가 '세계에서 가장 유명한 미래학자'로 선정한 미국의 미래학자 겸 베스트셀러 작가인 엘빈 토플러(Alvin Toffler)는 저서 《제3의 물결(The Third Wave)》을 통해서 인류 발달사의 변화를 시대별로 분석하였다.

그는 동물들을 사냥하면서 생활에 필요한 음식을 충당하는 수렵사회로부터 사람들이 농경을 시작하게 된 시점을 제1의 물결 '농업 혁명'이라 언급하였다.

그리고 농업사회에서 18세기 중엽 이후 공업 중심의 산업사회로까지를 제2의 물결 '산업 혁명'이라 지칭하였다. 마시막으로 공업산업에서 벗어나 정보(information)가 산업의 주가 되는 탈공업사회(post industrial society)를 제3의 물결 '정보화 혁명'으로 규정지었다.

따라서 수렵과 농경사회에서는 사냥을 잘하거나 농경을 잘하는 사람이, 산업사회에서는 기계를 잘 이해하는 사람이, 그리고 정보사회에서는 컴퓨터와 인터넷을 활용한 비즈니스를 잘 이해하고 활용하는 사람이 권력을 획득할 수 있는 시대라 볼 수 있다.

그렇다면 제4의 물결은 어떤 혁명으로 규정할 수 있으며 또 어떤 힘을 가진 사람이 이 시대에서 권력과 힘을 행사할 수 있을까?

제4의 물결은 통섭과 융합을 통한 '창조 혁명'을 의미한다. 제4의 물결 시대에서는 앞서 전개된 산업을 연결하고 응용할 수 있는 창의력을 지닌 사람이 사회 전반의 고성과(high performance)를 창출하며, 이를 바탕으로 창조력을 기반한 경쟁이 이루어진다. 이렇게 창조력이 경제적인 권력을 가져다주는 사회가 바로 창조사회(Creative Society)인 것이다. 즉, 창조사회에서는 타인과 차별화되는 아이디어(idea)가 기업의 귀중한 자산이 될 수 있다.

[제4의 물결, 창조사회]

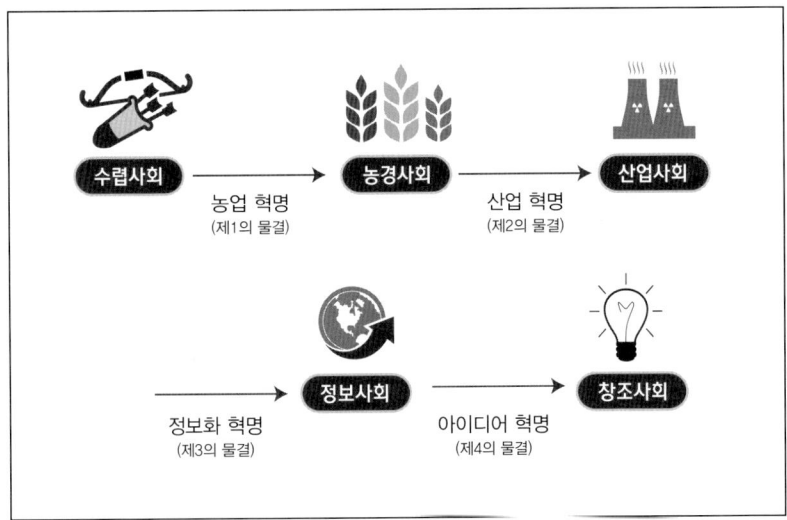

따라서 창의력이 주 무기가 되는 창조 생태계에서 기업이 지속적으로 생존하기 위해서는 경쟁사와 차별화되는 자사만이 창의력을 바탕으로 소비자에게 제품과 서비스에 대한 목적 달성뿐 아니라 소비자들이 기존에 알지 못했던 새로운 관점에서의 편리성을 제공할 수 있어야 하며 이를 통해 감동(surprise)을 전해줄 수 있어야 한다.

우리는 이 시점에서 '과연 창조사회에서 추구하는 힘의 핵심인 창의력을 가지기 위한 핵심 요소는 무엇일까?'를 생각해 보아야 한다. 이에 대한 답으로 지식(Knowledge)에 대한 유연성(Flexibility)을 들 수 있다.

창조사회에서 가치 있는 사람이 되려면 여러 매체 혹은 실제 경험을 통해 축적된 지식을 기업의 이익이나 자신의 필요에 맞게 요긴하게 응용(application)하고 활용할 수 있는 능력을 보유하고 있어야 한다.

특정 정보와 지식이 어떤 특정 상황에서는 유용하게 사용될 수 있지만, 시대가 변화되어 나타난 새로운 상황에서는 적합하지 않을 수도 있기 때문이다. 따라서 정보통신기술이 진화함에 따라 산업과 산업의 경계점이 없어지고 하나의 산업으로 융합되는 창조사회에서는 빠른 속도로 변화되는 다양한 상황에 기존의 정보와 지식을 유연하고 적합하게 적용할 수 있는 전략가가 필요할 수밖에 없다. 여기서 언급하는 지식은 이론적으로 알고 있는 것뿐만 아니라 실제로 어떤 일을 하면서 경험적으로 얻어지는 가장 현실적이고 진실한 것으로 이해하면 된다.

우리는 상황에 맞게 적합성(fit) 있고 유연성 있게 지식을 잘 활용하는 사람을 '지혜로운 사람'이라고 한다. 아래 그림은 창조사회의 핵심이 wisdom(지혜)라는 것을 보여주는 예이다.

[지혜의 시대로 변화]

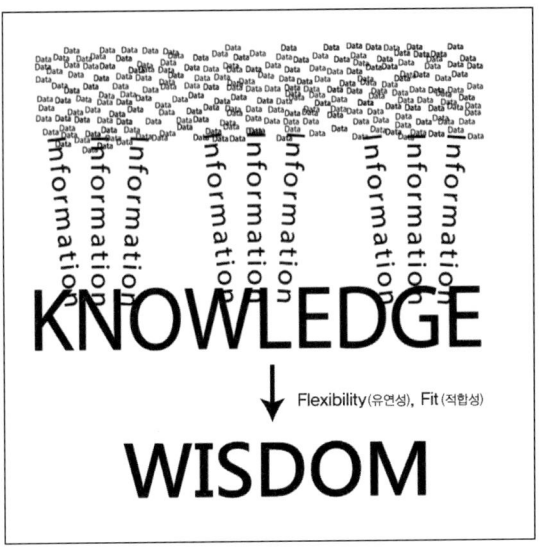

(출처 : 9G Leadership와 infogineering 홈페이지 그림 재수정)

 단계적으로 살펴보면 무수히 많은 데이터(data)가 정보(information)와 지식(knowledge)이 되고 최종적으로 지혜(wisdom)로 발전한다. 데이터와 정보는 사실 그 자체를 의미한다. 이러한 데이터와 정보를 어떻게(how) 활용하는지를 알게 되는 것이 지식(knowledge)이다. 그러므로 자신이 어떻게 정보를 활용하는지를 알기 위해서 인간은 자신의 뇌(brain)를 활용하게 되는 것이다. 최종적으로 지식이 지혜의 단계(level)로 가기 위해서는 급변하는 상황에 과거 획득한 지식을 유연하고 적합성 있게 부합시켜야 한다. 창조경제시대에서는 이렇게 데이터의 최종 단계인 지혜를 활용할 수 있는 사람들이 시대의 주축이 되어 산업과 국가를 이끌어 가게 된다.

03
창의력을 통한 성과

　미국, 유럽, 아시아 등에서 지역별 뉴스를 제공하는 미국 경제잡지 포브스(Forbes)는 2012년 6월부터 2013년 6월까지 1년간의 유명인 소득 순위를 발표하였다. 포브스 조사 결과, 미국의 세계적 가수인 마돈나(Madonna)가 1억 2,500만 달러, 한화로는 약 1,400억 원을 벌어 세계에서 가장 많은 소득을 벌어들인 연예인 1위를 차지하였다. 2위는 'ET'와 '쥬라기 공원'의 영화감독인 스티븐 스필버그(Steven Spielbeg)로 1억 달러를 벌어들였다. 한화로는 약 1,100억 원으로 대부분 그는 영화 'ET'와 '쥬라기 공원'의 TV 상영료와 2012년 개봉 영화인 '링컨'의 흥행으로 2위 자리를 차지하였다.

　마돈나와 스티븐 스필버그가 가진 두뇌의 힘, 즉 창의력을 바탕으로 1년간 벌어들인 전체 수입은 2억 2,500만 달러(한화 약 2,500억 원)이다. 이제 이를 한국의 대표적 수출 주력 산업인 자동차 산업과 비교해 보자. 2013년 미국에서 현대자동차 쏘나타는 대당 3만 346달러(뉴욕 기준)에 판매되었다. 마돈나와 스티븐 스필버그가 1년간 벌어들인 수익은 미국에 국내 자동차 7,500대를 수출해서 벌어들인 소득(약 2억 2,759만 달러)과 비슷한 수치이다. 현대자동차의 판매 이익에 기업이 환경 보전을 위해 특정 대상에 부과되는 부담금인 '환경 개선 부담금'을 제한다면 어쩌면 마돈나와 스티븐 스필버그가 벌어들인 순수익(net profit)이 더욱 높을지도 모른다.

[창의력의 성과]

그뿐만 아니라 영상과 음악과 같은 무형의 경험 경제의 핵심 요소인 콘텐츠 산업은 환경 개선 부담금에 대한 비용이 들지 않으며, 창조물에 대한 지적재산권의 관리를 잘하면 2차, 3차로 여러 나라로 콘텐츠 수출이 가능해진다. 이는 기업 측면에서도 새로운 수익원이 창출되어 추가적인 이득을 취할 수 있게 되는 것이고, 나가가 국가적 차원에서도 국내 환경을 보존하면서 정당하게 외화를 벌어들일 수 있게 되는 좋은 전략이 될 수 있다. 따라서 한국 정부에서도 국내 콘텐츠 산업의 활성화를 위한 제도적 개선과 지원의 필요성을 인지하고 있으며, 새로운 경제성장 동력으로 '창조산업 육성'과 마돈나와 스필븐 스필버그 같은 '창조적 인재 양성'을 국정 과제로 제시하였다.

04
창조경제(creative economy)의 실체란 무엇일까?

-창의력이 돈이 되는 경제-

 창조사회로의 패러다임 변화와 함께 전 세계적으로 창조경제에 대한 관심이 집중되고 있다. 세계적 추세뿐만 아니라 대한민국 정부 역시 창조경제를 주요한 국정 과제로 제시하였다. 하지만 아직까지도 한국형 창조경제에 대한 정확한 개념 정립에 대해서는 여전히 의문점이 제기되고, 실제로 나라별로 또는 학자들의 관점별로 차이가 존재한다.

 창조경제를 가장 먼저 언급한 학자는 영국의 경영전략(Business Strategy) 전문가인 존 호킨스(John Howkins)이다. 2002년 그는 저서 《The Creative Economy》에서 사람의 아이디어, 즉 창의력을 바탕으로 어떻게 경제적인 수익을 창출할 수 있을지에 대해 집필하면서 창조경제의 중요성

존 호스킨

을 세상에 알리기 시작하였다. 그의 저서에서 제시하는 핵심 주장은 21세기 비즈니스 운영에 있어 창의적인 아이디어와 경제가 만나 새로운

가치와 시너지를 창출할 수 있다는 것이다.

존 호킨스는 창조경제를 새로운 아이디어, 즉 창의력으로 서비스업, 유통업, 제조업 그리고 엔터테인먼트 산업 등에 활력을 불어넣는 것이라 정의했다. 이렇게 창의력이 각 산업에 적용되면 원래 '1+1=2'이지만 새로운 창조 시너지로 '1+1=3'이 된다는 것이다. 경제학자의 관점에서 살펴보면 투입된 자원은 같지만 창의력이라는 요소가 비즈니스와 결합(combine)되면 시너지가 창출하고 최종적으로 1+1이 3이라는 고성과가 창출될 수 있다는 것이다. 아래 그림에서 자세히 살펴보면 1의 방향이 반대로 되어 있음을 알 수 있다. 이는 차별화된 다른 산업이 창의적으로 합쳐짐으로써 시너지가 생겼다는 것을 의미한다. 즉 창의력은 가성비의 핵심이라는 것이다.

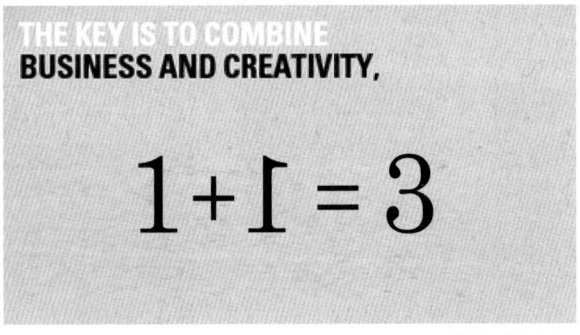

(출처 : CPB Lab)

대한민국 정부 역시 창조경제를 중요한 국정 과제라 주장하고 있다. 그러나 초기에 정확한 "한국식 창조경제가 무엇인가?" 하는 개념을 확립 단계에서 많은 혼란이 존재하였다. 그 이유는 나라마다 창조경제를 통한 부흥시키고자 하는 산업이 다르기 때문이다.

2013년 7월 12일, 청와대는 트위터를 통해서 복잡한 창조경제에 대한 개념을 보다 쉽게 설명하기 위해서 '창조경제 꽃'이라는 인포그래픽(Inforgraphic)과 함께 정부가 정의한 창조경제의 개념을 설명하였다. 이를 살펴보면 청와대는 창조경제의 씨앗을 창의성으로 표시하였다. 또한, 창조경제의 씨앗인 창의성이 꽃 피기 위해서는 좋은 환경이 제공되어야 하는데, 여기서 말하는 좋은 환경이란 수준 높은 정보통신기술(ICT), 과학기술 역량, 도전적 문화, 지식 교류 활동 그리고 산업과 문화의 융합을 의미한다고 하였다.

  이러한 환경이 좋은 자양토의 역할을 수행하면 창조적 아이디어가 발생하여 비로소 창조경제의 꽃이 핀다고 설명하고 있다.

[창조경제의 꽃]

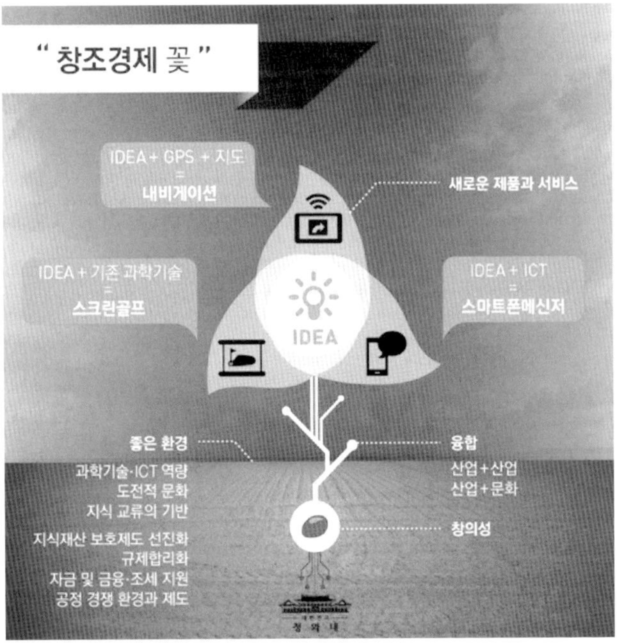

(출처 : 청와대)

하지만 이 표현 하나만으로 창조경제의 실체가 무엇인가를 파악하기에는 어려움이 있다. 따라서 저자들은 다양한 창조경제의 실체를 파악하기 위하여 국가별, 기관별로 제시하는 다양한 창조경제의 정의를 아래와 같이 살펴보았다.

[창조경제의 다양한 정의]

창조경제의 대부인 John Howkins는 창조경제를 창조적 인간, 창조적 산업, 창조적 도시를 기반으로 한 새로운 경제 체제로 창조적 행위와 경제적 가치를 결합한 창조적 생산물이 거래되는 경제 체제라고 정의하였다. 대한민국 정부는 창조경제를 상상력과 창의력 그리고 과학기술에 기반을 둔 경제 운영을 통해 새로운 성장 동력을 창출하고 이를 통해 새로운 시장과 일자리를 만들어 가는 정책이라고 하였다. 그리고 창조경제의 중심에는 과학기술과 ICT(정보통신기술)산업, 그리고 사람이 있다고 하였으며 이 중에서 사람이 핵심이라고 언급하였다. David Cameron 영국 수상은 개인의 창조성, 기술 그리고 재능 등을 기반으로 지식 재산을 생성하고 이를 활용하여 경제적 가치와 일자리 창출 잠재성이 있는 산업들로 구성된 경제 체제를 창조경제라고 정의하였다. 그리고 유엔무역개발회의(UNCTAD)에서는 창조경제를 경제성장과 발전 잠재성이 있는 창조적 자산에 기반을 둔 진화론적 개념으로 창조적 자산을 생산하는 모든 활동이 발생하고 거래되는 경제를 창조경제라 규정하였다. 또한, 1973년 설립되어 미국에 본사를 둔 세계적인 경영 컨설팅회사인 베인앤컴퍼니(Bain & Company)와 한국의 경영 매거진 동아비즈니스리뷰(DBR)는 창의성에 기반을 둔 혁신적 아이디어가 번번이 창출되고 이러한 아이디어가 쉽게 상업화 및 사업 확대 가능한 환경이 조성되며, 성공 및 실패의 자산이 재투자되는 과정에서 새로운 일자리가 창출되는 것을 창조경제를 정의하였다.

  이와 같이 한국과 외국의 여러 가지 창조경제의 개념 및 정의들을 살펴본 결과, 외국의 창조경제에 비해 한국형 창조경제는 정보통신산업(ICT) 에 많은 비중을 가지고 있음을 알 수 있다.

한국이 정보통신기술(ICT)을 기반을 두어 창조경제를 구축하려는 이유는 국가나 기업이 전략을 결정하면서 이미 보유하고 구축된 자원을 효율적으로 활용하자는 자원관리 관점에서 찾을 수 있다. 정보통신정책연구원(KISDI)의 보고서에 따르면, 우리나라의 초고속 인터넷 가구 보급률은 94.3%로 OECD 국가 중 가장 높은 수준이며 경제적 측면에서도 ICT는 우리나라 GDP의 8%를 차지해온 주요한 국가 산업이다.

그러므로 우리나라는 고도화된 통신네트워크에 기반을 두어 디지털 콘텐츠를 유통하는 것이 유리한 국가이며 이러한 국가적 장점을 극대화한다면 국내 무대뿐 아니라 국제 무대에서 우리나라 콘텐츠 기업들의 경쟁력이 향상될 수 있을 것이다.

즉, 국내 창조경제의 실체는 상대국들보다 비교우위를 보유하고 있는 정보통신기술에 기반한 문화 콘텐츠 산업의 융합적 경제 운용을 통해 국가 경쟁력을 향상하고 일자리를 창출하는 경제 시스템이라 할 수 있다. 정보통신기술과 문화 콘텐츠 산업의 융합은 우리나라 경제의 미래 성장 동력의 역할을 수행할 것으로 기대된다.

창조경제를 성공적으로 달성하기 위해서는 국민이 가지고 있는 창의적인 생각들을 경제적 가치로 연결하는 것이 핵심 성공 요인(CSF, Critical Success Factor)이다. 그러므로 정부는 국민이 가지고 있는 창의적 아이디어가 창업으로 연결될 수 있도록 제도적 뒷받침을 지원해 주는 것이 필수적이다. 아무리 창의적인 아이디어가 있다고 하여도 이를 창업으로 연결해 사업화하지 않으면 경제적인 가치 창출이 발생하지 않기 때문이다. 따라서 한국 정부 창조경제 활성화를 위하여 국민 개개인의 창의적 아이디어를 지원하고 지역 경제 및 국가 경제 활성화를 도모하고 있다.

정부는 국내 창조경제 생태계의 활성화를 위하여 2015년 1월 20일 ICT 특별법(정보통신 진흥 및 융합 활성화 등에 관한 특별법, 법률 제13016호)을 제정하여 창조 산업으로의 변화의 바람에 뒤처지지 않는 불필요한 규제 해결과 산업진흥을 위한 입법적 지원을 확대하고 있으며 아래 그림과 같이 2015년 상반기에 17개의 시도별 창조경제혁신센터를 설립하고 6,000억 원의 창조경제 관련 창업 자금(콘텐츠 제작과 사업화 지원)을 영세 사업자나 창업 준비자를 대상으로 지원하고 있다.

[시도별 창조경제혁신센터-지식발전소]

05
대한민국 창조경제의 현실

    월트 디즈니 피처 애니메이션이 제작한 만화영화 '뮬란(Mulan)'의 메인 테마는 'reflection'이다. 우리나라 말로는 거울에 비친 자신의 투영을 의미하는 것으로 '자아성찰'로 해석할 수 있다. 파씨 가문의 외동딸인 뮬란은 남성과 같은 성격 때문에 매번 중매를 통한 결혼에 실패한다.

    '뮬란'의 테마가 자아성찰인 이유는 주인공인 뮬란이 시대가 원하는 좋은 신부감이 되지 못하는 자신을 선조들의 비석이나 물에 비친 자신의 모습을 보면서 끊임없이 자아성찰("나는 어떤 사람인가?", "나는 어떤 능력을 가지고 있을까?") 을 해야 하는 상황이 설정되어 있기 때문이다.

[영화 '뮬란' 속 Reflection]

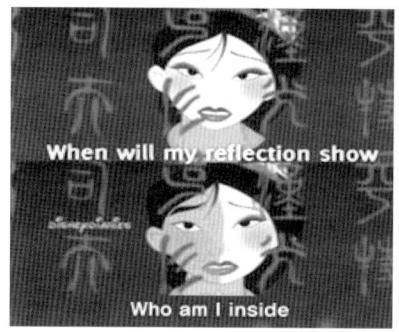 

영화에서 뮬란은 자신과 맞지 않는 시대적 여성관을 끊임없이 자아성찰 한다. 그러던 어느 날 흉노족이 중국을 침략하자 늙은 아버지를 대신하여 남장을 하고 전쟁에 참여한 뮬란은 결국 황제와 나라를 구하는 큰 공을 세우게 된다. 끊임없이 다각도로 마주하게 되는 시대적 혹은 개인적인 난관에서 내가 누구이고 또한 남과 차별화되는 나만의 능력이 무엇인가를 살펴보고 자신의 장점을 어떻게(how) 활용하여 어떻게(how) 자신의 약점을 보완할 수 있을 것인가에 대한 답을 찾아내는 것은 지금 처해 있는 현실에서 자신을 조금이라도 업그레이드할 수 있는 기본 중의 기본이라고 할 수 있다.

끊임없는 자아성찰을 한 후 최종적으로 결정을 내리기까지는 매우 힘든 과정을 거쳐야 한다. 정확한 자아성찰(reflection)을 하는 것은 스스로에게 한 치도 거짓이 없어야 하고 어깨의 힘을 빼야 하기 때문이다. 정확한 자아성찰 없이 어떠한 목표에 대한 실행(do)을 하게 되면 자신뿐만 아니라 전체가 혼란에 빠질 수 있으므로 전략 구축의 기본이라고 할 수 있다. 영화 '뮬란'에서는 포스터뿐만 아니라 여러 장면에서 이러한 자아성찰의 중요성을 전달하고자 하는 여러 가지 장면들이 등장한다.

이제 이러한 자아성찰의 관점으로 대한민국 창조경제를 조명해 보자. 창조경제를 육성하기 위한 노력은 사실 박근혜 정부에서 새롭게 시작한 것이 아니다. 김대중 정부 때에는 지식경제, 노무현 정부 때에는 혁신경제란 이름으로 창조경제의 육성이 시도되었고, 이명박 정권 때에는 창조경제가 스마트경제로 불리면서 아이디어(idea)와 지식(knowledge)을 통해 국가경제를 활성화하기 위한 노력은 지속적으로 실행되어 왔다. 이번 장에서는 여러 정권을 걸쳐 진행되어 온 한국 창조경제의 수준을 살펴보기로 하자.

이렇게 한국 창조경제의 현재 수준을 살펴보는 것은 우리가 성공적인 창조경제를 실현하기 위해서 무엇을 잘하고 있고 또 무엇이 부족한지를 정확히 알 수 있다는 점에서 의미 있는 작업이라 할 수 있다.

1. 창조경제 평가 지표의 적용

지표(indicator)란 어떠한 사물이나 현상을 평가하는 요인이나 척도를 의미한다. 쉽게 이야기하면 어떠한 현상이 어느 정도 수준인지를 측정하는 '자(ruler)'의 개념으로 받아들이면 이해하기 쉽다. 이렇게 지표를 사용하여 어떤 상황을 평가할 때 가장 중요한 것을 뽑자면, 어떠한 상황이나 행동을 정확하고 객관적으로 평가할 수 있는 지표(자)를 사용해야 한다는 것이다. 한마디로 창조경제를 평가함에 있어 산업사회를 평가하는 자로 측정하면 안 된다는 것이다. 다행히도 2013년 5월 베인앤컴퍼니(Bain & Company)와 동아일보 DBR은 OECD 34개국과 중국을 포함하여 총 35개국의 창조경제 수준을 종합적으로 측정할 수 있는 지표를 발표하였다.

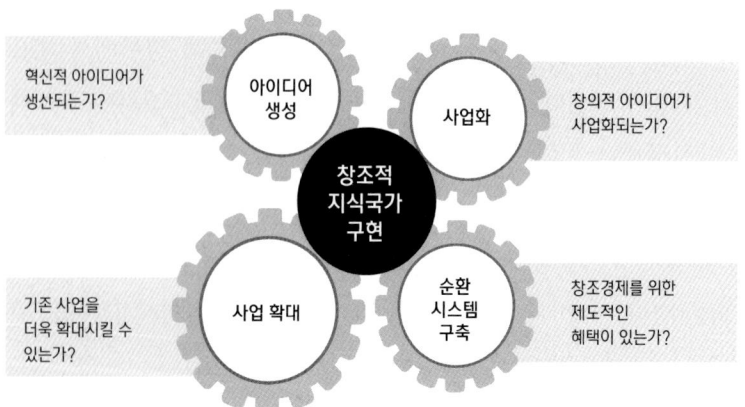

국가별 창조경제 수준을 측정하기 위하여 두 업체는 아래 표와 같이 4개의 평가 항목 1) 아이디어 생성(Idea Generation), 2) 사업화(Business Creation), 3) 사업 확대(Business Expansion), 4) 순환 시스템 구축(Repeatable System)을 주요 프레임워크로 설정하였다.

첫째, 아이디어 생성(Idea Generation) 지표는 혁신적이고 창의적인 아이디어가 얼마나 많이 생성되는가를 의미한다. 창의적인 아이디어가 많이 생성되는 국가일수록 창조산업을 육성하기 위하여 유리한 입장에 위치하게 된다. 즉 아이디어 생산지표는 이러한 창조경제 시대의 핵심 투입 요소인 상상력과 아이디어가 얼마나 많이 창출되고 활발히 교류되고 있는지를 평가하는 지표라 할 수 있다.

둘째, 사업화(Business creation) 지표는 이러한 창의적인 아이디어가 얼마나 많이 사업화되는가를 의미한다. 아무리 좋은 아이디어가 창출되었다고 해도 실제로 사업화되지 않는다면 이는 창조경제에 실질적인 보탬이 되지 못한다. 따라서 각 국가별 창조경제를 평가하기 위해서는 개개인의 창조적 아이디어가 실제 창업으로 연결되었는지를 확인하는 작업이 각국의 창조경제 수준을 평가하기 위해서 필요하다.

셋째, 사업 확대(Business Expansion) 지표는 기존에 있는 사업을 어떻게 더 확산(proliferation)을 할 것인가를 의미한다. 다시 말하면, 좁은 내수 시장을 어떻게 국제화할 것인가와도 연관을 지을 수 있다. 창조경제 사회에서는 정보통신기술, 즉 인터넷과 스마트기기의 발달로 국가 간의 경계가 희미해지고 있다. 예를 들어 국내 엔터테인먼트 기업이 콘텐츠를 생산하여 유튜브에 올리면 전 세계 모든 사람이 해당 콘텐츠의 시청이 가능하다. 이렇게 창조 사회에서는 기업들의 국제적 사업 확대의 기회가 증가하였으므로 사업 확대 지표는 각국의 창조경제를 평가하기 위하여 중요한 요소라 판단할 수 있다.

넷째, 순환 시스템 구축(Repeatable System Implementation) 지표는 창조적 역량을 갖춘 기업들이 사업에 실패했을 시 제도적 차원에서 재도약 혜택을 제공하는지를 평가하는 것을 의미한다. 성공도 미래를 위한 경험이고 실패도 미래를 향한 경험이다.

따라서 창조적인 아이디어를 가지고 사업을 진행했다 아쉽게 실패한 경우, 아이디어를 보완하여 다시 재기할 수 있도록 정부 차원에서 재도전의 기회를 주어야 한다. 이러한 재도전 기회 부여에 대한 국가적 차원의 좋은 예로 2013년부터 중소기업청에서 실시하고 있는 '패자부활전' 제도를 들 수 있다. 패자부활전 제도는 우수한 아이디어를 가지고 있음에도 불구하고 실패한 기업을 게임의 패자로 보는 것이 아니라 창조경제 구현을 위한 재도전 가능성을 가진 도전자로 봄으로써 사업자의 재기를 돕는 국가적 차원의 제도이다. 따라서 이러한 순환 시스템(아이디어 생성 → 사업화 → 사업 확대 → 재도전 기회 부여)의 원활한 구축 여부를 평가함으로써 한 나라의 창조경제 수준을 평가할 수 있다.

2. 한국의 창조경제 평가 분석 결과

2013년 베인앤컴퍼니(Bain & Company)와 동아일보 DBR에서 발표한 OECD 국가별 창조경제 진행 사항에 대한 전체 합산 점수와 부분 지표별 평가를 살펴본 결과, 첫 번째로 4가지 창조경제 평가지표(아이디어 생성, 사업화, 사업 확대, 순환 시스템 구축)를 종합하는 점수를 살펴보면 상위 Top 10으로는 1위 미국, 2위 캐나다, 3위 영국, 그 후로 스웨덴·프랑스·오스트레일리아·네덜란드·독일·이스라엘 그리고 스위스가 있다. 한국·중국·일본 세 나라를 살펴보면 중국이 22위로 1위, 한국이 25위로 2위, 그리고 일본이 32위로 세 나라 중에는 중간이지만 어쨌든 한국은 OECD 35위 나라 중 하위 10개국에 속한다. 따라서 한국은 아직까지 창조경제 달성을 위하여 전반적으로 지속적인 노력이 필요한 국가임을 OECD 국가들과의 국제적 비교를 통하여 확인할 수 있다.

[나라별 창조경제 평가 결과]

종합 순위 (상/하 Top10)	국가	아이디어 생성 (Idea Generation)	사업화 (Business Creation)	사업 확대 (Business Expansion)	순환 시스템 구축 (Repeatable System Implementation)	Total Score
1	미국	6	1	2	1	78.85
2	캐나다	1	3	1	6	77.23
3	영국	5	4	4	2	75.71
4	스웨덴	8	6	7	4	71.80
5	프랑스	12	5	8	5	70.82
6	호주	4	10	5	12	70.53
7	네덜란드	3	12	13	14	67.34
8	독일	11	17	6	10	67.12
9	이스라엘	19	11	18	3	67.08
10	스위스	7	9	9	18	67.01
22	중국	35	23	3	25	56.77
25	한국	31	19	14	28	55.59
26	칠레	27	22	28	21	55.37
27	폴란드	26	30	20	22	54.94
28	이탈리아	21	24	27	26	54.50
29	헝가리	25	32	33	15	53.70
30	체코	22	34	24	27	51.39
31	멕시코	32	27	29	24	51.32

32	일본	30	31	10	35	50.61
33	포르투갈	23	26	30	34	49.77
34	슬로바키아	33	33	31	31	46.71
35	그리스	29	35	35	33	44.74

두 번째로 4가지 창조경제 평가지표(아이디어 생성, 사업화, 사업 확대, 순환 시스템 구축)별 한국의 평가 결과를 살펴보자. 한국은 아이디어 생성 31위, 사업화 19위, 사업 확대 14위, 그리고 순환 시스템 구축이 28위이다. 따라서 4개 모든 항목에서 상위권에 속하는 부분은 하나도 없다.

특히 아이디어 생성과 순환 시스템 구축은 하위 5개국에 속해 있다. 필자는 이러한 분석 결과가 어쩌면 한국의 현재 경제 생태계 구조를 반영한다고 본다. 한국의 기업 생태계 구조를 살펴보면 대부분 대기업 중심으로 양극화 현상이 일어난다. 따라서 한국에서 창조경제가 육성되려면 양극의 중간에서 대한민국 경제의 허리 역할을 할 수 있는 아이디어로 무장한 중소기업이 많이 생겨나야 한다.

대기업이 아니라도 벤처기업의 아이디어를 존중할 수 있는 사회적인 인식과 청년들이 단순히 대기업에 들어가는 것이 아닌 자신의 아이디어로 창업을 하겠다는 도전적인 기업가 정신 역시 우리나라 창조경제 육성을 위하여 중요한 사안이다. 아이디어 생성(Idea Generation)이 하위 랭킹이라면 당연히 네 번째 단계인 순환 시스템 구축(Repeatable System Implementation)이 하위 랭킹일 수밖에 없다. 이 두 단계는 처음과 끝에 해당하며 두 단계가 연결이 되어 있기 때문이다.

이 두 지표 모두를 상위권으로 올리고 현 문제점을 보완하기 위해서는 개인과 사회의 인식, 그리고 정부의 국가 정책적인 지원이 필요하다. 즉 누군가가 자신의 아이디어를 통해 시작한 사업이 실패한다면 첫째, 그를 패자(loser)가 아닌 재도전의 준비자로 보는 사회적 시선이 중요하며 둘째, 이를 도와주기 위한 국가적 지원이 필요하다는 것이다. 성공도 경험이고 실패도 경험이다. 따라서 정부 관계자는 창의적 아이디어로 창업한 회사와의 원활한 소통을 통해 이들이 실질적으로 겪고 있는 문제점을 파악하고 국가와 기업 모두가 지속 가능한 동반 성장 체계를 확립하기 위하여 실효성 있는 정책을 수립하는 것이 성공적인 대한민국 창조경제 구축을 위한 핵심 과제라 판단된다.

06
창조경제와 정보통신기술의 중요성

> "이동통신은 단순한 통신기기를 넘어 시공간 제약을 극복해 일상생활을 가능하게 하는 필수재로 전자상거래와 전자금융, 원격근무 등 경제활동의 생산성 향상과 효율화 기반으로도 확고히 자리매김했다."
>
> 〈전자신문, 2015〉

"ICT의 핵심은 인터넷 접속 기능이 있는 스마트기기"
"한국이 가지고 있는 ICT 장점을 특화시켜야 한다."

정부가 창조경제를 홍보할 때, 빠지지 않고 꼭 등장하는 단어가 있다. 그 단어는 바로 정보통신기술(ICT, Information Communication Technology)이다. 정보통신기술이란 컴퓨터, 스마트폰, 태블릿PC 등과 같이 정보 기기를 운영하기 위한 프로그램 기술과 이러한 기술력을 활용하여 정보를 생산하고 가공하고 전달하는 모든 방법을 의미한다. 하지만 이 정의만으로는 ICT, 즉 정보통신기술의 개념을 이해하기에는 부족함이 남는다.

ICT의 개념을 이해하기 위한 좋은 방법은 우리에게 익숙한 단어인 IT와 ICT의 단어적인 형태를 비교하는 것이다. 아마 ICT라는 용어에 익숙하지 않는 독자들이라도 IT(Information Technology)란 단어는 낯설지 않을 것이다.

창조경제, 모바일 기술의 발전 그리고 소셜네트워크서비스(SNS) 등으로 발생되는 새로운 경제의 바람과 함께 언제부턴가 IT라는 단어보다 우리 생활에 ICT란 단어가 많이 등장하기 시작하였다. 실제로 여러 정상회의에서도 IT보다 ICT가 많이 사용되고 있는 추세이다.

한눈에 알아볼 수 있는 IT와 ICT의 단어적 차이점을 비교해 보면 ICT는 IT 사이에 'C(communication)', 즉 소통의 개념이 포함되어 있다는 것을 알 수 있다. 즉 ICT는 기존의 정보기술에 + C(커뮤니케이션 통신기술)이 추가된 것이라 이해할 수 있으며, IT를 활용하여 사용자들 간의 소통 능력을 강화해 주는 기술로 정의할 수 있다. 아래 그림과 같이 서로 다른 장소에서의 소통은 수세기에 걸쳐 통신과 직접인 연관이 있다.

[ICT의 발전 – 사람 간의 소통 기술의 발전]

상기 내용을 종합적으로 고려해 보았을때, 창조경제시대 ICT의 의미는 기존의 정보기술에 + C(통신기술)이 추가가 됨으로써 콘텐츠의 유통을 더욱 원활하게 해주는 기술이라고 이해할 수 있다.

실제로 불과 5년 전만 하더라도 전화기의 일반적인 용도는 음성통화나 문자를 보내는 것이었다. 하지만 이제는 정보통신기술, 특히 모바일 기술의 발달과 함께 등장한 스마트 기기는 우리의 업무 시간(스마트 오피스), 여가(실시간 동영상 시청) 그리고 쇼핑 시간(스마트 상거래) 등 대부분의 삶의 영역에서 시간과 공간의 제약을 벗어날 수 있게 하였고 이로 인해 개개인의 효율성과 생산성 측면에서의 가치 또한 내포하게 되었다.

IBM에 따르면 ICT 기술의 발전과 더불어 인터넷에 연결할 수 있는 제품(device) 수가 2010년 70억 대에서 2015년에는 150억 대, 2020년에는 약 500억 대를 예상한다고 발표하였다. 이러한 IBM 발표는 2015년부터 약 150억 명에 해당하는 사람들의 생활 방식이 그리고 2020년 약 500억 명에 해당하는 사람들의 생활 방식이 스마트 기기, 즉 정보통신기기와 연관된다는 것을 의미한다.

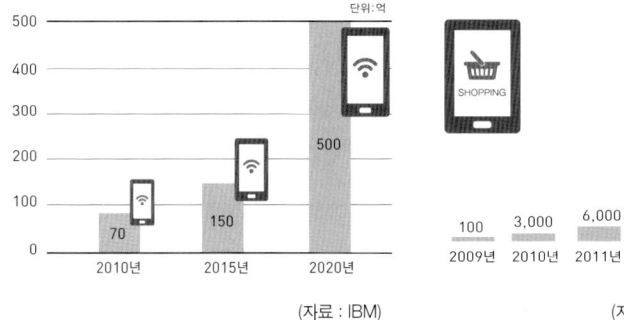

[인터넷에 연결되는 제품]
(자료 : IBM)

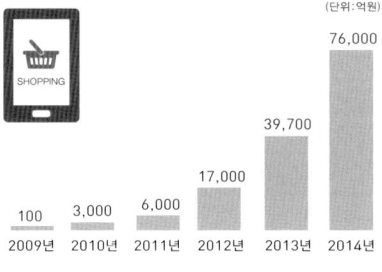

[국내 모바일 쇼핑시장 거래 규모]
(자료 : 한국온라인쇼핑협회)

그러므로 어떠한 산업 분야든 ICT, 즉 인터넷 연결 통신기술에 기반을 둔 스마트폰 위주 비즈니스 모델을 구축하지 못한다면 그 기업은 국제적으로 고립되어 지속 가능한 경쟁 우위를 차지하기가 힘들게 될 것이다. 실제로 상기 차트와 같이 한국온라인쇼핑협회가 발표한 국내 모바일 쇼핑시장 거래 규모를 살펴보면, 2009년에 약 100억 원에 불과했던 모바일 커머스 시장이 2012년 1조 7,000억 원으로 확대되었고, 2014년 약 7조 원대로 급격하게 커진 것을 알 수 있다.

이렇게 모바일 커머스 시장이 급격하게 증대되는 이유는 스마트폰이 대중화됨에 따라 시간과 장소의 제약이 없어졌기 때문이다. 과거에는 유선 인터넷이 연결되어 있는 컴퓨터 앞에 가야지만 물건을 거래할 수 있었지만, 정보통신이 고도화된 모바일 시대에는 스마트기기를 활용하여 실시간으로 언제 어디서나 거래가 가능하기 때문에 많은 사람이 모바일 쇼핑을 매력적이라고 생각할 수밖에 없다.

우리나라는 무선 네트워크뿐만 아니라 유선 네트워크 기술도 매우 뛰어나며 그 활용도도 높은 수준이다. 한국정보통신진흥협회(KAIT)에 따르면 2014년 11월 기준으로 국내 초고속 인터넷 가입자 수는 1,921만 8,790명으로 약 2,000만 명을 바라보고 있을 만큼 보급률 또한 높다. 상기 내용을 종합적으로 고려해 볼 때 우리나라는 뛰어난 ICT 인프라와 국민들의 스마트기기 소비 패턴을 활용하여 세계적 수준의 더욱 다양하고 가치 있는 서비스를 창출할 수 있는 잠재력이 충분한 국가임을 확인할 수 있다.

앞서 설명한 것과 같이 우리나라가 창조경제의 핵심에 ICT와 문화예술을 언급하는 이유는 우리나라가 이미 좋은 ICT 인프라 자원을 갖추고 있는 나라이기 때문이며 이를 잘 활용하면 전 세계와 소통할 수 있는 영향력 있는 채널과 플랫폼을 구축할 수 있기 때문이다.

창조경제의 창시자 존 호킨스는 아주경제와의 인터뷰에서 "창조경제는 무형적이고 형식에 구애받지 않기 때문에 국가별로 다양한 형태로 발전할 수 있다."라고 언급하였으며 "한국형 창조경제는 한국이 보유한 ICT(정보통신기술) 경쟁력에 창의성을 덧입히는 것이다."라고 한국형 창조경제에 대해 설명하였다.

이러한 이유로 정보통신기술(ICT)은 모바일을 통해 최종 소비자와의 소통을 위한 도구일 뿐만 아니라 영향력 있는 마케팅 무기라는 점에서 한국의 창조경제시대에 그 중요성이 매우 크다. 창조경제시대에 ICT 기술을 유용하게 활용하지 못하거나 혹은 ICT 기술의 발달로 등장한 스마트폰 사용자들의 소비 패턴을 이해해지 못한다면 창조경제의 달성은 어려워지게 될 것이다. 따라서 창조경제시대 정보통신기술의 활용과 이해는 다양한 각도에서 국내 산업의 경쟁력 향상을 도모하고 지속가능한 경쟁 우위를 차지하기 때문에 때려야 땔 수 없는 끈끈한 관계에 놓이기 되는 것이다.

07
정보통신기술(ICT)과 음악산업의 연관성

창조경제에 대해서 더욱 깊이 있게 연구해 보면 창조산업(creative industries)이란 단어가 등장한다. 창조산업이란 용어는 1995년 호주 정부의 'creative nation' 보고서에서 처음 등장하였으며, 유엔무역개발회의(UNCTAD : UN Conference on Trade and Development)에 따르면 창조산업이란 글로벌 교역에 있어서 새롭게 등장한 영역으로 지식을 기반으로 하는 모든 예술적 생산 활동을 의미한다고 하였다. 따라서 이러한 창조사업은 지적 자본(Intellectual capital)을 투입하여 재화와 서비스를 생산하는 산업을 의미하며 지적재산권을 통해서 수익을 획득할 수 있다. 대표적인 창조산업으로는 다음 쪽의 표와 같이 음악, 영화, 미술, 출판, 컴퓨터 소프트웨어 등이 있다.

[창조산업의 분류]

영국 미디어 스포츠 부 (Department of Culture Media and Sport)	세계지식재산권기구 (World Intellectual Property Organization)	UNCTAD(2004)
① 광고 ② 건축 ③ 미술품 및 고미술 ④ 공예 ⑤ 디자인 ⑥ 패션 ⑦ 영화・비디오 ⑧ 컴퓨터 게임 ⑨ **음악** ⑩ 공연예술 ⑪ 출판 ⑫ 소프트웨어・컴퓨터 서비스 ⑬ 텔레비전・라디오	유산 ① 문화 장소(고대 유적, 도서관, 전시회) ② 전통문화(공연, 축제) 예술 ③ 시각예술(그림, 조각, 사진) ④ 공연예술(라이브 음악, 연극, 오페라, 춤, 서커스) 미디어 ⑤ 출판, 인쇄매체(책, 신문) ⑥ **오디오** 비주얼(영화, TV, 라디오 방송) 기능적 창조 ⑦ 디자인(인테리어, 그래픽, 패션, 보석, 장난감) ⑧ 창조 서비스(건축, 광고, R&D, 문화, 레크레이션) ⑨ 새로운 미디어(소프트웨어, 비디오 게임, 디지털 콘텐츠)	핵심적 저작권 산업 ① 광고 ② 저작권 관리 단체 ③ 영화, 비디오 ④ **음악** ⑤ 공연예술 ⑥ 출판 ⑦ 소프트웨어 ⑧ 텔레비전, 라디오 ⑨ 비주얼, 그래픽 예술 상호 의존적 저작권 산업 ⑩ 레코딩 재료 ⑪ 가전제품 ⑫ 악기 ⑬ 논문 ⑭ 복사기, 사진 장비 부분적 저작권 산업 ⑮ 건축 ⑯ 의류 및 신발 ⑰ 디자인 ⑱ 패션 ⑲ 가사용품 ⑳ 장난감

[자료 : 세계 지식재산권기구(world Intellectual Organization UN, Creative Economy Report)]

따라서 정보통신과 이러한 지적 자본이 기반이 되는 창조산업이 융합된다면 다양한 시너지를 창출할 수 있고, 이를 통해서 창조경제가 달성될 수 있다.

우리가 본 책을 통하여 집중적으로 다루는 음악산업은 콘텐츠를 창조하고 ICT를 활용함으로써 진정한 대한민국의 창조경제를 구축할 수 있는 근간 사업이라고 볼 수 있다. 즉 음악산업은 창조경제를 위한 좋은 자양토의 역할을 수행할 수 있다. 예를 들면 월드스타 싸이는 ICT의 발전을 통해 새롭게 생겨난 채널인 유튜브(OTT)를 통해서 탄생하였고, 그 결과 우리나라는 많은 외화를 벌어 들일 수 있게 되었다.

음악산업은 음악 콘텐츠를 유통하는 정보통신의 기술적 측면과 아울러 고객의 감정 또한 어루만질 수 있어야 하는 산업의 특수성이 존재한다. 그러므로 음악 콘텐츠를 제작 시, 기술적, 정서적 요소들을 모두 포괄하는 사용자 경험 디자인(UX design)이 필수이므로 매우 복잡한 메커니즘을 내포하고 있다.

이 책에서는 대한민국 창조경제 달성을 위해서 수로의 역할을 담당하는 정보통신기술(ICT)과 한국의 문화를 알릴 수 있는 창조산업인 음악산업을 중심으로 정보통신기술의 발전과 함께 음악산업이 어떻게 발맞춤해 왔는지를 살펴볼 뿐만 아니라 실제로 정보통신기술의 진화와 함께 등장한 개방형 글로벌 미디어 생태계 환경에서 국내 음악산업이 어떤 경영 전략을 취해야 하는가를 함께 살펴보고자 한다.

1. 음원에서 스트리밍의 시대로

정보통신기술(ICT)의 발전과 함께한 음악산업의 진화는 음악을 재생하는 매체의 변화로 확인할 수 있다. 다음 쪽의 그림과 같이 음악을 재생하는 매체는 전구의 발명으로 우리에게 잘 알려져 있는 천재 발명왕 에디슨(Edison)이 개발한 아날로그 음악 재생 장치인 축음기에서부터 LP, 카세트, CD 플레이어를 거쳐 최종적으로 스마트폰까지 진화하였다. 이러한 음악 재생 기술과 유·무선 네트워크와 연결되는 재생 장치의 변화는 음악산업을 변화시켰다. 그 이유는 소비자들이 콘텐츠를 소비하는 패턴이 재생 장치에 기반되기 때문이다. 이제 음악산업은 스마트기기 시대에 도래하였다. 이것은 기존의 음반 판매의 시대가 저물고 디지털 음원 중심, 그리고 나아가 스트리밍 위주로 산업 트랜드가 변화하게 된 것을 의미한다.

[음악산업의 디지털화]

실제로 전 세계 음악산업의 현황을 조사하는 IFPI(International Federation of the Phonographic Industry)에서 발표한 2012년 Digital Music Report에 따르면, 아래 그림과 같이 세계 디지털 콘텐츠 매출은 2008년 43억 달러에서 2012년 56억 달러로 4년 동안 약 13억 달러나 증가하였다. 또한, 2011년 매출을 기준으로 한국은 53%, 중국은 71%, 미국은 52%가 음반회사의 매출 중 디지털 상품이 차지한다고 하였다. 따라서 한국은 두

명 중 한 명이 정보통신기술과 연관되어 있는 디지털 음원 상품을 이용한다는 것을 알 수 있다.

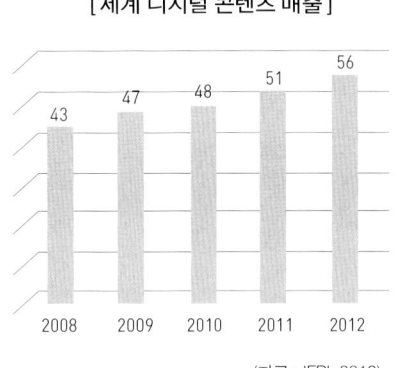

(자료 : IFPI, 2012)

창조경제시대에는 이러한 음원 역시 실제로 자신의 기기에 다운로드할지 아니면 그냥 월정액 요금을 지급하고 스트리밍 방식으로 음원을 소비하느냐에 따라 음원의 소비 패턴이 소유와 대여의 형태로 구분된다. 심지어 데이터 이용이 무제한인 통신사 고객들은 온라인 동영상 스트리밍 서비스인 유튜브 채널을 통하여 뮤직비디오를 보면서도 음악을 청취할 수 있게 되었다. 즉 정보통신기술이 발전하면서 실시간으로 음원을 듣는 것에 있어서 끊김으로 인한 불편이 현저하게 줄어든 것이다. 따라서 정보통신의 발전과 함께 음악산업은 음반에서 음원, 그리고 음원에서 스트리밍의 방식으로 패러다임이 변화하게 되었다.

[디지털 융합현상과 음악산업의 변화]

(출처: John Mathews, Macquarie University)

2. 융합을 통한 가치 창출의 시대

최근 정보통신의 발달과 함께 점점 융합(convergence)이라는 단어가 자주 등장하게 되었다. 융합이란 사람들의 아이디어와 아이디어, 프로세스와 프로세스 등이 서로 조화되어 하나로 결합하면서 발생하는 시너지이다(Michael L. Brodie, 2000). 또한, 융합은 기존의 제품 및 서비스의 모든 분야에 다른 새로운 분야를 재조합시킴으로써 더욱 새롭고 창조적인 가치와 시장을 탄생시킨다(sijang · dhseo, 2010).

즉, 앞의 "1+1=3 그림"에서 설명했듯이 창의력을 바탕으로 기존 산업에 새로운 산업을 융합시키면 1+1이 3인 결과를 도출하는 시너지, 즉 산업 경쟁력을 이끌어낼 수 있다는 것이다.

예를 들면 모바일 플랫폼 서비스 회사인 '카카오'와 유무선 음악 서비스 기업인 '벅스'와의 협업을 들 수 있다. 2013년 8월 19일 모바일기기를 중심으로 사람들과의 관계에 주안점을 두고 있는 회사인 카카오는 '카카오톡'과 '카카오스토리' 플랫폼을 통해서 많은 사용자를 보유하고 있다. 즉 카카오는 음원을 유통하고 스트리밍을 할 수 있는 좋은 유통채널의 역할을 담당할 수 있다. 그리고 국내 유·무선 음악 서비스 사업자인 벅스는 300만 곡 이상의 음악 콘텐츠를 소유하고 있다.

이 두 회사는 2013년 카카오 본사에서 아래 그림과 같이 공동 사업 협약식을 진행하고 창조경제시대 스마트기기 환경에서 새로운 음악 서비스를 시작하기로 하였다. 카카오 플랫폼과 벅스 플랫폼이 융합함으로써 소셜 뮤직이라는 새로운 시장이 탄생하였고 각각의 산업에서 쌓아온 서비스 노하우를 상호 공유하게 됨으로써 기존에 없었던 새로운 시너지가 창출되게 되었다.

이 두 업체는 서로가 가지지 못한 역량을 융합을 통하여 증대시킴으로써 소비자들에게 새로운 가치(value)를 창출해 낼 수 있게 되었다.

[음악 서비스의 융합 : 음악 서비스 공동 사업]

(출처 : 경제투데이)

3. 지상파에서 온라인 채널을 통한 콘텐츠 유통경로 확장

ICT의 발달 전 지상파 방송으로만 콘텐츠의 유통을 의존하던 한국의 음악산업을 살펴보면, 좋은 콘텐츠를 가지고도 유통경로의 제약성으로 세계 무대로 콘텐츠를 노출시키지 못하는 경우가 대부분이었다.

하지만 2012년 싸이의 '강남스타일'은 온라인 동영상 전문 사이트인 유튜브(Youtube)를 통하여 한류의 새로운 바람을 형성할 수 있었다.

콘텐츠를 어떻게 생산하여 결과물을 만드는 가

(출처 : 채널 A, 이언경의 세상만사)

도 중요하지만, 이에 못지않게 어떻게 유통하여 소비자에게 노출시키는 것 역시 음악 콘텐츠 산업의 중요한 숙제이다. 국내 가수 싸이가 세계 가수 싸이로 탄생 할 수 있었던 저변에는 유튜브 시청자들의 공이 크다고 할 수 있다.

저자가 ICT를 통한 인터넷 방송의 중요성을 언급하는 이유도 ICT를 이용한 인터넷 방송은 지리적인 제약이 없기 때문이다. 2013년 정보통신정책연구원(KISDI)에서 발표한 통신시장 경쟁 상황 평가에 따르면, 방송통신 융합 서비스를 통한 생산액은 2012년 11조 476억 원으로 2008년에 대비하여 약 11.8배가 상승하였다고 한다. 이처럼 변화된 콘텐츠 유통 채널에 부합할 수 있는 디지털 콘텐츠를 생산하고 스마트한 홍보 전략을 구사한다면 국내 음악산업의 국제적 경쟁력이 향상되고, 이는 우리나라 창조경제에 큰 보탬이 될 것이다.

4. 정보통신기술을 활용한 온라인과 오프라인의 상생 전략

2015년 미국 경제 잡지 포브스는 2012년 6월부터 2013년 6월까지의 1년간 전 세계 연예인 소득 순위를 발표하였다. 국내 가수 싸이는 '강남스타일'을 통하여 미국(1억 5,000만), 태국(3,100만), 한국(3,700만)의 유투브 시청 수를 기록하여 월드 스타라는 칭호를 받았음에도 불구하고 포브스 연예인 소득 순위 100위 안에 진입하지 못하였다.

반대로 마돈나의 경우 2013년 그녀의 신곡 흥행이 부진했음에도 불구하고 소득 순위 1위를 차지하였다. 그 이유는 마돈나의 공연 수입이었다. 따라서 국내 엔터테인먼트업체들은 다음 쪽의 그림과 같이 ICT 기반의 뉴미디어를 활용하여 음악 콘텐츠를 노출시키는 동시에 한국 가수의 외국 공연을 더욱 유치하여 마돈나와 같이 고성과 창출을 이끌어 낼 수 있어야 한다. 이와 같은 미래 성과를 달성하기 위해서 온라인과 오프라인의 상생 전략을 구사할 수 있어야 한다. 이와 같은 전략을 O2O(Online to Offline) 마케팅 전략이라고 한다. 즉 고수익 창출을 위해서는 오프라인 콘서트 유치를 위한 온라인 전략을 함께 펼쳐야 한다는 것이다. 온라인에서의 파워가 그대로 수익성이 더욱 높은 오프라인으로 이전하게 만들어야 정보통신기술을 활용한 진정한 고성과 교차 기능팀(cross-functional team)이라고 할 수 있다. 창조경제시대에는 이렇게 온라인과 오프라인 간의 경계에 구애받지 않고 두 채널 모두에서 고객의 마음을 사로잡을 수 있는 전략을 구체화하여야 한다.

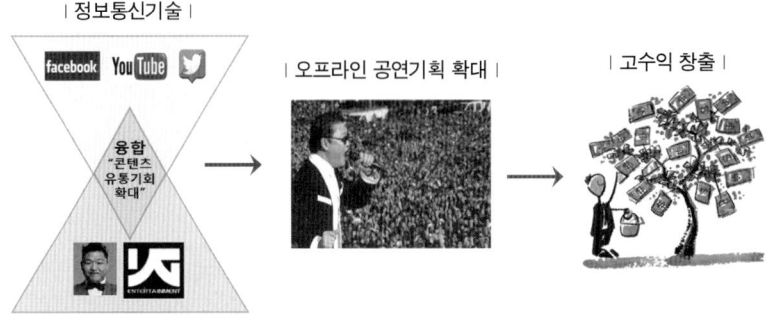

[O2O, Online to Offline 마케팅]

이렇듯 창조경제시대에 융합을 통해 시너지를 창출하는 전략은 백지 상태에서 완전히 새로운 것을 그리는 것이 아니다. 기존의 서비스에 새로운 기술 혹은 타 서비스를 결합시키면서 현존하는 서비스의 경제적 가치와 서비스 품질을 증대시키는 것이다.

이러한 과정에서 창조사회에서는 기존에 개별적으로 존재하던 각 시장의 경계가 어디까지 인지가 모호해질 뿐만 아니라 때론 허물어지는 현상이 빈번하게 발생하게 된다. 예를 들면 우리는 최근 통신사업자와 콘텐츠 제작업자가 손을 잡고 출시하는 결합 상품들을 쉽게 찾아볼 수 있다. 이는 기존에는 개별적으로 존재하던 정보통신산업과 콘텐츠산업 간의 경계가 모호해진다는 것을 의미하는 것이다. 그 이유는 두 산업의 상품이 묶음으로 판매되기 때문이다.

이렇게 산업과 산업 간의 경계가 없어지거나 모호해지는 현상이 증가하게 되면 기존에 만들어진 국가의 제도적 장치로는 해결할 수 없는 새로운 문제들이 발생하게 된다. 그러므로 불법 콘텐츠 복사, 저작권 위반, 새로운 방송·통신 소비자보호법 등과 같은 불공정 행위로부터 산업과 소비자를 보호할 수 있는 튼튼한 제도적 장치가 마련되어야 하며, 나아가서는 창조경제에 기여하는 많은 이해 관계자들이 서로 공진화(coevolution)할 수 있도록 국가적 차원에서의 제도적 지원이 필요하다.

영화 '뮬란'이 시사하는 최종적인 교훈은 '역경을 이겨내고 피어난 꽃이 모든 꽃 중에 가장 아름답다(The flower that blooms in adversity is the most rare and beautiful of all.)'이다.

IMF, 세계 경제 위기 등 수많은 역경과 고난을 겪고 또 극복해온 한국 경제이다. 이제 대한민국의 핵심 역량인 ICT와 문화 콘텐츠를 활용하여 대한민국 창조경제의 꽃이 활짝 피어나기를 기대한다.

전문가 인터뷰

이름 : 김홍기
직업 : 카카오뮤직, 마케팅 담당부장
경력 : 네이버뮤직

　정보통신기술과 음악산업의 발전은 우리나라 창조경제 정책에 큰 기여를 할 수 있습니다.
　이는 다양한 동영상 유통 플랫폼의 사용 확산으로 전 세계 K-Pop 진출의 용이성과 이를 통한 타 국내 타 산업으로의 소비자 수요에 대한 연쇄 현상이 발생할 수 있기 때문입니다.
　정보통신기술이 지금과 같이 발전하기 전에는 CD가 외국에서 흥행에 성공해야지만 공연을 기획할 수 있었습니다. 하지만 한국의 콘텐츠에 대하여 정식으로 외국에서 라이센스를 획득하는 데에도 많이 시간이 소요되며 외국의 정확한 소비자 수요층과 수요가 밀집되어 있는 지역을 국내에서 파악하기란 매우 어려워 외국 진출에 한계점이 존재하였습니다.
　하지만 정보통신기술의 발전과 함께 음악을 더욱 개방적으로 실어 나를 수 있는 동영상 전문 유통 채널이 등장하게 됨으로써 CD의 흥행이 판단 기준이 아닌 유튜브에서의 조회 수가 판단 기준이 되어 더욱 정확하게 해외 공연 유치가 가능해졌습니다. 즉 타겟층의 파악이 쉬워져서 미지의 외국에도 빅데이터를 기반으로 표적 마케팅이 가능해졌다고 할 수 있습니다.

또한, 정보통신 발전은 음악은 단순히 듣는다는 개념에서 '보고, 듣는'다는 개념으로 음악의 개념을 더욱 확장시켰습니다. 유튜브와 같은 많은 동영상 유통 플랫폼들은 음악의 뮤직비디오를 사용자들에게 쉽게 접하게 만들었습니다. 따라서 자신의 스마트폰, 태블릿 PC 등 자신의 스마트기기를 통하여 K-Pop을 보는 전 세계 모든 사람이 한국 가수들이 입고 나오는 의류의 브랜드, 신발의 브랜드, 시계 브랜드 그리고 더 크게 나아가서는 타고 나오는 자동차까지 "이 브랜드의 제품을 어떻게 구매할 수 있지?" 하는 의문점을 가지게 만들어 줍니다. 이러한 뮤직비디오 협찬을 통하여 광고의 효과를 발생시키는 마케팅 용어를 PPL 광고라고 합니다.

이러한 뮤직비디오 내 PPL 광고를 통하여 음악산업은 외국에서 협찬되는 한국 제품에 대한 수요를 발생하게 합니다. 따라서 이는 정보통신 발전을 통한 K-Pop 진출의 용이성 증가와 음악산업의 발전이 타 산업의 발전으로 연쇄 현상을 일으켜 국가의 전체적인 부를 창출할 수 있다고 생각합니다. 따라서 음악산업은 창조경제의 핵심 산업이라고 할 수 있습니다.

,, 02

스마트 생태계 내, 음악산업의 이해
- 음원 깡패의 등장 -

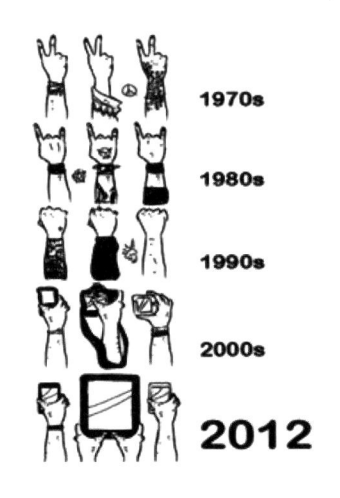

"음악산업은 제조업과 다르다"

산업(industry)이란 인간이 생계를 유지하기 위하여 일상적으로 종사하는 활동을 의미하며 각각의 산업마다 고유한 특징이 존재한다. 음악산업의 특징을 살펴보면, 첫 번째로 음악산업은 일반적인 제조업과는 다른 특징을 가지고 있다. 예를 들어 공장에서 나이키 신발 한 켤레를 생산한다고 하였을 때, 우선 그 신발에 대한 원가(MC : Marginal Cost)와 실제로 팔릴 수 있는 시장 가격이 형성된 후, 소비자에게 한 켤레당 동일한 가격으로 팔려나간다. 하지만 음악산업은 상품을 찍어내는 제조업과는 차별성이 존재한다. 보이지 않는 무형의 경험 경제인 예술산업은 주관적인 가치 창출이 바탕이 되기 때문에 콘텐츠의 원가나 '미래의 가치'가 얼마나 커질지를 예측하기가 힘들다는 특징이 있다.

실제로 2015년 11월 허핑턴포스트(The Huffington Post) 기사에 따르면, 2015년 11월 7일 비틀즈의 멤버 존 레넌(John Lennon)이 1963년 런던 크리스마스 콘서트에서 분실하여 50여 년간 소재가 파악되지 않았던 기타가 경매에 나왔다고 발표하였다. 'Love me do', 'I want to hold youer hand' 등의 히트곡을 연주하는 데 사용되었고 존 레넌이 특히 아꼈던

이 기타는 경매에서 240만 달러, 한화로 약 27억 원에 낙찰되었다.

[비틀즈, 존 레넌의 잃어버린 기타 – 2015년 11월, 경매 낙찰가 약 27억 원]

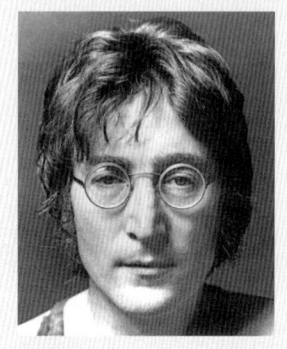

(자료 : 허핑턴포스트, www.eplay.sk)

이 기타는 미국 깁슨사의 'J-160E' 모델로 실제 판매가는 1,000만 원 이상 가격이 책정되지 않았을 것이다. 하지만 약 52년이 지난 지금 현재의 가치는 약 27억 원에 웃돌 만큼 가치가 급격하게 증대되었다. 이렇게 개인의 주관적인 가치가 경매에서 최대 지불 의사로 나타난 것이다. 해당 사례에서와 같이 음악산업은 현재 가치와 미래 가치가 급격히 달라질 수 있는 산업이며, 이러한 가치는 개개인의 주관에 달려 있다는 특징이 큰 산업이다.

두 번째로 음악산업의 서비스 경쟁은 스마트기기, 그리고 정보통신 기술의 진화와 밀접한 연관성이 있다. 현재 음악 콘텐츠의 소비가 가장 많이 일어나고 있는 스마트기기는 기존의 Mp3 플레이어를 대체하였고, 네트워크 속도의 진화는 기존에 듣는 음악에서 이제는 2014년 국내 시장에서 점유율 40%를 차지하고 있는 유튜브(YouTube), 네이버 TV 캐스트, 다음카카오 tv팟 등을 통하여 보고 듣는 음악으로 청취자의 청각 뿐만 아니라 시각 또한 더욱 자극할 수 있게 되었다. 이렇게 정보통신 기술의 발전과 함께 혁신적으로 등장한 여러 음악 서비스에 발맞추지 못하는 음악 서비스 업체는 음악 생태계 내의 경쟁에서 당연히 퇴보할 수밖에 없다.

세 번째로 음악산업은 국내 대중음악의 국외 보급 및 전파를 통하여 우리나라의 문화를 국외에 전파시킬 수 있다. 즉 제조업의 상품이 아닌 문화상품 콘텐츠를 통하여 우리나라를 세계에 알릴 수가 있다. 이를 통해 국가 및 국내 제품의 브랜드 인지도를 상승시킬 수 있고, 타 산업으로도 경제적 파급 효과를 창출할 수 있는 특징이 존재한다. 예를 들면 가수 싸이의 '강남스타일'을 통하여 외국에서 강남을 찾는 국외 관광객 수가 급격히 증가한 사례를 들 수 있다. 즉, 국내 음악 콘텐츠가 국내 관광 인프라가 된 것이다. 이러한 사례는 음악산업이 국내 관광산업으로 긍정적인 경제적 파급 효과를 창출한 사례로 이해할 수 있다.

본 장에서는 음악산업 생태계 내의 세부적인 구조와 이해관계 구성 그리고 진화된 스마트폰 환경에서의 경쟁 양상을 함께 살펴본다.

01
음악산업이란?

1. 음악산업의 분류

산업은 하나의 생태계와도 같다. 즉 하나의 산업 안에는 여러 종류의 이해관계자들이 상호 이익을 증진하며 공생(共生)하고 있다. 음악산업도 마찬가지다. 음악산업이란 간단히 말해서 음악 콘텐츠를 기반으로 매출이 발생하는 시장이다.

흔히 사람들은 음악산업의 주요 참가자(player)로 음반 제작자, 뮤직비디오 제작자, 작곡가, 가수 등을 생각하지만 실제로는 더욱 다양한 산업의 주체들이 존재한다. 2014년 12월 한국콘텐츠진흥원에서 발표한 보고서에 따르면, 음악산업은 다음 쪽 그림과 같이 음악 제작업, 음악 및 오디오물 출판업, 음악 복제 및 배급업, 음반 도소매업, 온라인 음악 유통업, 음악 공연업, 노래연습장 운영업으로 크게 7개의 분류로 나누어진다. 이제 각각의 분류에 대하여 구체적으로 살펴보기로 하자.

[음악산업의 세부 분류]

- 음악 제작업
- 음악 도소매업
- 음악 복제 및 배급업
- 온라인 음악 유통업
- 음악 공연업
- 음악 및 오디오물 출판업
- 노래연습장 운영업

음악산업

음악산업의 첫 번째 분류는 '음악 제작업'이다. 음악 제작업은 음악을 기획하고 창조하는 업무들을 의미한다. 달리 설명하면 음악 제작 생태계 내에서 음반 및 음원을 제작하고 이에 대한 관련 비즈니스를 진행하는 업체들이 수행하는 업무를 뜻한다. 대표적인 사업체로는 일반인들이 알고 있는 SM엔터테인먼트, YG엔터테인먼트, FNC엔터테인먼트, JYP엔터테인먼트 등의 '음반 기획사'가 존재한다. 아래 사진과 같이 음반과 음원에 대한 녹음 시설을 제공하는 '음반 녹음 시설 운영 업체(recording studio)' 또한 음악 제작업에 포함된다.

[음반(음원) 녹음 시설 운영 사업]

(장소 출처 : Praiseworks Recoding St)

'음반 녹음 시설 운영업체'는 음반과 음원을 제작하기 위하여 녹음 시설을 음반 기획사에게 제공하고 이에 대한 수익을 창출하는 업체로 정의 할 수 있다. 국내의 음반 녹음 시설 운영업체로는 RealSound, SUONO, This is it Records, 그리고 창조공작소 등이 존재한다. 이러한 음반 녹음 시설 운영업체는 작곡가, 편곡가, 사운드 디자이너, 사운드 엔지니어 등의 음악 제작에 필요한 전문가들을 사무실에 상주시켜 음악 제작을 지원한다. 최근에는 소리바다, 벅스, 멜론과 같은 음악 감상 서비스를 제공하는 하는 업체에 디지털 음원을 유통시키고 관리하는 업무까지 추가적으로 진행하는 업체가 증가하는 추세에 있다.

음악 제작업에 포함되는 업체 하나를 더 추가하자면, 뮤직비디오 촬영장 대여 업체를 들 수 있다. 특정 뮤직비디오의 세트장이 필요할 시 뮤직비디오 촬영장 업체를 대여하여 해당 가수의 뮤직비디오에 맞게 세트장을 설치하고 뮤직비디오를 촬영하는 경우가 많다.

[뮤직비디오 촬영장 대여 업체]

실제로 SM엔터테인먼트, JYP엔터테인먼트, YG엔터테인먼트 등과 같은 '음반 기획사'가 음반을 제작하기 위해서는 많은 자금이 필요하다.

일반적으로는 회사에서 자체 비용으로 제작이 되지만, 음반을 제작하기 위해서 다른 산업에서 투자금(investment)을 받기도 한다. 최근에는 한류 열풍으로 인해, 국내 음악 콘텐츠 개발을 위하여 중국·일본·동남아 등으로부터의 국외 투자 자본 역시 증가하고 있는 추세이다. 이는 국내 음악산업에 대한 외국인 직접 투자(FDI, Foreign Direct Investment)의 개념으로도 생각할 수 있다.

음반을 제작하기 위한 또 다른 투자금 유치 방법으로는 PPL과 BPL 방식이 있다. PPL이란 Product Placement의 약자이고 BPL은 Brand Placement의 약자이다. 이를 한국어로 풀어쓰면 '제품의 배치', '브랜드의 배치'를 의미한다. 음반 제작사에게 음반 제작에 필요한 투자금을 일부 지원해 주고 그 대가로 뮤직비디오에 자사의 제품이나 브랜드를 배치하면서 자연스럽게 광고를 하는 것이다.

과거에는 PPL이 주로 드라마와 영화에 많이 적용되었지만, 최근 한류 스타의 음반에 PPL 투자에 대한 성과가 더욱 커져서 음악산업에서의 PPL 또한 활발하게 이루어지고 있다. 결국, 이렇게 뮤직비디오에 PPL을 도입하는 경우, PPL 방식으로 제품을 홍보하고자 하는 회사는 음반 제작회사에 광고비용을 지급하게 되는 셈이고 음반 제작회사는 이렇게 획득한 광고비용을 콘텐츠 제작비용으로 활용하게 된다. 따라서 PPL 광고는 상호간 win-win 전략이라고 볼 수 있다. 이러한 PPL 전략의 예를 들면 버벌진트의 곡 'Classic'의 뮤직비디오가 있다. 이 뮤직비디오에는 운동화 회사 Reebok의 제품 중 하나인 Reebok Classic 모델이 뮤직비디오를 통하여 노출되고 있음을 알 수 있다.

[PPL 사례 - Reebok with Verbaljint]

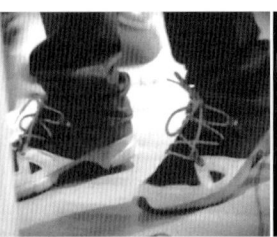

(출처 : 가수 버벌진트의 Classic 뮤직비디오)

　사실 이러한 PPL 방식은 음악 콘텐츠 관점에서 바라보면 항상 장점이 있는 것이 아니다. 만약 시청자가 음악 콘텐츠를 광고라고 인식을 해버린다면 해당 음악 콘텐츠가 전달하고자 하는 내용의 진정성과 감성적인 요소들에 해가 될 수도 있기 때문이다. 또한, 뮤직비디오의 시퀀스와 맞지 않는 지나친 제품이나 브랜드의 노출은 음악 콘텐츠의 품질을 떨어뜨릴 가능성 역시 존재한다. 따라서 음악 콘텐츠를 제작할 때 PPL을 이용하여 투자금을 유치하는 것도 좋지만 음악 콘텐츠 자체의 순수성을 잃지 않게 자연스럽고 적정선에서의 PPL 적용이 고려돼야 한다.

　음악산업의 두 번째 분류는 '음반 및 오디오물 출판업'이다. 음반 및 오디오물 출판업이란 악보나 교재 등을 제작하는 업체로 이론 교재, 반주 교재, 악기 교재와 같은 다양한 음악 관련 서적을 출판하는 산업활동을 지칭한다. 예를 들면 아래 그림과 같이 일반인을 대상으로 색소폰을 배우고 싶어 하는 사람들을 위해서 색소폰 교육 서적과 연습을 위한 악보를 판매하고 수익을 창출하는 음악업체들이 해당 카테고리에 포함된다.

[음악 및 오디오물 출판업]

(출처 : 세광음악출판사 홈페이지)

최근 동향을 살펴보면 정보통신기술(ICT)의 발전과 함께 홈페이지에 자사에서 출판한 책의 이해를 돕기 위하여 교육 동영상 서비스를 제공하는 제공하는 경우도 있으며, 소셜네트워크서비스(SNS)를 활성화하여 음악 교육자(education provider)와 교육자를 위한 커뮤니티의 장을 마련하여 다음 출판물을 위한 정보를 수집하기도 한다.

음악산업의 세 번째 분류는 '음반 복제 및 배급업'이다. 음반 복제 및 배급업은 음반을 복제하는 사업체와 음반을 도소매업 사업체에게 배급하는 음반 배급 사업체로 구성되어 있다. 여기서 음반을 배급한다는 말은 음악 제작업을 담당하는 프로듀싱 업체가 실제로 음반 소비자와 연결될 수 있도록 도매업체 혹은 소매업체로 전달하는 과정을 의미한다. 따라서 음반 복제 및 배급업에서의 배급은 음반 프로듀싱 업체와 도매 혹은 소매 판매상과의 관계에 놓여 있게 된다.

음악산업의 네 번째 분류는 '음반 도소매업'이다. 음반 도소매업은 '음반을 도매하는 사업체'와 '음반을 소매하는 사업체'로 구성이 된다. 일반적인 산업에서 도매업이란 상품을 대량 구입하여 소매 사업체에게 판매하는 산업 활동을 의미한다. 그러므로 도매업은 소비사에게 판매하는 매장을 갖추지 않고 창고 위주로 운영이 되며, 고정적으로 거래하는 소매 사업체들이 존재한다. 음악산업에서 도매 사업체란 음반을 소매 사업체에 배급하는 업체를 의미하며 대표적인 업체로는 신나라 레코드, 반도레코드, 핫트렉스 등이 있다. 소매업이란 최종 소비자에게 판매할 목적으로 판매장을 개설하고 상품을 판매하는 산업 활동을 의미한다.

음악산업에서 소매업체란 각 동네마다 존재하는 레코드점을 의미하며 최근에는 이마트, 교보문고 등에서도 소비자에게 직접 음반을 판매하기 때문에 소매업체의 범주가 더욱 넓어지는 추세이다.

최근 대부분 사람들의 음반 구매 패턴을 살펴보면, 대부분 사람들이 마트에 장을 보러 가거나 혹은 서점에 책을 구입하러 갈 때 음반을 함께 구매하는 성향이 있다. 요즘은 대부분의 대형 마트나 대형 서점에서 음반 코너를 추가로 배치하기 때문에 사람들은 장을 보러 혹은 책을 구매하러 가서 음반을 함께 구매하는 것이 '동네 레코드점'에 따로 가서 음반을 구매하는 것보다 훨씬 시간적 측면이나 한 번에 계산을 끝낼 수 있다는 편리성 측면에서 혜택이 있다는 것을 알고 있다. 이러한 편리성을 '거래적 보완성'이라고 한다. 따라서 이제 음반 판매 시장은 더 이상 음반만 판매하는 시장이 아니다.

이러한 관점에서 보았을 때 음반 판매 시장은 '음반과 타 시장의 상품(책, 식료품 등)을 함께 판매하는 하나의 묶음 시장(cluster market)으로 볼 수 있다. 그러므로 기존의 '동네 레코드 가게'의 경쟁자인 대형 마트나 대형 서점은 상대하기 힘든 매우 강력한 시장 지배력(dominance)을 가지고 있다고 판단된다. 그뿐만 아니라 Mp3 플레이어, 스마트폰의 등장과 같은 기술적인 발전으로 사람들이 음반보다 음원 또는 스트리밍(월정액을 내고 음원 대여)의 형태로 음반 콘텐츠를 소비하는 경향이 극적으로 증가하게 되었다. 따라서 아쉽게도 현재 개인이 운영하는 '동네 레코드 가게'는 점점 추억 속으로 사라지는 추세에 있다.

음악산업의 다섯 번째 분류는 '온라인·모바일 음악 유통업'이다. 온라인·모바일 음악 유통업은 인터넷과 모바일을 통하여 음원을 최종 소비자에게 서비스하는 산업 활동을 의미한다. 유통 업체는 음원의 소유자로부터 음원을 양도받아 온라인 및 모바일 상에서 중개를 담당하는 사업체들로 구성되어 있다.

대표적인 인터넷·모바일 음악 서비스 업체로는 멜론, 올레뮤직, 벅스, Mnet과 2000년대 초 P2P 형태의 서비스로 시작한 소리바다 등이 있으며, 포털 사업자들 또한 2004년부터 음악 유통업을 시행해 오고 있다.

[음악 서비스업]

(자료 : 카카오)

[음악 서비스업]

(자료 : 소리바다)

대표적인 업체로는 네이버 뮤직(NHN), 다음 뮤직(Daum Communication),

그리고 싸이월드(SK Communication)가 존재한다. 기존의 온라인 기반 음악 서비스 제공 기업들과 포털 사업자가 제공하는 음악 서비스 제공업 중 어느 쪽이 사용자가 음악을 검색하고 소비하기가 쉽겠는가? 물론 포털 사업자가 제공하는 음악 서비스 업체가 '사용자 편이성' 측면에서 더욱 우세할 것이다. 그 이유는 사용자들이 인터넷을 이용하는 첫 번째 관문(1차 진입경로)가 포털 사이트이기 때문이다. 따라서 최근까지만 하더라도 포털 사업자의 음악 서비스가 절대적인 우세를 차지하는 듯하였다. 하지만 모바일 중심으로 서비스 구조 개편이 활발하게 진행되면서 소비자들은 스마트폰 애플리케이션 설치만으로 음악을 들을 수 있게 되었다.

이는 이제 비포털 음악 서비스 사업체들이 모바일 위주의 음악 서비스에 주력을 하여야만 포털과 동등하게 사용자의 편리성을 보장할 수 있다는 것을 의미한다. 카카오톡(모바일 메신저)으로 인지도가 높아진 카카오그룹은 자신의 일상생활을 공유하는 카카오 스토리에 음악 설정 기능을 추가하여 모바일 위주의 새로운 음악 서비스를 등장시켰다. 향후 음악 서비스 산업은 소비자들과 가장 가까운 곳에서 가장 친숙하게 활용되는 모바일 위주의 애플리케이션 경쟁에서 더욱 치열해 질 것이다.

음악(노래, 악기, 연주), 영화, 소설 등의 창작물을 제작한 사람에게는 자신의 제작물(저작물)에 대한 저작권 보호의 권리가 발생한다. 음악 서비스의 유통이 원활하게 운영되기 위해서는 음반 제작업체들에 대한 음악 저작물의 권리가 더욱 명백하게 보장되어야 한다. 따라서 인터넷 및 모바일 음악 서비스 제공업자들은 음반 제작업자들, 즉 음원에 대한 권리를 가진 사업자들로부터 음원을 사용하고 유통하는 것에 대한 허가를 받아야 하며, 이에 대한 비용을 지급하여야 한다. 음악 제작자들의 음원을 보호할 수 있는 권리로는 '저작권(copyright)', '실연권(Performance Right)', '음원권'이 존재한다.

저작권(copyright)은 지적 재산권의 하나로 저작자가 그 자신이 창작한 저작물에 대해서 갖는 권리로 음악산업에서의 저작권은 작곡가, 작사가, 그리고 편곡가들의 권리를 보호하는 역할을 한다. 이러한 저작권의 목적은 제작자의 권리를 보호하여 저작권자가 창작 활동에 전념하게 해주기 위함이다. 최근 음악이 디지털화 되고 개개인이 자유롭게 자료를 업로드하고 유통할 수 있게 해주는 온라인 콘텐츠 유통 채널이 급증하면서 저작권 보호에 관한 이슈가 더욱 증가하고 있다. 저작권 문제와 관련 있는 다음 3가지 예를 살펴보자.

첫째, 민준이는 음악 다운로드 사이트에서 비용을 지불하고 노래(음원)를 다운로드받아 자신의 스마트폰과 PC에 저장하였다. 그리고 민준이는 자신이 돈을 내고 구매한 음원이니 이 음원의 주인이 자신이라고 생각하고 자신이 운영하는 인터넷 블로그(blog)에 해당 음원을 업로드시켰다. 이제 민준이의 블로그 회원들은 민준이가 업로드한 해당 음원을 무료로 감상할 수 있게 되었다. 이와 같은 상황에서 민준이의 행동은 저작권법을 위반하는 행위로 간주될 수 있을까?

답은 위법이다. 타인의 저작물을 자신의 블로그에 올리는 행위는 법적으로 보았을 때 다른 사람의 물건을 허락 없이 자신의 개인적인 목적을 위해서 사용하는 행위와 같다고 볼 수 있다. 그러므로 민준이는 타인의 창작물을 콘텐츠 제작사의 동의 없이 사용한 위법 행위로 간주된다.

일반적으로 음악 다운로드 사이트에서 민준이와 같은 일반 구매자가 음원에 대한 비용을 지불하고 자신의 PC에 다운로드받는 것은 구매자 오직 자신의 청취를 위한 목적으로만 사용하는 대가에 대한 비용을 지불한 것이다. 그러므로 민준이는 개인 용도로만 한정되어 콘텐츠를 사용하여야 하지 다른 사람들에게 공유는 할 수 없다.

민준이가 운영하는 인터넷 블로그는 불특정 다수의 대중이 민준이가 업로드한 음악 콘텐츠를 자유롭게 청취하고 접근할 수 있는 구조이다. 따라서 블로그 방문자에 의해 해당 음악 콘텐츠의 2차, 3차로 불법적인 콘텐츠 전송 행위가 가능하다는 점에서 불법 유통의 잠재적 가능성이 존재한다.

상기 내용을 종합해 보면, 개인이 음악 다운로드 사이트에서 비용을 지급하고 자신의 스마트폰 혹은 PC에 저장한 음악 콘텐츠일지라도 인터넷 블로그, 개인 홈페이지에 음악 콘텐츠를 무심코 업로드하는 행위는 개인에서 허가된 음원 사용 권리의 범위를 벗어난 행동으로 '저작권 침해에 대한 고소장'을 받을 수도 있다. 개인이 스마트시대의 다양하게 존재하는 플랫폼 들에 해당 음원을 꼭 삽입하고 싶다면, 음원의 저작권을 소유하고 있는 음악 제작사의 사용 허가(동의)를 받은 후에야 비로소 합법적으로 사용할 수 있다.

[디지털시대, 네티즌의 저작권 침해 행위]

(그림 출처 : 법제처의 그림 재수정)

둘째, 영조는 자신이 비용을 지급하고 다운로드받은 음악 콘텐츠 파일을 음악 편집 프로그램을 사용하여 20~30초 정도 자기 마음대로 편집하여 지인들과 공유하였다. 이러한 영조의 행동은 위법행동일까? 이러한 사례 역시 명백한 저작권 침해 사례에 해당한다. 아직 저작권에 대한 개념이 한국 사회에 제대로 자리잡지 못한 것이 사실이고, 한국콘텐츠진흥원에 따르면 상기 사례와 같이 저작권을 침해하는 행위가 해마다 증가하는 추세라고 한다. 무심코 한 개인의 저작권 침해 행위는 국내 저작권법 제126조 제1항 제1호에 따라 5년 이하의 징역 또는 5,000만 원 이하의 벌금이나 형사 처벌 대상이 될 수 있으며, 저작권자들은 저작권법 제125조 제1항에 따라 형사 처벌과 함께 민사소송(손해배상청구)을 동시에 진행할 수 있다. 국내에서는 이러한 저작권을 신탁 관리하는 기관으로서 한국음악저작권협회가 존재하며, 만일 허가를 받지 않은 업체가 저작권 위탁 관리업을 수행하게 되면 1년 이하의 징역 또는 1,000만 원 이하의 벌금을 받게 된다.

셋째, 수영이는 음악 다운로드 사이트에 일정 금액을 지급하고 자신의 PC 음악 폴더에 음악 콘텐츠를 다운받아 놓았다. 그런데 어느 날 친구 기근이가 수영이의 컴퓨터를 사용하다 우연히 바탕 화면에 있는 음악 폴더를 발견하고 '수영이의 허락 없이' 자신의 USB로 음악 콘텐츠를 전송하게 되었다. 이후 수영이는 '허락도 없이' 친구 기근이가 자신의 음악 콘텐츠를 복제하여 청취하고 있다는 사실을 알게 되었다. 이렇게 수영이가 의도하지 않은 상황에서의 콘텐츠 복제 및 무단 공유는 저작권법 상 어느 정도 책임이 있다고 말할 수 있을까?

우선 비용을 지급하고 음악 콘텐츠를 다운로드한 수영이는 해당 파일에 대한 정당한 권리를 가질 수 있다. 따라서 수영이 자신이 다양한 음악재생 기기(스마트폰, 태블릿 PC, PC)에서 음악을 청취하기 위하여 음악 파일을 복제하는 것은 법적으로 아무런 문제가 없다. 그리고 수영이는 앞서 살펴본 두 사례처럼 불특정 다수 대중이 음악 콘텐츠를 청취 혹은 다운로드받을 수 있는 상태에 음악 콘텐츠를 업로드한 상황이 아니기 때문에 이는 저작권자의 전송권과 복제권을 침해한 것으로 판단 지을 수가 없다. 그러나 친구 기근이의 경우에는 자신이 비용을 지급한 콘텐츠가 아니기 때문에 친구의 음악 파일을 무단 복제하여 활용하는 것은 원저작권자의 저작권 침해 행위가 적용될 수 있다. 따라서 수영이는 친구 기근이에게 복제한 음악 파일을 삭제하고 음악 다운로드 사이트에서 정상적인 절차에 의해 음악 파일을 소유하는 것을 권장해야 한다.

실연권은 실연자에게 저작물 보호에 대한 권리를 도모하기 위한 규정이다. 실연자란 보통 가수나 연주자를 지칭한다. 그러므로 팝의 제왕이라고 불리는 마이클 잭슨(Michael Jackson, 1958~2009)은 실연자라고 부를 수 있다.

2명 이상이 공연하는 경우, 우리는 이를 공동 실연자(joint performer)라고 한다. 공동으로 공연(합창, 합주)을 한다면 실연자의 권리 행사는 지적 재산권자의 전원 합의제에 의해서 선출된 대표자에 의해서 행사할 수 있으며, 대표자의 선출이 없는 경우에는 개별적으로 연출자 또는 지휘자가 실연권을 행사할 수 있다. 이는 국내법 법 제77조 제1항에 표기되어 있다. 국내에서는 이러한 가수 및 연주자의 저작물에 대한 권리를 한국음악실연자연합회에서 보호를 하고 있다.

음원권 디지털 음원 대리 중개와 음원 유통에 대한 법적 권리를 보호하기 위한 목적으로 시행되고 있으며 한국음원제작자협회에서 대표성을 띠고 있지만 음원 대리 중개업체와 디지털 음원 유통사에서도 음원권에 대한 권리를 관리하고 있다.

[디지털 음원 사용을 위한 권리]

(출처 : 한국콘텐츠진흥원)

 음악산업의 여섯 번째 분류는 '음악 공연업'이다. 음악 공연업이란 제작된 음악 콘텐츠를 공연으로 이어갈 수 있게 하는 모든 관련 산업 활동을 의미한다. 음악산업의 공연업의 범위를 살펴보면, 음악회, 대중음악 콘서트, 뮤지컬, 락 페스티발 등 다양한 형태의 공연업이 창출된다. 공연을 성사시키기 위하여 음악 공연업의 단계적 형태를 살펴보면 기획·창작 활동, 제작 활동, 그리고 판매 활동을 거치면서 해당 공연이 수요자에게 연결되고 있다.
 음악 공연업의 기획 활동이란, 공연을 위한 가수를 선정하고 선정된 가수를 바탕으로 공연에 대한 전반적인 콘셉트를 설정하는 활동을 의미한다. 이때 공연 장소에 대한 대관 선정 및 신청 역시 매우 중요한 과제이다. 공연장의 형태는 공공 공연장과 민간 공연장으로 분류될 수 있다.

공공 공연장이란 정부에서 막대한 예산을 투입하여 건립한 공연장을 의미하며, 그 예로 예술의 전당을 들 수 있다. 민간 공연장은 개인의 자산의 들여 건설한 공연장을 의미하며, 그 예로 KT&G 상상마당, 우송예술회관 등이 존재한다.

음악 공연업의 제작 활동이란 공연에 대한 프로덕션(production)과 마케팅을 의미한다. 예를 들어 아이돌 그룹의 콘서트를 진행할 때, 프로덕션 업무는 콘서트를 위한 무대의 전반적인 배치, 시각적 디자인뿐만 아니라 음향을 구축하는 것까지 모두 포함된다. 콘서트의 마케팅 업무는 해당 콘서트 티켓의 가격 책정과 소비자들에게 콘서트를 홍보하는 업무를 의미한다.

그러므로 콘서트의 마케팅 업무 단계에서는 콘서트를 위한 유인물을 제작 및 배포하고 콘서트 티켓을 관리하는 활동을 한다. 또한, 마케팅 업무 단계에서는 소비자뿐만 아니라 협찬사를 섭외하는 활동 역시 매우 중요한 임무이다. 콘서트를 개최하기 위해서는 매우 많은 비용이 발생하기 때문에 협찬사를 구하지 못한다면 콘서트를 개최하는 데 있어 자금적으로 제한성이 발생하기 때문이다. 음악 공연업에서의 판매 활동이란 소비자에게 티켓을 판매하는 활동을 의미한다. 보통 공연업은 공연 티켓 판매업체를 통해서 입장권을 예매할 수 있다. 예전에는 공연 티켓만 전문으로 판매하는 업체들이 존재하였지만, 최근 추세는 공연 티켓 판매업체들은 공연 관련뿐만 아니라 패션잡화, 도서 등 다양한 재화를 판매하는 인터넷 종합 쇼핑몰의 형태를 띠고 있다. 음악 공연업 티켓 판매업체(예매처)로는 인터파크, 옥션, G마켓, 그리고 에스티켓 등이 존재하며 최근에는 아래의 사진과 같이 통신사와 카드사 또한 독자적인 홍보를 위하여 음반 제작사와 콘서트 계약을 체결하고 자사의 고객에게 할인 혜택을 주며 콘서트 티켓을 팔기도 한다. 이는 자사 고객의 충성도를 높이기 위한 특화 서비스의 한 형태이며 이러한 형태의 마케팅을 문화 마케팅이라고도 한다.

[카드회사의 공연 유치]

공연업은 음악산업 전반에 걸쳐 매우 주의 깊게 다루어야 할 과업이다. 이러한 근거는 전체 음악산업에서 공연업이 차지하는 '비중'을 통해 확인할 수 있다. 세계적인 산업 분석 및 컨설팅 전문업체인 pwc 2014년 보고서에 따르면, 2015년까지 음악산업 추이를 보았을 때, 공연산업이 전체 음악시장의 50% 이상의 가장 높은 비중을 차지하고 있는 것을 확인할 수 있다.

[세계 음악시장에서 공연산업 비중]

(단위 : 백만 달러, %)

	공연 음악산업	전체 음악산업 합계	공연 음악산업 비중
2010	24,583	47,476	52%
2011	25,540	47,638	54%
2012	26,170	47,605	55%
2013	26,696	47,415	56%
2014	27,262	47,613	57%
2015	27,900	48,075	58%

(출처 : pwc(2014)의 표를 재수정)

앞 장에서 언급한 것과 같이 미국 경제 잡지에서 2012년 6월~2013년 5월까지의 1년간 연계인 소득 순위를 발표한 자료에 1위로 마돈나가 신곡 흥행에 부진했음에도 불구하고 소득 순위 1위를 차지한 이유는 바로 그녀의 공연 수입이 매우 컸기 때문이다. 즉 음원을 구매하는 소비자에게 얻을 수 있는 수입보다 당연히 콘서트 티켓을 판매하여 얻는 수익이 더욱 큰 것이다. 따라서 국내 엔터테인먼트 업체들은 소속 그룹이 유튜브 등의 온라인 콘텐츠 유통 채널에서 흥행을 한다면 이러한 흥행의 파워를 그대로 오프라인(공연)으로 이전시켜 고수익을 창출해 낼 수 있는 온·오프라인 상생 전략의 모색이 더욱 필요한 시점이다.

음악산업의 마지막 '노래연습장 운영업'이다. 노래연습장 운영업이란, 가수(실연자)를 두지 않고 가사가 화면에 나타나는 음악 반주 장치를 갖추어 일반인들이 쉽게 노래를 연습할 수 있는 서비스를 제공하는 사업을 의미한다. 우리는 흔히 노래방이라고 부르기도 한다.

19세기 말 20년 동안 선교사로 조선에 체류하면서 한국을 연구한 외국인 1세대 한국학 학자 호머 헐버트(Homer Hulbert)는 한국인은 어린이들까지도 항상 음악과 생활을 함께한다고 하였다. 그리고 "한국인에게 민요 '아리랑'이 차지하는 음악적 위상은 음식에 비유하자면 매일 먹는 주식인 밥과 같다."고 1896년 그가 펴낸《한국의 성악(Korean Vocal Music)》이란 책에서 언급하였다. 이를 바탕으로 예전부터 우리 민족은 춤과 노래로 민족적 애환과 기쁨을 풀어나간 것을 알 수 있다. 이러한 민족 문화를 기반으로 노래연습장은 우리나라에서 매우 빠르게 대중적인 문화생활로 자리를 잡게 되었고, 현재 전국적으로 약 3만 개 넘는 사업소가 존재한다. 특히 주목할 점은 2013년 문화체육관광부의 자료에 따르면 노래연습장 운영업이 2009~2012년에 평균적으로 전체 음악산업 매출액의 약 43%를 차지할 만큼 매우 큰 비중을 차지하고 있다는 것이다.

[음악산업 노래연습장 매출액 현황]

(단위 : 100만 원)

	2009	2010	2011	2012
노래연습장 매출액	1,339,996	1,355,722	1,520,734	1,511,888
전체 음악사업 매출액	2,740,753	2,959,143	3,817,460	3,994,925
노래방 운영업 비중	48.9%	45.8%	39.8%	37.8%

(출처 : 문화체육관광부의 표를 재수정, 2013)

이렇게 노래연습장 운영업이 높은 것은 당연히 음악산업에도 보탬이 된다. 우리는 노래연습장에서 그냥 노래를 부르지만, 이 과정에서 해당 노래를 부르는 대가에 대한 금액, 즉 저작권료가 자동적으로 작사, 작곡가에게 지급되기 때문이다. 그렇다면 우리가 노래연습장에서 노래를 불렀을 때 해당 가수에게는 금액이 가지 않는 것일까? 이 답은 실제로 우리가 노래연습장에서 노래를 부를 때, 노래 반주기에서 실제 가수의 목소리가 나오지 않는다는 것을 착안하면 쉽게 답할 수 있다. 즉 노래 반주기에서 가수의 목소리는 나오지 않기 때문에 해당 노래를 만든 작사가와 작곡가에 대한 저작권료가 가게 되는 것이고, 가수에게는 어떠한 금액도 지급되지 않는다.

만약 가수 자신이 부른 노래를 제작할 때 공동으로 작사하고 작곡했다면 이러한 경우에는 가수 역시 저작권료를 받게 된다. 예를 들면 가수 싸이를 들 수 있다. 가수 싸이는 자신이 부른 노래인 '강남스타일'에 작곡가로서 참여하였다. 따라서 우리가 노래연습장에서 싸이의 '강남스타일'을 부를 시, 싸이에게 우리가 해당 노래를 부르는 대가로 저작권료를 지급해야 한다. 노래연습장에서의 저작권료는 지역에 따라 가격 차이가 존재한다. 시와 도 단위에서 운영이 되고 있는 노래연습장인 경우 면적 $6.6m^2$ 미만의 방 1개당 월 5,000원이 음악 저작권료를 지급해야 하며, 읍과 면 단위에서 노래연습장을 운영하는 경우 4,500원을 지급해야 한다. 그렇다면 오락실에 있는 노래 반주기도 저작권료를 납부해야 할까? 당연히 납부해야 한다. 오락실에 설치되어 있는 노래 반주기의 경우 1대당 월 3,000원의 저작권료를 내어야 한다. 이렇게 노래연습장은 음악 관련 종사자들의 활발한 창작 활동을 위한 금액을 지원하는 현금 창출원(캐시카우, Cash Cow)을 역할을 하고 있다고 볼 수 있으며 국내 음악산업의 지속적인 발전에 지속적으로 이바지하고 있다. 현재 국내에서 음악연습장에서의 저작권료의 징수와 분배는 앞서 언급한 것과 같이 한국음악저작권 협회가 책임지고 있다.

앞서 언급한 것과 같이 음악산업의 변화는 정보통신기술의 발전과 매우 연관성이 크다. 2절에서는 정보통신기술의 발전과 함께 음악산업이 어떻게 변해 왔는지를 살펴보고 향후 5G시대에 도래하였을 시 음악산업에서는 어떤 음악 콘텐츠를 생산하고 또 유통할 수 있을지에 대해서 알아보자.

02
ICT의 발전과 음악산업의 변화

1. 아날로그에서 디지털 음원으로의 시대 변화

"예전에는 음원 깡패라는 말이 없었어요."

음악산업은 영화, 게임, 방송 등의 콘텐츠 중에서도 아날로그에서 디지털로의 패러다임 변화가 매우 빠른 산업에 속한다. 1990년대만 하더라도 전통적인 음악산업은 LP, CD, Tape, DVD Audio 등 음반의 형태가 주축을 이루었다. 즉 아날로그 매체들이 음악산업을 대표하였다. 그러나 2000년대 초, Mp3의 등장과 함께 음악산업은 19세기 핵심 서비스 방식인 음반 산업에서 디지털 음원을 중심으로 하는 서비스 패러다임을 맞이하게 되었다. 본 책에서는 이를 디지털 1세대라고 칭한다.

이렇게 디지털 1세대에 국내에서 2001년부터 Mp3, Wma, Ogg와 같은 포맷을 띠는 디지털 음악 콘텐츠가 쉽게 유통될 수 있었던 것은 정보통신기술의 발전과 매우 연관성이 크다. 해당 주장에 대한 근거로 국내에서 2001년부터 초고속 인터넷 인프라 보급이 국가 차원에서 활발히 진행되었다는 것을 들 수 있다. 그 결과 각 가정에서도 소비자들이 PC를 통하여 손쉽게 인터넷 기반 서비스의 이용이 가능할 수 있게 되었다. 이렇게 초고속 인터넷 보급의 대중화는 국내 인터넷 음악산업이 급격히 성장할 수 있는 좋은 자양토의 역할을 수행한 것이라고 판단된다. 인터넷 음악산업이란 일반적으로 유선 네트워크(fixed network)를 기반으로 하여 디지털 음원을 재생할 수 있는 PC, Mp3 플레이어, 피처폰, 내비게이션 등의 기기로 전송하여 음악을 감상할 수 있게 하는 활동의 총체를 의미한다. 이러한 인터넷 음악시장의 활성화로 인하여 음악산업의 패러다임은 기존 음반 중심의 산업에서 디지털 음원 중심의 산업으로 바뀌게 되었다. 2005년 한국음악협회의 자료에 따르면 2000년부터 2004년까지 국내 음반시장의 매출액을 기준으로 한 시장 규모는 2000년 4,104억 원에서 2003년 1,338억 원으로 약 70% 감소한 반면, 온라인 음악시장은 450억 원에서 2004년에는 2,014억 원으로 약 350%나 증가하였다. 즉 2001년도부터 국내 음악산업과 정보통신기술 간 융합 현상이 활발히 진행되면서 2004년부터 음반과 온라인 음원 간의 매출액 역전 현상이 나타나게 되었음을 확인할 수 있다.

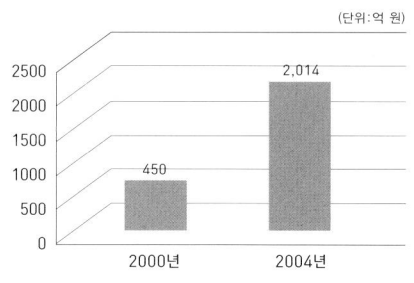

(자료 : 한국음악산업협회(2005)의 차트를 재수정)

2. 디지털 콘텐츠의 '소유'에서 '대여(rent)'로의 시대 변화

디지털 1세대에는 소리바다, 냅스터(Napster) 등의 P2P 음악 파일 공유 서비스로 인하여 불법적인 음악 콘텐츠 사용이 비일비재하다. 이 당시 P2P 서비스 제공자는 지적재산권을 계약하지 않은 상태에서 다른 사람과 Mp3 파일의 음악 파일을 공유할 수 있게 P2P 프로그램을 설정해 두었으므로 이는 명백하게 불법이었다.

이러한 불법 P2P 사이트들은 음악산업 전반에 걸쳐 부정적인 영향을 초래하였다. 첫째, 국내 온라인 음악시장이 초반에 더욱 성장할 수 있는 성장 기반 강화를 저해하였다. 이러한 대부분의 P2P 서비스들은 무료로 타인의 콘텐츠를 공유할 수 있게 설정해 두었기 때문에 이는 블랙마켓(암시장)의 불법적인 콘텐츠 유통에 해당한다고 말할 수 있다. 이러한 과정에서 많은 Mp3 음악 파일 수요자들이 온라인을 통하여 무료로 음악 콘텐츠를 받을 수 있다는 인식을 가지게 되었고, 실제로 음악 콘텐츠에 대한 유료 결제를 기피하는 소비자들이 늘어나게 되었다. 둘째, 무료 음악 콘텐츠이기 때문에 소비자들은 음원의 품질이 나쁘더라도 불평 없이 만족하며 듣게 된다. 이는 제작자가 만든 고품질의 콘텐츠를 훼손시킨 행위이다. 이렇게 소비자가 스스로 파일 용량을 줄여 품질이 저하된 음악 콘텐츠는 원작자가 표현하고자 했던 여러 가지 음악적 요소를 제대로 전달하지 못하게 만들며 나아가서는 음악 콘텐츠 제작자의 명성에 오인을 불러일으킬 가능성 또한 유발할 수 있다.

만약 이러한 블랙 마켓에 대한 문제점인 불법 다운로드를 사전에 방지할 수 있도록 국가 차원의 제도적 뒷받침이 사전에 준비되어 있었더라면 디지털 1세대에 국내 온라인 음악시장의 매출액은 더욱 드라마틱

하게 증가하였을 것이다.

　디지털 1세대는 유선 네트워크를 통하여 PC로 디지털 음원을 다운 받은 후 자신의 휴대용 Mp3 플레이어에 다시 저장하여 디지털 음악을 감상하였다. 그 이유는 해당 시대에는 지금과 같은 고도의 무선 네트워크 인프라가 구축되어 있지 않았기 때문이다. 즉 모바일 서비스를 통한 실시간 음악 듣기가 불가능하였다. 따라서 이 시대의 소비자 이용 패턴은 Mp3 파일의 '소유'가 주를 이루는 시대였다고 말할 수 있다. 디지털 2세대는 이동전화로 영화통화 서비스까지 원활하게 가능하게 하는 3G(3 generation)라 불리는 빠른 무선 인터넷 기술과 스마트폰이 등장한 시대이다.

　3G 무선 네트워크의 등장과 함께 사람들은 이제 영상까지 단말을 통하여 끊김 없이 볼 수 있는 네트워크 시대에 도래하게 되었고 때마침 2008년 애플사(Apple)가 매년 캘리포니아에서 개최하는 WWDC(World Wide Developers Coference) 회의에서 3G 통신망을 활용할 수 있고 마치 소형화된 PC와 같은 iPhone 3를 발매하였다. 디지털 2세대에 iPhone 3의 출시 이후 많은 경쟁사가 삼성 갤럭시 S3, LG 옵티머스 G, 그리고 블랙베리와 같이 앱을 다운로드받을 수 있는 운영 체제가 탑재된 휴대용 단말기를 만들어 생산해 내기 시작하였다. 이러한 기기를 통틀어 스마트기기라고 한다. 이러한 스마트기기의 등장은 음악산업의 새로운 패러다임을 만들어 내었고, 그중 가장 대표적인 변화가 소비자들의 음악 이용 패턴의 변화이다.

　스마트폰을 활용한 음악 청취는 기존의 피처폰과 Mp3 플레이어로 음악을 청취할 때보다 이용자의 편리성이 더욱 증가한다. 그 이유는 스마트폰은 기존 음원 재생 기기들처럼 PC에서 음악 파일을 다운받아 이 파일들을 다시 재생 기기로의 전송해야 하는 불편을 덜어줄 뿐 아니라 자신이 사용하기에 더욱 편리한 음악 재생 앱(app)을 다운받아 음악을 실시간으로 재생할 수 있기 때문이다. 그뿐만 아니라 피처폰과 Mp3 플레이어에 비교해 보았을 때 음악 파일을 저장할 수 있는 용량(capacity), 즉 장비적 성능 측면에서도 우위에 있다. 이렇게 스마트폰의 등장은 음악 이용자들이 음악을 더욱 편리하게 소비할 수 있는 여건을 마련해 주었다.

그러나 스마트폰의 용량이 늘어났다고 하여도 여전히 제한적인 용량(restricted capacity)이다. 스마트폰 사용자들은 이러한 제한적인 용량을 음악 소유에만 사용하는 것이 아니라 그들의 여가 활동을 위하여 영화 감상, 게임 소프트웨어와 같은 대용량 콘텐츠들에 제한된 용량을 할당해야 한다. 그러므로 소비자들은 많은 음악 파일을 무선 인터넷을 활용하여 손쉽게 다운받았다고 해도 이 파일의 보관을 위하여 다시 대용량 외부 하드디스크에 음악 파일을 옳게 저장해야 하는 번거로움이 종종 발생하곤 한다. 따라서 사업자들은 이러한 소비자들의 불편함을 해결해 줌으로써 수익을 창출할 수 있는 음악 서비스 모델을 개발하였고, 이렇게 등장한 것이 바로 스트리밍(streaming) 서비스이다.

스트리밍(streaming)이란 음악이나 동영상 파일을 다운로드처럼 물리적인 저장 공간, 즉 스마트폰에 파일을 저장할 필요없이, 사용자가 멜론과 같이 음악 감상 서비스를 제공하는 회사에 월 정액 요금을 내고 자신을 듣고 싶은 음악을 서비스 회사의 서버에 요청하여 실시간으로 청취하는 방식을 의미한다. 그러므로 스트리밍 서비스를 이용하는 사용자는 자신의 휴대기기의 저장 공간의 낭비 없이 음악을 청취할 수 있는 혜택을 볼 수 있게 된다. 이러한 스트리밍 서비스는 최근 떠오르는 단어인 클라우드 서비스의 한 형태라고 볼 수 있다. 클라우드 서비스란 자신이 원하는 서비스를 가상화하여 이용할 수 있는 서비스의 총체를 의미하는데 한국에서는 주로 웹 저장소(web storage)의 개념으로 단편적으로 이해하고 있다. 스트리밍 서비스에서 클라우드(구름)란 음악 감상 사이트의 서버를 의미한다고 할 수 있고, 스마트폰 소비자들은 자신이 현재 가지고 있지 않은 Mp3 파일을 마치 자신이 소장하고 있는 것처럼 가상화하여 음악을 들을 수 있게 된다. 따라서 자신이 듣고 싶은 음악 파일을 자신이 소유하고 있는 느낌과 함께 가상적으로 이용할 수 있다는 관점에서 스트리밍 서비스 역시 일종의 클라우드 서비스로 분류된다.

2014년 10월 미국 시장 리서치 전문 업체인 가트너(Gartner)에 따르면, 디지털 음원시장에서 스트리밍 서비스의 규모는 아래 차트와 같이 2010년 3억 달러를 기준으로 2013년 12억 달러로 4배 이상 증가하였다고 발표하였다. 그리고 2015년에는 22억 달러로 약 7배 이상 증가할 것으로 전망하였다. 종합적으로 바라보면 5년간 디지털 음원 스트리밍의 연평균 성장률은 44.4%에 이르는 것으로 분석됐다. 이에 반해 디지털 1세대까지 주를 이루던 음원 다운로드에 대한 2010~2015년의 5년간 3.8%의 성장률을 나타내었다.

[2010~2015 세계 디지털 스트리밍 음악시장 규모]

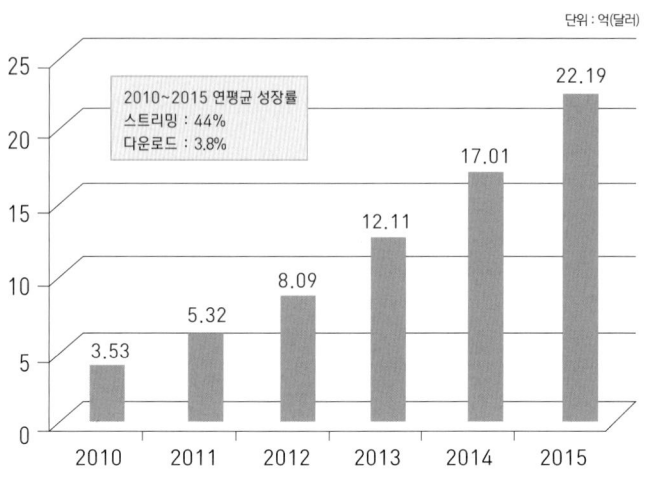

[자료 : 가트너(2014)]

　위와 같은 근거로 최근 세계적인 디지털 음악시장의 패러다임은 다운로드 시장의 성장이 급격히 둔화되고 있으며 스트리밍 시장이 급격하게 성장하고 있는 것을 확인할 수 있다. 이상의 자료를 토대로 이제 디지털 음악시장은 음악 파일을 다운로드해서 자신의 휴대기기에 소유하는 시대가 아니라 내가 듣고 싶은 음악이 있을 때마다 음악 서비스 회사에 요청해서 음악을 빌려 듣는 '대여의 시대'로 변화하였다고 할 수 있다.

　이러한 대여의 시대로의 변화는 실제로 음악산업뿐만 아니라 타 산업에서도 극명히 증가하고 있는 추세이다. '웅진코웨이 렌털 회원 수 현황에 따르면, 2008년도 웅진코웨이 회원 수(정수기, 비데)는 11만 7,388명에서 2011년 36만 9,000명으로 약 3배 이상 증가하였다. 한국렌털

협회의 보고서에 의하면, 렌터카 시장을 제외한 국내 렌털시장 규모가 2006년 약 3조 30억 원에서 2012년 약 10조를 넘어섰다고 하였다.

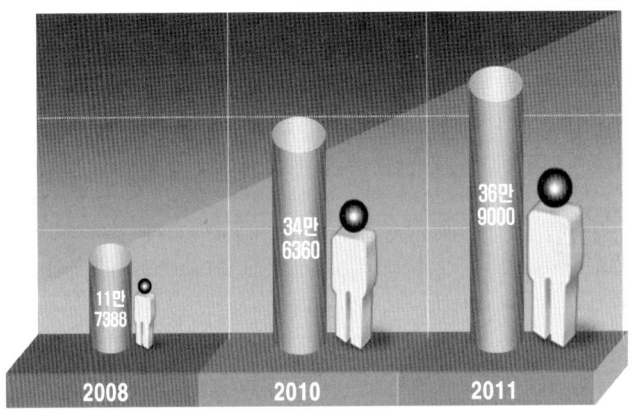

[웅진코웨이 렌털(정수기, 비데) 회원 수 동향]

(자료: 웅진코웨이)

이러한 소유에서 대여로의 패러다임 변화는 어쩌면 장기적인 국제 경기 침체와 더불어 20대, 30대층의 실질 소득이 줄어 듦에 따라 초기 자본이 많이 들고 관리의 부담이 존재하는 소유의 개념보다 초기 자본이 적게 들 뿐만 아니라 서비스 제공 업체로부터 지속적인 관리를 받을 수 있는 대여의 개념이 현시대에 더 잘 부합되기 때문에 나타난 결과라고 판단된다. 이를 '렌털리즘(rentalism)'이라고 하며 렌털리즘의 핵심은 '내 것처럼 빌려 쓴다'의 관점에서 출발한다. 2013년 트렌드 코리아에 따르면, 이러한 젊은이들의 렌털리즘 현상을 현재에 대한 '향유'라고 표현하였다.

디지털 3세대는 4G라 불리는 LTE 통신 방식의 출시와 함께 본격적인 디지털 음원 스트리밍 서비스 시대가 열리게 되었다. 디지털 3세대에는 스마트폰이 라디오와 TV까지 대체해 버리는 시대로 변모하면서 음악 산업의 스트리밍에 대한 사업 전략이 극에 달하게 된다.

4G/LTE 네트워크 기술이 보편화되는 디지털 3세대 음악 구조의 주요 동향을 살펴보면, 2014년 애플은 미국의 힙합 가수인 닥터 드레(Dr. Dre)와 우리에게는 아메리칸 아이돌로 유명한 방송 제작자인 지미 아이오빈(Jimmy Iovine)이 공동 설립하여 약 11만 명의 가입자를 보유한 음원 스트리밍 회사인 비츠 뮤직(Beats Music)을 2014년에 인수하였다. 애플은 비츠 뮤직뿐만 아니라 고급 헤드폰 시장에서 상당한 27%의 시장점유율(market share)를 차지하고 있는 비츠 일렉트로닉스(Beats Electronics) 또한 30억 달러를 투자하여 야심차게 인수하였다. 이는 애플이 본격적으로 스트리밍 시장 진출을 선언한 것으로 판단할 수 있다. 삼성전자는 자사의 스마트폰에 대한 음악 애플리케이션을 활성화하기 위하여 미국 음원 전문 서비스 업체인 슬래커 라디오(Slacker Radio)와 계약을 체결하였다. 이와 같은 계약 결과 삼성은 슬래커로부터 제공받는 약 1,300만 음원을 약 200개 채널을 통하여 공급할 수 있는 힘을 가질 수 있게 되었다. 그 후 삼성전자는 미국에서 먼저 음악 스트리밍 앱(App)인 밀크(Milk Music)를 삼성의 갤럭시 사용자에 한하여 무료로 제공한다고 선언하고 2014년 10월에 해당 서비스를 출시하였다. 정보통신정책연구원의 2015년 자료에 따르면, 서비스 첫 주에만 123만 명이 해당 서비스를 사용한 것으로 확인되었다. 그리고 그 후, 한국에서는 소리바다로부터 360만 곡의 음원을 제공받고 소비자들에게 음악 콘텐츠 서비스를 제공하고 있다. 2015년 업체에 따르면, 삼성은 미국 스트리밍 동영상 플랫폼 전문

벤처 기업인 '주킨'에 200만 달러를 투자했다. 주킨미디어의 직원 수는 100명이 되지 않는 비교적 작은 규모이지만, 가입자 수는 1,000만 명에 이르는 좋은 동영상 스트리밍 유통 채널이다.

　이러한 상황하에서 우리가 이를 통해 알 수 있는 사실은 네트워크의 발전과 함께 음악은 더 이상 듣기만 하는 소비 패턴이 아니라 보고 듣는 음악의 시대로 바뀌게 되었다는 것이다. 따라서 삼성전자 역시 소비자들에게 보고 듣는 음악, 즉 동영상 서비스를 제공하기 위하여 주킨미디어의 광범위한 글로벌 콘텐츠 유통 채널에 투자하는 것이 장기적 관점에서 이득일 것으로 판단했을 것이다.

　이상의 견해를 토대로 디지털 3세대 음악산업의 특징을 종합해 보면, 첫 번째로 디지털 3세대의 특징으로 '음악 동영상 플랫폼'의 사용이 보편화되었다는 것을 들 수 있다. 예를 들면 삼성전자는 2014년 11월 미국에서 동영상 스트리밍 서비스를 제공하기 위하여 '밀키 비디오'를 출시하였다. 그리고 유튜브에 음악 동영상 스트리밍 전문 업체인 'VEVO'가 등장하였고 해당 업체는 지속해서 인기가 상승하고 있다. VEVO는 미국의 소니 뮤직 엔터테인먼트와 유니버설 뮤직 그룹 그리고 구글이 합작하여 설립되었으며 유튜브에서 VEVO 채널에 들어가면 국외 대부분의 뮤직비디오를 공식적으로 시청할 수 있다. 한국에서는 유튜브로는 VEVO에서 제공하는 뮤직비디오 시청이 가능하지만, 공식적인 홈페이지에는 현재 접근이 불가능하다.

　두 번째, 3세대 음악산업의 특징으로는 '라디오 스트리밍 서비스'를 통한 서비스 혁신을 들 수 있다. '라디오 스트리밍 서비스'란, 라디오가 주파수에 따라 자신에게 맞는 프로그램을 청취할 수 있듯이 음악을 사용자의 취향에 맞게 추천해 주는 서비스를 의미한다.

업무에 바쁜 사회 초년생 A군은 학생 때처럼 자신의 취향을 저격시켜 줄 수 있는 음악을 탐색할 시간이 부족하다. 하지만 A군은 자신의 트랜디한 문화생활을 위해서 자신이 선호하는 장르의 새로운 곡을 찾기를 원한다. 이때 이 서비스는 매우 유용하다.

그 이유는 라디오 스트리밍 서비스는 업게 전문가가 장르별로 좋은 노래를 선택하여 개별 소비자를 만족하게 해줄 다양한 노래를 추천해 주기 때문이다. 이를 매스 커스터마이제이션(mass customization) 전략이라고 한다. 국내 포털 업체 네이버는 네이버 뮤직을 통하여 '일상의 라이오', '추천 라디오'라는 뮤직 라디오 서비스를 제공한다. 애플은 2015년 6월 8일 미국 샌프란시스코 모스콘 센터에서 세계개발자회의(WWDC)에서 애플 뮤직을 공개하였으며 특히 핵심 서비스 중 하나로 '라디오 스트리밍 서비스'를 언급하였다. 애플이 제공하는 라이오 스트리밍 서비스는 빅데이터 분석을 활용하여 사용자가 자주 듣는 음악과 장르별 전문가들의 추천곡을 내비게이팅하여 마치 1 : 1 맞춤 서비스와 같은 커스터마이즈 서비스를 사용자에게 제공해 줄 수 있는 특징이 있다. 그뿐만 아니라 자사의 뮤직은 애플의 음성 인식 기능인 시리(Siri)와도 연동이 가능하다. 예를 들어 사용자가 운전 중에 애플 뮤직앱을 켠 후 "2015년 8월 음악 틀어 줘", "○○음악" 혹은 "내가 가장 즐겨 듣는 Top 5 음악"을 말하게 되면 시리(siri)가 알아듣고 해당 곡을 내비게이팅하여 찾아주는 것이다.

애플 뮤직은 전 세계 115개국에 인터넷 라디오 방송 '비츠원(Beats 1)' 서비스를 24시간 동안 제공한다. 비츠원은 월드 스타들이 DJ로 운영되며 방송은 뉴욕과 런던 등 애플 스튜디오에서 진행된다. 그뿐만 아니라 아이폰을 통해 팬과 아티스트가 직접 소통할 수 있는 양방향 서비스 또한 앱을 통하여 제공된다. 이를 '커넥트(Connect) 서비스'라 한다. 즉 스트리밍 시장의 경쟁이 치열해진 만큼 더 이상 콘텐츠 전쟁이 아니라 콘텐츠를 어떻게 소비자가 편리하게 사용할 수 있을지를 고민해야 하는 시대가 온 것이다. 이를 통해 서비스 혁신을 통한 기업의 생존 전략이 기업의 지속 가능한 경쟁 우위를 차지할 수 있게 하는 핵심 성공 요인이라는 것을 다시 한 번 알 수 있다.

산업의 수명주기 상 서비스 혁신은 보통 해당 시장의 도입기, 성장기가 아닌 성숙기(포화기) 시장의 단계에서 나타난다. 따라서 현시점의 디지털 음원 스트리밍 서비스 시장은 시장이 확장하는 성장기가 아니라 이미 성숙기 시장으로 접어들었다고 할 수 있다. 이렇게 라디오 스트리밍, 동영상 위주 스트리밍, 그리고 음악 애플리케이션을 통한 소통의 기능 등 다양하고 혁신적인 서비스를 제공받을 수 있는 디지털 3세대 시대가 열린 배경에는 정보통신의 발전과의 연관성이 높다. 4G 네트워크는 동영상이 끊김 없이 재생될 수 있도록 네트워크의 성능(performance)과 신뢰성(reliability)이 3G보다 더욱 향상되었기 때문이다. 실제로 우리가 800MB 용량의 동영상을 다운받을 경우에 3G 시대에는 약 7분이 소요되었지만 4G 네트워크로는 약 30초 만에 해당 동영상을 다운로드 받아 시청할 수 있다.

[이동통신기술의 발전과 콘텐츠 다운로드 시간]

세대	디지털 2세대	디지털 3세대		
기술 방식	3G	LTE	LTE-A	3band LTE-A
다운로드 시간 ⬇	7분 24초	1분 25초	43초	22초

하지만 디지털 2세대 때 3세대와 같이 스트리밍 서비스가 대중화되지 못한 이유는 사실 이동통신 사업자들의 '요금 정책'에서 기인한 것이라고도 볼 수 있을 것 같다. 당시 이동통신사들의 주 수익원인 음성 통화량이 인터넷 전화(VoIP)의 활성화로 급감했기 때문에 이동통신사들은 새로운 수익원을 창출하기 위하여 음성 위주에서 데이터 위주로 요금제를 본격 개편하였다. 그러므로 당시 소비자들은 모바일 음악 스트리밍 서비스에 사용되는 데이터에 대하여 경제적으로 부담을 느낄 수밖에 없었다. 이로 말미암아 디지털 2세대 때에는 데이터 요금 부담과 함께 다양한 스트리밍 서비스 확대에 한계가 존재했다.

그러나 통신사업자들 간의 치열한 가입자 유치 경쟁 끝에 이제 '대용량 데이터를 제공하는 저렴한 요금제'와 심지어 '무제한 데이터 요금제' 또한 등장하게 되어 사용자들의 데이터 사용 부담이 이전보다 덜 수 있게 되었다. 그 결과 디지털 3세대(4G 시대)에 소비자들이 모바일 음악 스트리밍을 더욱 많이 사용할 수 있게 되었고 이에 서비스 경쟁이 활성화된 것이다. 따라서 국내에서 스트리밍 음악 서비스가 활성화된 저변에는 표면적으로 네트워크 기술의 발전도 있지만, 이동통신사들 간의 경쟁을 통한 긍정적인 결과로 소비자에게 유리한 '데이터 요금제 개선' 역시 한몫을 했다고 판단된다. 앞서 설명한 음악산업의 변천은 다음의 표와 같이 정리할 수 있다.

[음악시장의 변천]

세대	아날로그 세대	디지털 1세대	디지털 2세대	디지털 3세대
시기	19세기	2000~2009년	2009~2013년	2014년
ICT 기술	1G (Analog)	2G (Digital) CDMA/GSM 초고속 인터넷 확산	3G (Digital)	4G/LTE (Digital)
데이터 무제한 요금제	X	X	O (초기)	O
서비스방식	CD, Tape 구매	다운로드	스트리밍, 주문형 검색	스트리밍 라디오
핵심역량	CD, Tape Player 성능	Mp3 Player 성능	콘텐츠 확보	서비스 혁신성
음악 콘텐츠 소비 패턴	소유	소유	대여	대여

3. 5G 시대의 음악산업

이상의 내용을 토대로 음악산업은 정보통신의 기술적·정책적 변화에 따라 상당한 영향을 받게 된다는 것을 알 수 있다. 따라서 미래에 국내 음악산업이 세계적 수준의 혁신적인 음악 서비스를 제공하기 위해서는 새롭게 다가올 정보통신기술이 소비자들에게 어떤 변화를 가지고 올지에 대하여 예측하고 적절하게 대응할 수 있어야 한다. 2020년에 구현될 새로운 이동통신기술을 우리는 5G라 지칭한다. 5G 시대에는 블루레이 영화를 한 편 받는데 소요 시간이 1초대이고 이는 LTE보다 약 1,000배가 빠른 속도이다. 우리는 이쯤에서 LTE보다 1,000배 빠른 네트워크 기술이 과연 음악산업에 필요할까? 라는 의구심이 생기게 된다.

앞으로 다가올 5G 시대는 첫 번째로 '연결성'의 시대라고 말할 수 있다. 스마트폰이 사람뿐만 아니라 사물과도 센서를 통하여 자유롭게 데이터를 주고받고 사람을 위해 업무를 수행하는 시대가 올 것이다. 현재 사물인터넷이라고 표현되는 기술이 더욱 활성화된다는 것을 의미한다.

예를 들면 스마트폰 음악 앱이 센서를 통하여 오늘 날씨나 소유자의 기분을 분석하고 음악을 자동으로 추천해 주는 서비스 또한 상업화 될 수 있다. 이처럼 5G 시대에는 인간과 기계, 기계와 기계, 기계와 환경 간의 상호작용이 극에 달하는 시대가 올 것이다. 따라서 이처럼 많은 기계가 통신 네트워크를 통하여 상호 연결되는 시대에는 데이터의 발생이 지금보다 몇천 배는 증가하게 된다. 이러한 데이터 폭증 현상을 감당하기 위해서 대역폭(broadband)이 더욱 향상된 차세대 이동통신기술(5G)이 필요해지게 되는 것이다. 두 번째로 5G 시대에는 지금의 HD 화질에 비해 약 4배 이상의 화소가 높은 'UHD(초고선명 화질) 콘텐츠' 산업이 지금보다 더욱 활성화될 것이다.

[UHD 콘텐츠]

 그러므로 음악산업에서도 UHD 콘텐츠로 동영상을 제작하게 될 것이고 이러한 UHD 콘텐츠들이 유통되게 되면 우리의 삶의 질이 더욱 높아질 것으로 예측된다. 따라서 대용량 UHD 콘텐츠를 끊김 없이 실어 나를 수 있는 차세대 네트워크 기술 개발은 시대적 과제라고 할 수 있다.
 셋째, 방송·통신 업계의 전문가들에 따르면 5G 네트워크 시대에는 홀로그램 콘텐츠가 각광받기 시작하고 폭넓게 유통될 것이라고 한다. 홀로그램은 실제 현상을 보는 것과 유사한 입체감을 제공함으로 뛰어난 현실감을 제공할 수 있을 뿐 아니라 지금의 3D 영상과는 달리 안경 착용할 필요도 없다. 또한, 공간의 왜곡도 발생하지 않아 현실감을 더욱 증대시킬 수 있는 장점이 있다.

[2Pac의 홀로그램 콘텐츠]

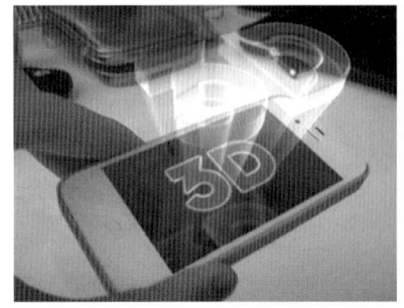 

　1996년 총에 맞아 사망하여 지금은 존재하지 않지만 음악산업에서 힙합의 전설이라 불리는 미국의 흑인 랩퍼 투팍(2pac)은 2012년 4월 15일 미국 캘리포니아에서 개최된 '코아첼라 뮤직 페스티벌'에서 디지털 홀로그램 기술로 등장하여 힙합 스타 닥터드레, 스눕독과 함께 공연을 하게 되었다. 즉 사고로 죽은 가수가 홀로그램으로 다시 팬들 앞에 등장하게 된 것이다. 투팍의 홀로그램은 아카데미 시각 효과상을 거머쥔 '벤자민 버튼의 시간은 거꾸로 간다' 디지털 도메인 미디어 그룹의 작품이다. 그리고 이때 투팍을 홀로그램으로 재현하기 위하여 작업하는 데 소요되는 비용은 약 40만 달러(약 4억 5,000만 원)에 달한다고 하였다. 이날 페스티발에 온 많은 관객이 믿을 수 없는 홀로그램과 투팍에 대한 반가움에 눈물을 흘렸다고 하며, 홀로그램으로 제작된 투팍을 본 미국의 R&B 가수 리한나는 자신의 SNS에 "투팍이 돌아왔다. 믿을 수가 없어. 난 현장에 있었어! 내 손자들한테까지 전해줄 이야기"라고 적었고, 가수 케이티 페리 또한 "투팍을 봤을 때 난 눈물을 흘린 것 같아. 코아첼라에서"라고 트위터에 올렸다고 한다. 이러한 홀로그램 콘텐츠는 유튜브를 통해 공연 영상이 급속도로 확산되었다.

5G 시대에는 이러한 홀로그램 영상이 우리의 개인 모바일에 나타날 가능성이 매우 크다. 이러한 홀로그램 음악 콘텐츠를 제작하고 활발히 유통하기 위해서는 지금의 LTE 네트워크 성능으로는 한계가 존재한다. 상기의 내용을 종합적으로 고려해 보았을 때 사물들이 센서를 통해 연결되어 음악 청취자에게 맞춤형 서비스를 제공하고 새로운 품질과 형태의 음악 콘텐츠가 원활하게 유통되려면 5G로의 진화는 음악산업의 발전을 위하여 매우 중요한 과제라고 할 수 있다.

5G 시대가 도래하게 되면 대부분의 음악 서비스 업체들이 5G 이동통신 네트워크의 장점을 최대한 활용할 수 있도록 모바일을 중심으로 더욱 혁신적인 비즈니스 모델을 탄생시킬 것이다.

그 이유는 음악 콘텐츠 소비자들이 가장 많은 시간을 함께하는 이동전화 서비스 영역을 장악하지 못한다면 해당 업체의 성장과 진화는 담보할 수 없기 때문이다. 다가올 5G 네트워크에 국내 음악산업이 앞서 언급한 정보통신 기술 혁명(ICT)에 부합할 수 있는 음악 콘텐츠와 혁신적인 비즈니스 모델을 창출할 수 있도록 사전에 준비하여 국내 음악산업이 5G 시대에 콘텐츠 측면에서 뿐만 아니라 네트워크-고도화를 통한 혁신적인 서비스의 창출 측면에서 모두 범세계적인 경쟁 우위를 확보할 수 있기를 기대한다.

03
음악산업을 통한 한류의 효과

"한류의 배경엔 '한국 특유의 부드러운 힘(soft power)'이 있다. 이 한국의 부드러운 힘은 전 세계적으로 물질적 영역과 정신적 영역 모두로 확장하고 있다." 〈뉴욕타임즈, 2006〉

　음악산업은 무형의 경험 경제로 자동차, 선박, 건설, 반도체 등과 같은 제조업 못지않게 타 산업과의 연계성이 크고 이로 인하여 사회 전반적으로 경제적 파급 효과를 창출하고 있다. 음악산업이 일반적인 제조업과 차별화될 수 있는 특징을 살펴보면 개인의 창의력을 바탕으로 탄생한 특정 국가의 음악 콘텐츠에는 그 나라만의 문화가 내포되어 있다. 정보통신의 발달로 인하여 기존에 듣는 음악에서 이제는 보고 듣는 음악의 시대로 변화하면서 영상을 통한 문화 전달이 더욱 활발하게 발생할 수 있게 된 것이다. 우리는 외국 Pop 스타들의 뮤직비디오를 봄으로써 그들이 국외에서 어떠한 여가 시간을 즐기고, 또 어떻게 사랑과 이별 그리고 복잡한 사회적 이슈 등을 풀어나가는지를 파악할 수 있게 된다. 이러한 과정을 통해서 우리는 자연스럽게 멀고 먼 나라의 문화를 간접적으로 경험할 수 있게 된다.

　만약 음악 콘텐츠 속에 내포된 그 나라의 문화가 개인적으로 신선한 느낌으로 다가온다면 이는 결국 그 나라에 대한 개인적인 관심으로 이어지게 된다.

다시 말해, 우리나라 국민들에게는 당연하다는 듯이 받아들여질 수 있는 음악 콘텐츠의 스토리가 외국에서는 매우 신선하고 재미있는 콘텐츠로 재탄생될 가능성이 크며, 이렇게 획득된 국내 음악 콘텐츠의 힘은 최종적으로 한류 현상을 확대해 주는데 큰 기여를 할 수 있다. 반면 국가를 홍보하기 위한 목적으로 영상을 제작하고 홍보하는 경우에 일반적으로 우리가 받아들이기에 자국으로의 관광을 유도하기 위해 만든 의도된 영상이라는 것을 인식할 수밖에 없다. 따라서 이렇게 관광객 유치를 목적으로 제작된 영상물은 시청자들에게 홍보국이 다른 나라와 비교하여 얼마나 더 나에게 많은 만족감을 줄 수 있을까를 계산하게 만든다. 다시 말해 이러한 공식적인 국가 홍보 영상물은 대안으로 고려되는 여러 나라로의 관광과 비교하게 만드는 비판적인 사고를 하게 만든다.

그러나 음악산업의 경우 그 이야기가 다르다. 뮤직비디오 시청자들은 해당 가수와 뮤직비디오의 감성이 자신과 맞는지를 파악하는 것이 그들의 일차적 목적이다. 그러므로 해당 뮤직비디오가 자신에게 감동을 줄 수 있다면 자연스럽게 그 뮤직비디오의 배경이 되는 국가와 장소에 대한 궁금증이 발생하게 된다. 그 결과 자발적으로 해당 국가를 찾아가게 한다. 음악산업은 제조업이 가지지 못한 특유의 '소프트 파워'가 있음이 틀림없다.

[국내 음악 콘텐츠를 접한 외국인의 반응]

(자료 : 싸이 유튜브 영상)

　실제로 필자가 거주하는 집의 지하에는 음악 제작업체가 있다. 얼마 전에 이 음악 제작업체가 새롭게 시장에 내놓은 아이돌 그룹이 서서히 흥행 행진을 하고 있다. 그 후 퇴근을 하고 집에 들어와 주차를 하려고 하면 무수히 많은 일본 및 중국 관광객들이 건물 주차장에 진을 치고 있다. 좋은 기회라 생각하여 필자는 외국인 팬들에게 상기와 같은 내용을 이야기 해주고 "실제로 자신들이 좋아하는 한국 가수의 뮤직비디오에 나오는 한국은 어떤 느낌인지?"를 인터뷰하였다. 외국인 팬들은 원래 한국이라는 나라에 대해서 잘 몰랐고 관심도 별로 없었지만, 음악 동영상을 보고 한국에 대한 관심이 증가하였다고 하였다. 이렇게 한국 관광을 시작하게 되었고 팬심과 함께 관광의 마지막 코스로 자신들이 좋아하는 K-Pop 가수의 연습실 건물에 들러 사진을 찍고 간다고 하였다. 심지어는 국내가 아닌 국외 축제에서 인기 있는 국내 음악 콘텐츠를 활용한 경우도 등장하였다. 세계에서 가장 인지도 있는 얼음 축제 중 하나인 '하얼빈 눈 축제'에 높이 6m가 넘는 '싸이 눈 조각'이 등장한 것이다.

[하얼빈 얼음 축제에서의 싸이 눈 조각]

(자료 : 싸이 트위터)

　이렇게 K-Pop을 통해서 한국 관광을 오는 외국인은 삼성, LG 혹은 공식적인 국가 홍보 동영상을 좋아해서 한국 관광을 오는 외국인보다 더욱 많을 것이다. 따라서 국내 음악산업은 국가 홍보에 직접적인 영향을 미칠 뿐만 아니라 외국인들을 국내로 찾아오게 만드는 관광산업의 일등공신이라고 할 수 있다. 실제로 한국을 방문하는 외국인 관광객은 2008년을 기점으로 급격히 증가하여 2015년 현재 1,400만 명을 웃돌고 있다. 이제 한국을 방문하는 외국인 관광객 규모는 세계 20위권 내에 진입할 정도로 괄목할 만한 양적 성장을 이룩하였다.

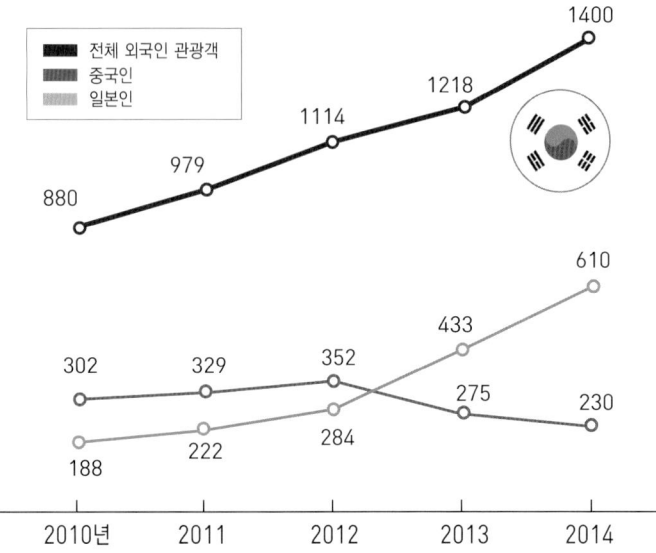

(자료 : 한국관광공사,2014/머니투데이, 2014 | 그래픽 : 유정수 디자이너)

　한국에 오는 외국 관광객이 증가하는 현상은 기업가의 관점에서 보았을 때 한국에 대한 투자 가치가 증가했다는 것으로 재해석할 수 있다. 간단히 말하자면 사람이 많이 모인다는 것은 시장이 그만큼 커졌다는 것을 의미하므로 결국 잠재적 수익 창출 가능성이 더욱 높아진 것을 뜻한다. 따라서 외국인 관광객 수의 증가는 국내에 외국인 투자를 촉진할 수 있는 계기가 될 수 있다.

　특히, 음악업계 전문가들은 음악을 통한 한류의 영향은 국내 타 서비스 산업의 외국인 직접 투자를 증가시킬 수 있다고 입을 모으고 있다. 2014년 산업통상자원부에서 발표한 자료에 따르면, 한국에 대한 외국인 직접 투자는 K-Pop의 열기가 가장 고조된 2012년에 가장 높아진 것을 확인할 수 있다. '강남스타일' 역시 2012년에 발매되었다.

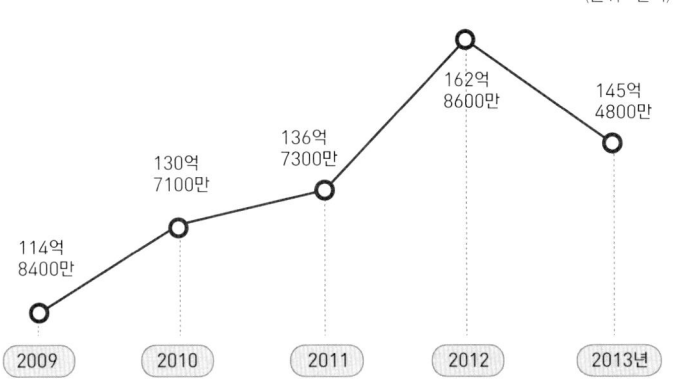

[국내 외국인 직접 투자 추이 - 신고 금액 기준]

(단위 : 달러)

(자료 : 산업통상자원부, 2014)

    2014년 국내 인터넷 신문 데일리그리드의 분석 자료에 따르면, 한류로 인한 문화 콘텐츠 수출 1%의 증가는 서비스업 외국인 직접 투자(FDI)의 약 0.08~0.09% 증가를 일으킨다고 한다. 따라서 이렇게 음악산업을 통한 한류의 바람은 국내 관광산업을 활성화시키고 외국인 직접 투자를 유도함으로써 국내 경제 발전에 큰 보탬이 된다. 한류의 1.0 시대는 '겨울연가(2003)', '대장금(2005)' 등의 드라마의 시대였었고, 사실 K-Pop을 통한 한류는 한류의 2.0 시대라고 할 수 있다. 상기 자료에서 보았을 때 2013년 외국인 직접투자는 145억 달러(약 15조 7,000억 원)로 2010년 162억 달러 기준으로 약 10%가 감소한 것을 알 수 있다. 이를 세부적으로 살펴보면 여전히 서비스업에 대한 투자는 98억 2,800만 달러로 2.6% 증가하였지만 국내 제조업에 대한 외국인 투자 유치가 36억 4,800만 달러로 전년보다 23.7%가 감소하였다.

따라서 제조업과 같은 타 산업에 음악산업과 같은 문화산업이 더욱 보탬이 될 수 있도록 국가적 차원에서의 포트폴리오 전략이 중요한 시점이다. 포트폴리오 전략이란 보스턴 컨설팅 그룹에서 창안한 대표적인 경영 전략 기업으로 여러 재화를 보유하고 있을 때 강점을 활용하여 위기를 대처하는 방법론으로 이러한 형태가 포트폴리오의 형태라고 하여 포트폴리오 전략이라고 불린다.

한류도 시대가 변하면 식을 수 있기 때문에 타 산업과의 연계를 통한 상생(win win) 전략 체계를 더욱 강화하여야 한다. 즉 두 산업이 서로가 서로를 책임질 수 있는 강력한 연대를 형성하여 이종 산업에서의 힘을 상호 간에 내부화해야 한다.

다가올 한류 3.0 시대에는 이러한 과정에서 태어나는 시너지를 바탕으로 소비자들에게 엔터테인먼트적인 재미와 실생활에 매우 편리하게 활용될 수 있는 서비스가 제공되어야 한다. 그리고 이 두 산업의 연결고리 역할은 정보통신기술이 수행하게 된다.

국내 음악 엔터테인먼트에서 전략 기획 컨설턴트로 10년 넘게 근무하고 있는 정의봉 팀장은 국내 모바일 애플리케이션 전문 업체인 '말랑스튜디오'와 알람몬이란 애플리케이션 개발 프로젝트에 참가하였다. 알람몬이란 애플리케이션은 캐릭터, 게임 그리고 음악산업이 결부된 '알람 시계'로 가수의 목소리 혹은 가수를 활용한 게임이 알람몬 유저의 아침 기상을 책임지고 있다. 정의봉 팀장에 따르면, 누구나 아침에 일어나는 것이 매우 짜증나고 힘든데, 좋아하는 유명 가수가 각 국가의 말로 "기상하세요" 혹은 "가수의 곡과 함께하는 게임 미션"을 통해서 일어난다면 하루의 시작이 더욱 재미있을 것이라는 점에 착안하여 이 프로젝트를 기획하였다고 하였다. 현재 전 세계에 흩어져 있는 많은 국내 가수의 팬들이 해당 앱을 다운로드받고 실생활에 활용하고 있다. 다시 말해서 알람몬은 가수와 팬을 자연스럽게 연결해 주는 아침형 연결고리인 셈이다.

[한류 3.0 시대, ICT를 통한 타 산업과의 연계]

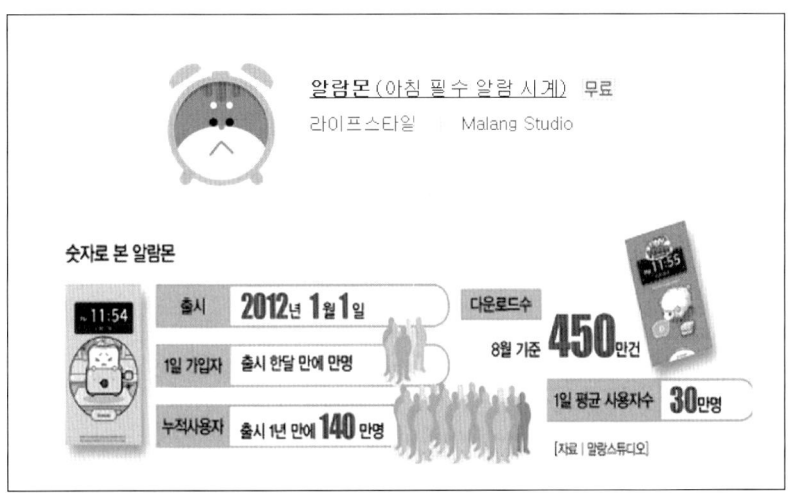

(출처 : 중앙일보, 2013)

알람몬은 2012년 1월 1일에 시장에 출시된 지 한 달 만에 가입자가 100명에서 1만 명으로 증가하였고, 6개월 만에 카테고리 인기 순위 1위에 올랐다. 미국·호주·중국·일본·대만 등에서 다운로드받아 현재 세계적으로 2,100만 건의 내려받기 수를 기록하였고 최근에는 중국의 통신장비 제조회사인 샤오미까지 알람몬에 관심을 가지고 있다고 한다. 알람몬은 이제 세계인의 아침을 책임지고 있는 것이다. 알람몬 사례로 알 수 있듯이 음악산업과 모바일화된 알람시계 산업과의 결합은 좋은 시너지를 낼 수 있었다.

상기 사례와 같이 한류 3.0 시대에는 기존 산업에 음악산업에서 창출된 감성적 요소를 투입하여 감성적인 측면에서 그리고 실용적인 유용성 측면에서 모두 소비자들을 충족시켜 줄 수 있는 비즈니스 모델이 개발되어야 한다. 이제 창의력을 바탕으로 한 연결이 곧 힘이 되는 현상은 이제 막을 수 없는 시대적 흐름이다.

04
음악산업의 새로운 시도들

음악산업의 대표적인 특징 중 하나로 디지털 방식으로의 빠른 전환을 들 수 있다. 최초의 아이리버, 아이팟 등의 전용 기기의 시대와 음악 콘텐츠의 유료화의 정책적 구축을 통한 유통 혁신을 지나 이제 스마트 기기를 기반으로 한 음악 콘텐츠의 서비스 경쟁이 주축을 이루는 시대로 변화하였다. 이러한 디지털 음악 서비스 위주의 경쟁에서는 '글로벌 음악시장의 진출', '모바일 기반 서비스', '소셜 네트워크', '빅데이터 기반 서비스', 'O2O(online to offline) 마케팅', '소비자 중심 마케팅' 등의 단어가 필수적으로 등장하게 되었다. 본 절에서는 상기의 단어들과 관련된 주요 이슈들과 실제로 혁신적 음악 서비스를 제공하는 기업들의 주요 특징들에 대해 살펴보고자 한다.

1. 글로벌 음악시장을 위한 주요 이슈

"K-Pop의 국외 현지화 전략과 해결 과제"

현재까지의 추이로 보았을 때 국내 음악산업의 외국 진출은 주로 대형 음악 제작사들이 아이돌 그룹을 육성하여 아시아 국가를 근원지로 북미와 남미에까지 한류의 성장세를 이어가고 있다. 이렇게 외국에 K-Pop이 진입할 때에는 문화적인 신선함으로 외국 소비자들에게 흥미와 호기심을 심어줄 수도 있지만, 실제로 언어적 그리고 문화적 장벽을 해결해야 하는 현실적인 문제점이 등장한다. 이러한 문제점을 해결하고 한국에서 기획된 아이돌 그룹을 보다 신속하고 효율적으로 국외시장에 진입시키기 위해서는 어떤 전략을 취해야 할까? 거기에 대한 답은 '국외 출신의 현지 아티스트(가수)를 한국 아이돌 그룹에 영입'시키는 것이다. 실제로 근래에 중국과 태국 등 한류의 바람이 많이 불고 있는 나라의 아티스트(가수)를 영입하여 세계 시장을 공략하는 다양한 K-Pop 그룹을 볼 수 있다.

하지만 최근 국외에서 캐스팅된 외국 아이돌이 자신들이 속해 있는 한국의 음악 제작사에게 전속계약의 해지를 요청하는 과정에서 소송 제기가 종종 발생하곤 한다. 전속계약이란 계약조건에 따라 차이가 날 수 있지만, 일반적으로 가수 A양이 음악 제작사 B와 전속계약을 체결했다면 이는 간단히 말해서 독점계약을 의미한다고 보면된다. 음악 제작사 B는 가수 A양과 전속계약을 체결했기 때문에 가수 A양이 하는 모든 가수 활동에 대해서 책임지고 지원을 해야 할 의무가 있으며, 대신 가수 A양은 다른 소속사를 통해서 업무를 수행할 수 없다. 그리고 수익에 대한 배분 역시 소속되어 있는 소속사를 통해서만 이루어져야 한다.

국외에서 캐스팅된 외국 가수가 국내 음악 제작사를 통해 자신이 속한 나라에까지 유명세를 치르게 된다면 해당 외국 출신 가수는 더욱 자유롭게 자신의 국외 활동을 보장받기 위하여 소속 음악 기획사를 대상으로 전속계약에 대한 해지 소송을 내게 되는 것이다. 반대로 국내 음악 기획사 역시 이 가수의 인지도를 쌓기 위하여 엄청난 시간과 비용, 그리고 그에게 노하우를 전수해 주었기 때문에 전속계약 해지 소송은 매우 민감하게 받아들일 수밖에 없게 되는 것이다. 시간과 비용 투자보다 사실 노하우의 전수는 그 회사만의 핵심 전략이기 때문에 정보의 유출 문제 측면에서도 매우 민감한 사안이 아닐 수 없다.

좁은 내수 시장에서 넓은 외국 시장을 계속해서 개척해 나가기 위해서는 무엇보다 우선 한류에 대한 긍정적인 인식이 중요하다. 하지만 현지 출신 아이돌의 이러한 전속계약 해지 소송이 계속해서 이슈화된다면 한류에 대한 이미지뿐만 아니라 투자금 유치 측면에서도 악영향을 미칠 가능성이 크다. 앞으로도 국내 음악 기업의 국외 시장 개척을 위한 행보는 계속해서 진행될 것이고 진출하고자 하는 지역의 현지 아이돌 육성 전략 또한 계속해서 이어질 것이다. 지속 가능한 국내 음악산업의 세계화를 위하여 현지 육성 아티스트(가수)들의 관리와 타협을 위한 상호적 노력이 필요한 시점이다.

2. 새로운 음악 서비스의 도입

이제 음악산업은 기존의 판매자 위주가 아니라 사용자 위주의 혁신적인 서비스 간의 경쟁 시대가 본격적으로 개막하였다. 음악산업의 서비스 제공자들은 소비자들이 실행활에 더욱 편리하고 유용하게 음악을 들을 수 있을 뿐만 아니라 음악을 통하여 소비자 자신을 표현할 수 있는 다양한 혁신 비즈니스 모델을 구축하지 않고는 경쟁 우위를 보장받을 수 없는 성숙기 단계로 이미 진입하였다. 이러한 시대의 흐름 속에 기존 음악산업의 영향력 있는 사업자뿐만 아니라 혁신적인 서비스를 바탕으로 새롭게 무장한 많은 신규 진입 사업자들이 음악산업에 등장하게 되었다. 새로운 음악 서비스를 도입하는 대표적인 기업으로는 다음의 표와 같이 카카오 뮤직, 구글뮤직 타임라인, 달콤커피, 마이뮤직테이스트, 그리고 젬마로퍼 등이 존재한다.

[음악산업의 서비스 진화]

업체명	핵심 특징
카카오 뮤직	Mobile SNS 기반 음악 서비스(카카오 스토리)
구글뮤직 타임라인	시대별 음악 데이터에 대한 빅데이터 분석
달콤커피	O2O(Online to Offline) 서비스
마이뮤직테이스트	소비자 중심의 실시간 수요를 통한 콘서트 유치
젬마로퍼	UX 디자인 (오토바이 운전 시 안전한 음악감상 서비스 제공)

카카오 뮤직은 PC 시절 싸이월드의 개인 홈페이지에 적용되었던 '배경 음악산업'의 차세대 주자이다. 카카오그룹은 모바일 메신저 서비스 회사로 카카오톡 플랫폼을 출시하였고 2015년 시장조사 기관인 랭키닷컴에 따르면 현재 3,094만 9,584명의 이용자 수를 기록하고 있으며, 이용 시간 기준 점유율 87.84%를 차지하는 모바일 메신저 시장의 1위 사업체이다. 카카오그룹은 국내 대부분 사람들이 이용하는 모바일 메신저를 바탕으로 '카카오 스토리'라고 하는 기존의 싸이월드와 같은 모바일 위주의 개인 미니홈피 서비스를 카카오톡 사용자에게 제공하였다. 카카오 스토리 서비스는 카카오톡 이용자 수에 힘입어 사용자 수가 카

카오톡 이용자 수에 비례할 수준만큼 급속히 증가하게 되었다. 이렇게 카카오 스토리는 개인의 생활을 표현하고 새로운 정보를 공유할 수 있는 새로운 개인 채널로의 역할을 수행할 수 있게 되었다. '카카오 뮤직'은 개인적인 카카오 스토리에 음악 기능을 추가한 소셜 음악 서비스이다. 카카오톡 사용자들은 '카카오 뮤직' 앱을 설치하고 음악 이용권을 구매한 후 구매 음악을 자신의 카카오 스토리에 설정(연동)하면 자신과 친구 등록이 되어 있는 카카오톡 사용자들에 한하여 해당곡을 무료로 청취할 수 있게 된다. 이런 방식으로 여러 곡을 자신의 뮤직 룸에 저장할 수 있으며 해당 곡을 함께 들은 친구들 또한 자신의 카카오 뮤직 룸에 표시된다. 카카오 뮤직에서 마케팅을 담당하고 있는 김홍기 부장에 따르면, 카카오 뮤직의 핵심 장점 중 하나로 음악을 이용해 현재 자신의 감정을 간접적으로 전달할 수 있는 점을 언급하였다. 예를 들어 다음 쪽 사진과 같이 김나영 씨가 '나의 옛날이야기'를 자신의 카카오 스토리의 배경 음으로 한다면 김나영 씨의 친구들 역시 '김나영 씨가 옛날을 그리워하는구나….'라고 간접적으로 그녀의 현재 감정을 유추할 수 있게 된다는 것이다.

[카카오 뮤직 - 소셜 음악감상 서비스]

 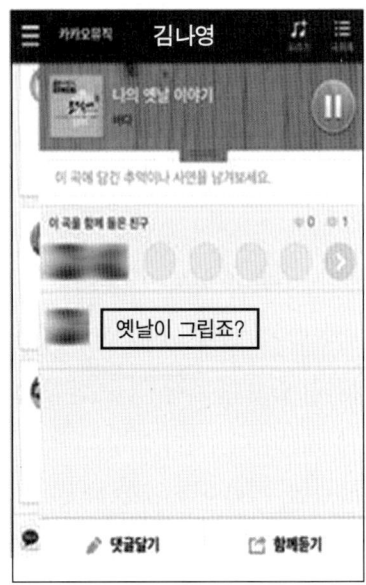

　카카오 뮤직은 기존의 싸이월드와 다르게 PC가 아닌 모바일 앱을 중심으로 탄생한 서비스라는 점, 뮤직 룸 내의 각각의 음악 자체에 함께 들은 친구가 표시되고 해당 음악에 대해서 친구들이 소통할 수 있는 장도 함께 마련되었다는 점에서 음악 서비스의 새로운 시도라고 할 수 있다. 구글 뮤직 타임라인(Music Timeline)은 구글이 출시한 음악 서비스로서 사용자들은 한눈에 연도별로 유행하는 음악장르를 파악할 있을 뿐만 아니라 각 연도와 장르별로 대중에게 사랑을 받았던 가수의 앨범 또한 확인할 수 있다.

[구글 뮤직 타임라인]

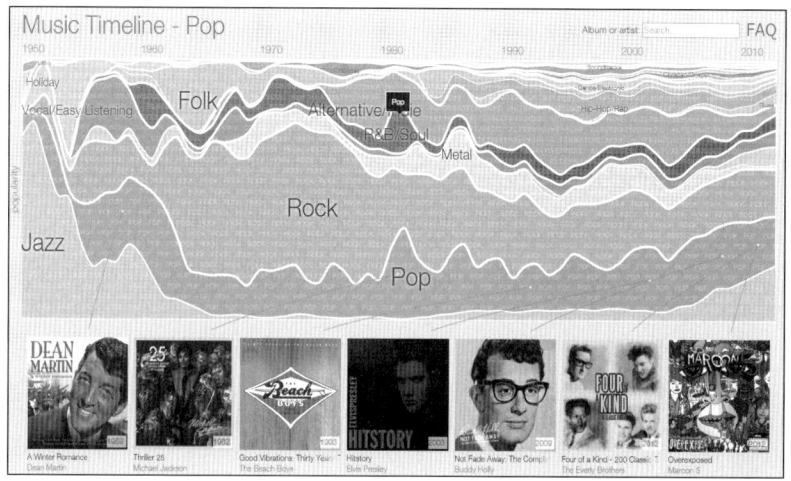

(자료 : 구글 뮤직 타임라인 홈페이지)

구글 타임라인은 비즈니스 관점에서 보았을 때, 빅데이터 분석을 활용하여 한눈에 음악 장르별 인기 추이(소비자 수요)를 알 수 있게 해준다는 점에서 그 의의가 크다고 말할 수 있다. 이를 경영정보 시스템 분야에서는 정보 시각화(information visualization)라고 한다. 예를 들어 위의 그림을 살펴보면, Rock의 성황기는 1970년대에서 1980년대인 것을 알 수 있고, 2010년도까지 인기가 감소한 것을 알 수 있으며, 2010년도에 와서는 POP의 인기와 비슷한 수준이 되었다는 것을 알 수 있다. 구글 뮤직 타임라인은 음악 이용자 입장에서 음악의 장르별 동향과 해당 연도별 음악 정보를 알 수 있다는 측면에서 매우 좋은 서비스임이 틀림없으며, 사실 음악 제작사 입장에서는 수익 창출의 핵심 정보로 활용될 수 있다는 측면에서 중요도가 높다. 음악 제작자들은 상기 시대별 빅데이터를 보고 현재에 가장 인기 비중이 높은 음악 장르와 그 장르에서의 대표 앨범을 분석할 수 있기 때문이다. 이렇게 구글 타임라인은 빅데이터 분석 기법과 정보 시각화 측면에서 기존에 존재하지 않았던 새로운 음악 서비스라 할 수 있다.

달콤커피(dal.komm COFFEE)는 다날에서 운영하는 카페 프랜차이즈 전문점으로 자신들을 커피 전문점인 동시에 음악 카페라고 소개한다. 성숙기에 접어든 국내 커피시장에서 음악산업과의 전략적 제휴를 통하여 신규 진입자로서의 역량을 강화하려는 전략을 펼치는 것이다. 실제로 우리가 커피를 마시는 시간은 휴식 시간이기 때문에 커피 타임과 좋은 음악은 떼려야 뗄 수 없는 관계인 것이다. 이렇게 산업 간의 연관성을 인식한 달콤커피는 2015년 4월 29일 카카오 뮤직과 업무 제휴를 체결하였다. 현재 카카오 뮤직에서 음악 이용권을 구매하면 달콤커피 전 매장에서 아메리카노 한 잔을 무료로 이용할 수 있는 이용권을 받을 수 있다. 이는 모바일 음악산업과 커피산업 간의 융합으로 모바일 음악 플랫폼과 오프라인 매장을 연결시킨 O2O(Online to Offline) 마케팅의 전형적인 예라고 볼 수 있다.

[달콤커피 - 음악산업과의 콜라보레이션]

달콤커피는 모바일 음악 플랫폼과의 협업뿐만 아니라 실제 음악 공연업과도 협업한다. '이럴 거면 그러지 말지'로 인기가 높은 싱어송라이터 백아연은 2015년 6월 17일 달콤커피의 6월의 아티스트로 선정되어 달콤커피 대학로점에서 베란다 라이브(Veranda Live)를 진행하였다. 달콤커피는 국내 최초로 음악산업과 커피산업을 본격적으로 콜라보레이션하여 카페를 복합 문화 공간으로 활용하는 차별화된 비즈니스 모델을 탄생시켰다.

마이뮤직테이스트(MY MUSIC TASTE)는 팬들의 요청에 의해서 해당 가수의 콘서트를 유치하는 서비스이다. 팬들은 마이뮤직테이스트 홈페이지에(mymusictaste.com) 접속하여 해당 가수에 대한 그 지역의 관심을 보여줄 수 있다. 해당 가수의 기획사는 전 세계를 대상으로 자사 아티스트에 대한 수요 데이터를 확인한 후, 가장 수요가 많은 지역에 해당 가수의 콘서트를 개최하는 것이다. 즉 마이뮤직테이스트는 기존에 기획사 위주의 콘서트 유치가 아닌 소비자 중심의 콘서트라는 점에서 소비자와 서비스 제공자가 함께 소통할 수 있는 음악 서비스 플랫폼이라고 할 수 있다.

마이뮤직테이스트는 기존 콘서트 유치와는 완전히 역발상이며, 소비자에게는 편리성 측면에서 콘서트 기획자에게는 경제적 측면에서 상호간에 이득을 취할 수 있게 된다. 예를 들어 국내 가수의 미국 콘서트를 기획하는 음악 제작사는 미국의 동부와 서부 중 어디에 유치를 하는 것이 콘서트의 실패를 최소화할 수 있을까를 생각할 것이다. 이럴 때 마이뮤직 테이스트는 콘서트 유치 지역의 선택에 정확한 판단을 내릴 수 있도록 핵심적인 데이터를 제공할 수 있다.

[마이뮤직테이스트 - 소비자 중심의 콘서트 유치]

위의 그림은 마이뮤직테이스트 사이트에서 실시간 진행되고 있는 국내 B가수의 수요 조사 현황이다. 미국 서부, 로스앤젤레스(LA)에서는 현재 131명이 국내 B가수의 콘서트를 희망하고, 반대로 동부인 워싱턴(Washington)에서는 41명의 잠재 소비자들이 B가수의 콘서트가 개최되기를 희망하는 것을 확인할 수 있다. 이러한 수치적 데이터의 분석 결과를 기반하면 B가수의 콘서트 기획자는 수요 인원이 상대적으로 많은 LA에 콘서트를 개최함으로써 B가수의 콘서트 성공 가능성을 높일 수 있게 되는 것이다. 이렇게 마이뮤직테이스트는 콘서트 기획자에게 과학적인 수요예측으로 국외 시장에서의 콘서트 유치에 대한 부담을 덜어줄 수 있는 장점이 있고 또 소비자에게는 해당 지역에 콘서트가 유치됨으로써 해당 가수에 대한 음악적 갈증을 해소해 줄 수 있다는 점에서 혁신적인 비즈니스 모델이라 판단된다.

젬마로퍼(Gemma Roper)는 자전거 주행 시 안전하게 음악 청취를 할 수 있도록 음악을 운전자의 광대뼈를 통해 귀의 안쪽으로 전달하는 헤드폰이다. 이러한 기술을 골전도 기술(bone conduction technology)라 한다. 젬마로퍼를 착용한 오토바이 운전자는 음악을 청취하면서도 외부 소리를 귀를 통해 감지할 수 있다. 이 부분은 사용자 경험 디자인(UX, User Experience)적 측면과도 연관성이 크며 음악산업이 물리적 측면에서 진화된 혁신 서비스라고 할 수 있다.

[골전도 기술을 활용한 헤드폰]

전문가 인터뷰 1

이름 : 김 인 호
직업 : 헐리우드 XIX Entertainment / 아티스트 자산관리사/연예기획사/쇼 콘텐츠 제작사 부사장
대표 쇼 프로덕션 : American Idol, So you think you can dance?, Q' viva, etc.
XIX 대표스타 : David Beckham, Jennifer Lopez, Lewis Hamilton, Andy Murray, Steven Tyler, Carry Underwood, etc.

Q1. 국외에서 활동하시는 김인호 부사장님이 생각하시는 한류의 장점은 무엇인가요? (한류의 어떤 장점이 국제적 측면에서 기회를 제공할까요?)

첫 번째 한류의 장점은 대한민국 아티스트들의 경쟁력입니다. 오늘날 한류의 성공은 절대 행운으로 이뤄지지 않았다고 생각합니다. 오래 전부터 북미와 유럽 시장의 음악 콘텐츠들은 문화적으로 틀을 깨고 끊임없이 새로운 것에 도전하는 공장과도 같았습니다. 아마도 자유분방한 개인주의가 원동력이 되지 않았나 하는 생각이 듭니다. 그 공장에서 성공한 콘텐츠만이 비로소 대한민국에 수입되었고 라디오를 통해 알려졌습니다. 물론 인터넷이 존재하기 전 이야기입니다. 한류를 위한 준비는 그때 이미 시작되었습니다. 그럴 수밖에 없는 이유는 대한민국은 새로운 것을 더욱 새롭게 만들 수 있는 특별한 능력이 있고, 바로 그것이 오늘날 그리고 미래 한류의 가장 큰 장점이라고 믿고 있습니다.

우리나라 사람들에게는 보수적인 문화 사상이 잠재워져 있지만, 전쟁 후 한국 경제를 일으킨 전자회사들처럼 외국에서 성공한 모든 것을 빨리 받아들이고 제대로 연구를 수행합니다. 그리고 그들의 것들을 보고 베끼는 것이 아니라 더욱 새롭고 강하게 개선시켜 우리의 것으로 만들어 내는 훌륭한 아티스트들이 존재합니다. 그 능력은 빠른 속도로 계속해서 변화하는 요즘 세상에 가장 능동적으로 대처하고 성공적으로 살아남을 수 있는 굉장한 힘이라고 볼 수 있습니다. 외국 중고 음반들이 한국 지하시장에서 활성화되었을 때 즈음 외국 음반 어디선가 들어본 듯한 기타 코드들이 7080 가요의 섬세함과 섞여 아름다운 음반들을 많이 탄생시켰고, 많은 사람의 깊은 감성을 깨워줬다고 생각합니다.

두 번째 한류의 장점은 국경을 넘은 문화 콘텐츠에 대한 우리들의 열정과 관심입니다. 아시아 밖의 시장에 대한 관심도가 새로운 한류를 더욱 강하게 만듭니다. 더불어 중국을 포함한 아시아 시장에서 바라보는 한류에 대한 높은 관심도가 대한민국 콘텐츠를 국외로 진출시킬 수 있는 수출 통로를 만들었고 이는 잃어버릴 수 없는 기회이자 장점입니다. 그리고 한국만큼 온라인에서 많은 콘텐츠 정보가 활발하게 움직이는 나라도 드물 것입니다. 그래서 이렇게 SNS를 통해 거미줄처럼 퍼져가는 사람들의 관심이 이미 자리를 잡은 한류는 정말 소중한 장점이 아닐 수 없습니다. 전국에서 자신의 탤런트를 검증받기 위해 땀 흘리는 많은 아티스트 지망생들의 열정 역시 너무 소중한 자산입니다. 그들의 높은 희망과 관심이 세계 어느 나라에서도 볼 수 없는 미래 한류의 값진 원동력이 될 것입니다. 이렇듯 외국 문화 콘텐츠를 빨리 받아들이고 우리의 것으로 만들어 거의 실시간에 가까운 초고속 스피드로 새로운 콘텐츠를 출시할 수 있는 한국 예능인들의 능력과 높은 관심도는 국제적으로 검증되었습니다. 그렇게 발전된 모습으로 새롭게 탄생하는 데에는 젊은 세대 아티스트들의 창의적이고 열린 사고방식이 가장 큰 밑거름이 됩니다.

  마지막으로 강조하고 싶은 한류의 강점은 차세대 아티스트들의 창의적인 사고방식입니다. 그 사고방식의 발전은 90년대에 이미 시작되어 경직된 한국 가요를 잠에서 깨어나게 했습니다. 예를 들면 한국 고유의 '뽕'이 들어 있는 높은 BPM 댄스 음악의 탄생은 기발하고 역동적이었다고 생각합니다. 음악적인 면을 뛰어넘어 화려한 스타일과 현란한 안무는 많은 젊은이의 관심 속에서 유행으로 이루어졌습니다. 그 시대를 지나 아시아 시장은 이미 대한민국 콘텐츠를 통해 세계의 트랜드를 맛보고 있습니다. 이러한 한국 제작업계가 갖고 있는 창의력들이 한류에 가장 큰 도움을 주었습니다. 한국보다 저렴한 비용으로 빠른 시일 내에 질 높은 콘텐츠를 제작할 수 있는 나라는 드물다고 볼 수 있습니다. 얼마 전 아카데미 시상식에서 영화 '이미테이션 게임'으로 각색상을 수상한 그레이엄 무어(Graham Moore)의 감동적인 수상 소감 중 한마디가 생각납니다.

  "Stay weird, stay different!"

Q 2. 외국에서 활동하시는 김인호 부사장님이 생각하시기에 현재 한류는 어떤 문제점이 있나요?

짧은 기간에 큰 성장은 문제점들이 있기 마련입니다. 우선 강조하고 싶은 것은 위기의식과 겸손함이 필요합니다. 왜냐하면, 여러 가지 문제점들이 한국 콘텐츠 업계 내부에서부터 자라나고 있기 때문입니다. 이러한 문제점들은 잘 나가고 있을 때 경시하기 쉽습니다. 더욱 깊은 관심을 갖고 여러 가지 문제점들을 들여다보아야 합니다. 예술 창작보다는 대중 시장의 눈높이에 맞춰진 상업적인 콘텐츠에만 투자하는 대기업들, 열악한 제작 환경과 아직까지 자리를 잡지 못한 정부의 지원, 움직임 없는 지적재산권에 대한 보호 체제 개선, 존재하지도 않는 업계 인적 자원을 위한 환경 및 정책, 튼튼한 금융투자를 받기에는 너무도 불투명한 운영 방식 등 여러 가지가 안타깝습니다.

Q3. 외국에서 활동하시는 김인호 부사장님이 생각하시는 한류의 개선점은 무엇이고, 향후 한류의 방향을 어떻게 예측하시나요?

한류는 급물살을 타고 있고 더욱 높은 인기를 끌기 위해서 훌륭한 콘텐츠들을 계속해서 많이 만들어 낼 것이라는 예측들을 합니다. 그리고 대한민국 제작 능력은 전 세계적으로 검증을 받았습니다. 그래서 어떤 형태로든 계속해서 발전하리라 믿고 있습니다. 하지만 문제점을 논하며 얘기했듯 열악한 제작 환경과 자금 사정 때문에 능력 있는 아티스트들이 계속해서 멋진 상품을 출시할 수 있을지 의문이 듭니다. 그들의 문화 콘텐츠 제작에 대한 열정이 오래가지 못하리라 생각되어 걱정이 되기도 합니다. 그래도 동남아시아와 중국의 ICT 기술이 발달함에 따라 앞으로 대한민국 한류는 계속해서 커져갈 것으로 예측해 봅니다. 하지만 아직 문화적으로 북·남미, 유럽 시장을 뚫기 위해 할리우드를 파고들어야 하고 그러기 위해서는 기존의 창작 방식과 무대예술을 버리고 그 누구도 볼 수 없었던 우리만의 콘텐츠를 개발해야 한다고 생각합니다. 가수 싸이를 전 세계에 다른 문화들이 모두 받아들였던 이유는 독특함과 유머였다고 생각합니다. 물론 귀에 쏙 들어오는 음악과 재미 있는 메시지 역시 대단합니다. 외국인들이 접해 보지 못한 콘텐츠를 많이 만들어지기 위해서는 젊은 예술인들이 자유롭게 창작할 수 있는 문화와 환경을 조성해 주어야 합니다.

그래서 첫 번째로 신선함과 새로움이 없는 똑같은 콘텐츠를 지속적으로 내놓으면 위험합니다. 두 번째로 빠르게 발전하는 여러 가지 기술에 맞춰 함께 발전해야 합니다. 아티스트들이 사용하는 제작 기술에서부터 소비자들이 사용하는 IT 기술까지 함께 맞춰 줘야 SNS 등의 힘도 얻고 전파도 가능하게 됩니다. 마지막으로 주먹구구 형식에서 벗어나 투명하고 정직하게 제작하고 장기적인 안목으로 스타들을 관리해야 합니다. 그 시장과 팬들의 반응에 관심을 갖고 미래 지향적인 의사 결정을 해야 합니다. 이 몇 가지 이유를 홍콩 무술영화의 성공과 붕괴를 예로 뒷받침해 보겠습니다. 홍콩 영화들이 미국에서 각광을 받던 시대가 있었습니다. 아마 지금의 한류만큼 파격적이었을 것입니다. 장기적으로 전 세계 시장에서 더욱 발전할 수 있는 기회도 많았고 그들의 문화시장도 커가고 있었지만 너무도 비슷한 내용, 똑같은 무술과 볼거리에 할리우드를 비롯해 전 세계는 무술영화에 식상함을 느끼게 되었습니다. 그리고 오랫동안 본인들에게만 익숙하던 와이어 액션과 더빙 음향 기술을 고집해서 낙후된 콘텐츠의 이미지를 벗지 못했습니다. 그뿐만 아니라 지하세계의 자금과 무력으로 만들어진 콘텐츠들은 부정부패를 야기했고 외국의 대형 투자를 유치하기엔 위험한 운영 체제를 이어갔습니다. 이는 제작에 종사하는 이들로 하여금 열정과 노력을 죽여버렸습니다. 결국에는 잠시 동안 반짝거린 상품으로 세계 영상물 시장에서 홍콩 영화는 어느새 사라져 버렸습니다.

한류도 지금 잘나간다고 자만하면 같은 실수를 하기 좋은 위치에 있다고 봅니다. 주먹구구 형식의 계약 관행, 능력과 실력보다는 인맥으로 만들어지는 제작팀, 대기업 유통 파워에 휩쓸리는 제작자들의 배고픈 의사 결정 등 여러 가지 요소가 우리나라 콘텐츠의 질을 떨어뜨리고 있을 수 있습니다. 좋은 금융기관에서 투자를 할 수 있는 투명한 제작체제를 구축해야 하고, 아티스트들이 자유롭게 날아다닐 수 있는 환경을 정부는 물론 업계 내부 기관들 자체에서부터 보호해 주고 개선하지 않으면 한류의 가치는 오랫 동안 지속하기 힘들 수도 있을 것이라고 봅니다.

전문가 인터뷰 2

이름 : 윤홍관
직업 : AMP COMPANY 이사
경력 : DSP 이사
2002~2013. 1
DSP엔터테인먼트 입사 후 핑클, 클릭비, SS501, 샤인, 투샤이, 선하, 에이스타일, 카라, 레인보우, A-JAX, 퓨리티의 매니지먼트 및 국외 프로모션, 공연 총괄
2012 KARASIA IN SEOUL 공연 총괄 Director
2012 KARASIA IN JAPAN 아레나 투어 12회 공연 총괄 Director
2013 KARASIA 2013 HAPPY NEW YEAR IN TOKYO DOME 공연 총괄 Director

"창조경제시대 음악산업의 중요성."

국가 경쟁력을 향상시키기 위해서는 우선적으로 세계에 한국에 대한 이미지를 좋게 전파시켜야 합니다. 저는 삼성전자와 같은 제조업의 확산도 중요하지만 국내 음악산업을 국외로 진출시키는 것 역시 중요하다고 생각합니다. 음악 콘텐츠는 문화 콘텐츠입니다. 따라서 국내 음악 콘텐츠를 국외에서 유통시킨다는 것은 국외에 한국의 대중문화를 판매하는 것이라 볼 수 있습니다. 따라서 지식 기반 경제인 창조경제시대의 핵심 사업으로서의 역할을 충분히 수행할 수 있다고 생각합니다.

한국의 대중문화를 처음으로 국외로 가져가 흔히 말하는 대박을 터뜨린 그룹은 K-Pop 이전에 '난타'와 캐나다의 재즈 페스티벌에서의 '김덕수 사물놀이'라 생각합니다. 난타는 전 세계적으로 독창성을 가지고 있는 사물놀이의 흥겨운 리듬을 가지고 있습니다. 이렇게 한국 전통의 멋을 통하여 외국인들도 함께 즐길 수 있게 현대적인 공연 양식으로 융합함으로써 난타는 1997년부터 현재 2014년까지 무려 17년의 기간 동안 미국·영국·독일·프랑스·이태리·일본과 같은 전 세계 50개국 288 도시에서 공연을 하였습니다. 또한, 태국 정부는 난타가 태국의 관광산업 육성에도 크게 보탬이 될 것이라 평가되어 100% 외국인 지분 자격으로 방콕 난타 전용관을 탄생시키기도 하였습니다.

[태국의 난타 전용 상영관]   [전 세계 50개국의 난타 공연]

 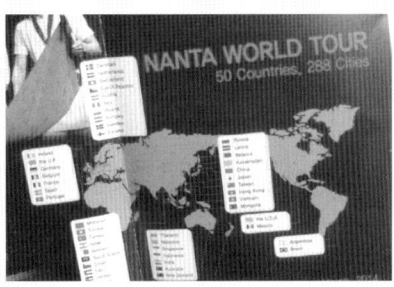

그리고 현재까지 카라, 동방신기, 보아를 비롯한 많은 한국의 K-Pop 그룹들이 국외 시장에 진출하고 있습니다. 이러한 국내 음악산업을 글로벌 스탠다드로 발돋움할 수 있는 방법으로 저는 음악을 탄생하는 엔터테인먼트뿐만 아니라 국가적 차원의 K-Pop 지원 정책 마련 또한 필요하다고 생각합니다.

,,03

SNS를 통한 Music Ecosystem의 확산
- SNS는 우리의 관계를 더욱 풍요롭게 한다 -

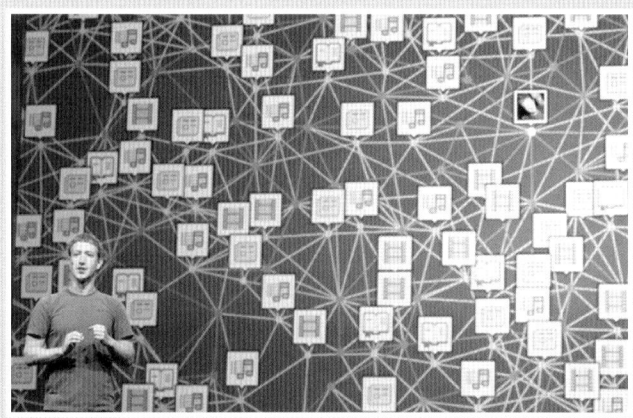

사회적 관계   진정성

공감   신뢰   공유된 가치(Shared Value)

Social ICT   팬과의 소통

집단 지성(collective intelligence)

다정다감   맞춤형 정보

소셜 임플로이   골목길 효과

SNS를 통하여 대중들의 공감대를 형성함으로써 하루아침에 스타가 되는 경우가 점점 증가하고 있다. 과거 싸이는 '강남스타일'의 한류 열풍과 관련한 인터뷰에서 "자고 일어났더니 세계적인 스타가 되어 있었다."라고 자신의 소감을 밝힌 적이 있으며, EXID의 경우, 팬들이 공연장에서 '위아래' 공연의 모습을 직접 촬영하여 SNS에 올렸던 영상, 즉 SNS 상의 직캠이 화제가 되어 대중에게 EXID란 그룹을 알릴 수 있었다.

　이러한 SNS 홍보 결과는 기존의 낮은 음원 차트 순위에서 상위권으로 '역대급 역주행' 현상을 발생시켰으며, 데뷔 3년 만에 음악 방송에서 1위의 성과를 창출시키기도 하였다. 이처럼 스마트폰의 확산과 함께 다양한 SNS의 플랫폼들이 유통 경로의 역할을 함에 따라 음악산업에 있어서도 'SNS 홍보'는 더 이상 선택이 아닌 '필수적인 경영 전략'으로 자리 잡고 있다. 이제 음악산업 전반적으로 SNS를 활용한 음악산업의 홍보 전략과 주의사항에 대해서 알아보도록 하자.

[팬들이 직접 올린 EXID 직캠]

　어떤 산업이든 비즈니스의 성공에 있어 가장 중요한 요소 중 하나는

고객과의 좋은 관계(relationship)을 형성하는 것이다. 기업이 아무리 좋은 제품 혹은 서비스를 판매한다고 하여도 해당 기업이 고객과의 소통 능력이 경쟁 업체와 비교하여 상대적으로 뒤처진다면 해당 기업의 제품이나 서비스는 해당 산업에서 고 성과를 창출하기 어렵게 된다.

그러므로 기업은 과거부터 현재까지 고객과의 원활한 소통과 좋은 관계를 형성하기 위하여 1주일 7일, 24시간 동안 쉴 새 없이 고객의 의견을 듣고 소통할 수 있는 수단을 마련하기 위해 노력해 왔다. 불과 10년 전에만 하더라도 대표적인 디지털 소통(Digital Communication) 수단은 이메일, 문자(SMS), 그리고 웹사이트로 대변되었다. 그러나 현재는 개방성을 중심으로 하는 Web 2.0의 출현과 스마트폰, 태블릿 PC와 같은 다양한 모바일 기기(mobile device)의 대중화로 인하여 현재는 소셜네트워크서비스(SNS; Social Network Service)로 총칭되는 커뮤니케이션 수단이 고객과의 관계 형성에 주축이 되고 있다. 전 세계 소비자들의 행동 패턴에 대한 조사를 전문으로 하는 리서치 업체 닐슨(nielsen)에 따르면, 2009년 초 전세계 인터넷 유저(user)들이 이미 SNS에서 보내는 시간이 이메일을 활용하면서 보내는 시간을 훨씬 넘어섰다고 발표하였다. 이러한 현상은 기존의 소통수단들이 이제 SNS로 대체되고 있음을 확인시켜 준다.

[디지털 소통 수단의 진화]

SNS의 영향력 증대와 함께 실제로 기업들은 전통적 소통 기법에서 새롭게 등장한 소통 채널인 SNS를 전략적으로 활용하여 어떻게 고객과 더욱 원활한 소통을 이끌어낼 수 있을지에 대한 고민 역시 커지게 되었다. 음악산업에서도 마찬가지로 SNS를 활용하여 고객과의 소통을 넘어 교감을 이끌어낼 수 있는 효과적인 방법론에 대한 모색이 필요해졌다. 그 이유는 디지털 음악의 비즈니스 활성화를 위한 소셜 미디어 전략 모색은 소속 가수의 인기와 직결되기 때문이다. 따라서 이번 장에서는 기존 소통 수단과 비교하였을 때 진화된 소통 채널인 SNS의 장점과 특징뿐만 아니라 SNS을 활용한 음악산업에서의 전략과 활용 사례까지 함께 소개하고자 한다.

01
소셜네트워크서비스란?
(Social Network Service, SNS)

No man is an Island (그 누구도 섬이 아니다.)
- 영화〈어바웃 어 보이(about a boy)〉

1. 소셜네트워크서비스(SNS)

사람과 사람이 만나고 관계(relationship)의 형성하는 방법이 변화하고 있다. 기존 산업 생태계에서는 자신이 관심 있는 산업과 관심사를 공유할 수 있는 사람들끼리만 집중적으로 관계가 형성되고, 이러한 모임이 발전되어 또 새로운 생태계가 탄생하였다. 하지만 최근에는 인터넷과 모바일 상에서 사회 전반적인 현상을 서로 비슷한 동질적 이용자와 이질적 이용자가 함께 소통하고 공유할 수 있는 더욱 개방적 형태의 소셜 생태계로 페러다임이 변화하게 되었다.

[정보 공유의 페러다임 변화]

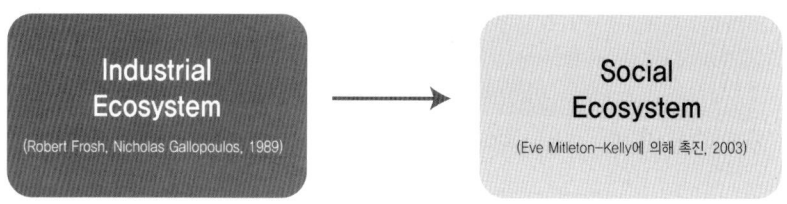

개방적인 소셜 생태계로 변화의 물길을 만들어간 1등 공신은 당연 소셜네트워크서비스(SNS, Social Network Service)라 할 수 있다.

SNS는 Social Network Service의 약어로 사용자들 간에 온라인상(가상의 세계)에서 인적 네트워크를 형성하여 자유로운 의사소통 및 정보를 공유하는 소통 플랫폼을 의미한다. SNS의 가장 큰 특징으로는 1인 커뮤니티를 중심으로 새로운 인적 네트워크를 형성하는 기본적인 과정의 반복으로 개인들 간의 관계 네트워크가 사회 전반적인 네트워크로 확장된다는 점이다. 이러한 과정을 통해 결국 사회 전반적으로 정보가 공유되고 또 유통된다는 점에서 디지털 생태계 내에서 매우 큰 영향력을 행사하게 되는 것이다.

아래 그림은 전 세계적으로 약 10억 명의 가입자를 보유하고 있는 미국의 대표적인 SNS 업체인 Facebook 이용자들의 개인적인 관계들이 연결되어 집단이 되고 또 집단이 사회를 형성하여 SNS 상의 모든 유저들이 연결되는 과정을 보여준다. 개인적인 페이스북 유저는 자신들의 지인이나 관심 페이스북 유저들과 관계를 형성하고 기존에 단편적인 관계의 선(link)들이 점차 확장되어 사회 전체의 관계망이 형성되어 진다.

[실제 Facebook network's link의 확장 과정]

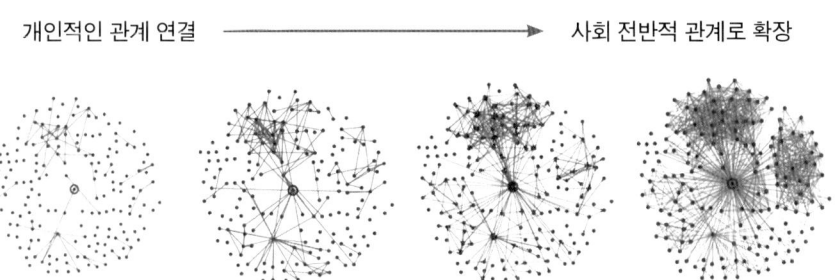

개인적인 관계 연결 ───────▶ 사회 전반적 관계로 확장

(출처 : New York University, MBA)

이러한 SNS의 가치는 이미 자신도 모르는 사이에 연결된 사회 전체의 관계망 내에서 자신에게 도움이 될 수 있는 정보가 공유(knowledge sharing)되고 이러한 '공유된 정보들이 자신이 처한 상황에 잘 적용(fit)'될 수 있을 때 더욱 의미 있어진다고 할 수 있다.

SNS의 대중화를 이끌어내고 더욱 강력한 영향력을 행사하게 만드는 데에는 이동통신기술(스마트폰, 3G, 4G 무선네트워크)의 진화가 큰 역할을 하였다. 아래 자료와 같이 국내 SNS 사용자들을 대상으로 SNS 이용기기를 살펴보았을 때, 2014년 기준으로 스마트폰을 활용한 SNS 이용 비중이 83.7%로 눈에 띄게 높은 비중을 차지하는 것을 알 수 있으며, 미국연방통신위원회에서 미국의 스마트폰 이용자들을 대상으로 스마트폰을 활용하여 어떤 애플리케이션(App)을 주로 활용하는지에 대한 조사 결과, SNS가 43%로 가장 높게 나타났다.

[국내 SNS 이용 디바이스]

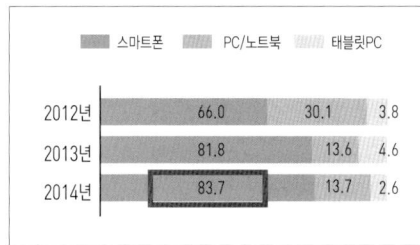

(자료 : (위)한국인터넷진흥원)

[미국 스마트폰 이용자의 사용 앱 조사]

Category of Application	Smartphone Users
Social Networking	43%
Weather	41%
Maps	36%
News	21%
Search	21%
Photo/Video Sharing	17%
Reastaurant Information	13%
Online Retail	10%
Traffic Reports	10%
Gaming Information	8%

(자료 : 미국연방통신위원회)

따라서 국내·외 스마트폰 이용자들에게 이제 SNS는 생활의 일부분처럼 자주 사용하는 서비스라는 것을 확인할 수 있다. 이렇게 정보통신기술(스마트폰, 무선 네트워크 성능)의 진화는 소비자들이 고정된 자리에서 인터넷에 접속해야만 하는 PC 시대를 벗어나 더욱 편리하고 이동성 있게 SNS를 활용할 수 있게 만들었다고 할 수 있다. 이는 이제 SNS가 스마트 생태계 내에서 이미 강력한 유통 채널로 정착하게 되었다는 것을 의미하며 나아가서 음안산업에서 또한 모바일 사용자 위주의 차별성 있는 콘텐츠 마케팅 전략을 모색해야 한다는 것을 시사한다.

02
SNS는 구글의 대항마

SNS는 포털의 강력한 대항마(Google보다 대중적인 SNS)
"단순 검색보다 인맥을 활용한 검색으로의 패러다임 변화"

디지털 생태계 내에서 가장 강력한 시장 지배력(market power)을 보유하고 있는 사업자는 인터넷 검색 업체, 즉 포털사이트 회사인 Google임이 틀림없다. 하지만 이러한 구글의 아성에 SNS 플랫폼들이 도전하고 있다.

SNS가 포털 사업자의 경쟁자가 될 수 있는 이유는 빅데이터로 활용할 수 있는 엄청나게 많은 정보들이 SNS 상에서 데이터로 축적되고 있기 때문이다. 2010년 트위터에서 하루에 창출되는 트윗 수는 1억 4,000만에 달하고 페이스북에서는 하루에 15억 콘텐츠들이 업로드 되고 있다. 사진은 최소 1초에 60컷이 SNS 상에 축적되고 있으며 하루에 약 200만 이미지가 더해지고 있다. 이러한 트윗 수와 사진 업로드 수는 분명 엄청난 양의 정보이며 지구상에 무수히 많은 사람이 SNS를 통해 정보를 주고받고 있다는 사실을 다시 한번 확인시켜 준다.

[하루 1억 4,000만 트윗]   [하루 15억 업로드]

(자료 : Pingdom)

　인터넷 조사기관인 히트와이즈(Hitwise)의 발표 자료에 따르면, 2009년 12월을 기점으로 미국에서 Facebook은 인터넷 포털사이트(검색엔진)인 Google의 방문자 수를 능가하였다고 발표하였다. 히트와이즈(Hitwise)는 미국뿐만 아니라 영국의 SNS 웹사이트 방문자 수 또한 추가적 조사를 실시하였으며, 그 결과 2010년 5월 Facebook, Twitter, Instagram 등의 소셜네트워크서비스의 방문자 수가 Google, Yahoo 등을 포함한 대표적인 포털사이트(Search Engines)의 방문자 수를 추월하였다고 발표하였다. SNS와 포털의 영향력을 비교·분석할 수 있는 더욱 최근 자료로 2013년 12월 미국 시장 리서치 회사인 닐슨(Nielsen)이 발표한 '2013년 디지털 미디어 모바일 환경 동향' 보고서를 들 수 있다. 해당 보고서에 따르면, 2013년 미국에서 가장 많이 사용된 스마프폰 애플리케이션(App)은 1위가 SNS App인 페이스북이었고 2위가 Google Search, 3위가 Google Play로 나타났다.

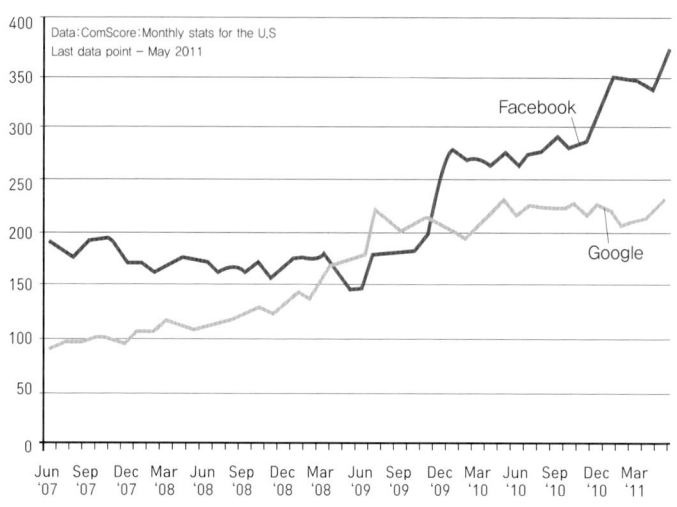

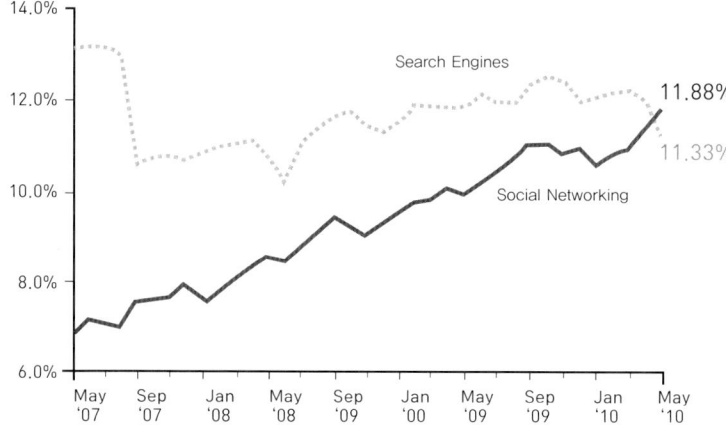

[미국의 2014년 스마트폰 앱 사용 Top 3]

순위	앱(App) 이름	평균 유니크 유저 수
1	Facebook(SNS)	103,420,000
2	Google Search	75,964,000
3	Google Play	73,667,000

 우리는 인터넷을 사용하기 위해서 인터넷 익스플로러, 구글 크롬, 사파리 등으로 대변되는 웹브라우저를 첫 관문으로 거쳐야 한다. 이렇게 웹브라우저와 종종 웹브라우저 자체에 내장된 포털사이트는 우리가 인터넷에서 해당 목적지를 찾아가기 위해서 거쳐야 하는 매우 중요한 사이트임이 틀림없다.

 그러므로 필수적으로 거쳐야하는 포털사이트의 방문자 수를 SNS의 방문자 수가 초월하였다는 것은 포털에서 목적지를 찾을 필요 없이 인터넷 사용자들이 바로 SNS 웹사이트에 접속했음을 의미한다. 이러한 SNS 방문자 수의 포털 방문자 수의 역전 현상은 얼마나 SNS가 자신의 생활과 밀접한지를 보여주는 예라고 할 수 있으며, 콘텐츠를 유통함에 있어 그 영향력이 얼마나 큰지를 시사한다. 실제로 수백만 명의 지구촌 사람들이 적어도 하루에 수차례씩 지인들이 올린 정보(글, 사진, 동영상)와 그들이 보낸 메시지를 확인함으로써 주변 사람들이 삶을 재확인한다. 그렇다면 왜 SNS의 가치는 지속적으로 증가 추세일까? 그 이유는 개인적인 측면과 기업적인 측면 모두에서 찾아볼 수 있다.

 첫 번째로 개인적인 측면에서 살펴보면 'SNS는 개인에게 커스텀마이즈된 정보를 제공할 수 있다는 점에서 가치가 있다.' SNS는 ICT 시대의 가장 사적인 개인 공간으로써 자신의 이성적, 그리고 감성적인 모든 부분을 타인에게 전달할 수 있는 채널이다. 그뿐만 아니라 자신과 취향이 비슷하거나 해당 분야에서 선구자적 위치에 있는 다른 사람의 SNS 페이지를 통하여 자신이 필요한 정보를 획득할 수도 있다. 즉 SNS는 자신의 일상 전달과 타인의 일상을 공유하는 사적인 소통 도구로써의 역할을 수행한다. 타인의 일상이 자신의 생활을 위한 유익한 정보로 SNS를 통해서 변화되는 것이다.

  기존의 포털사이트와 다르게 개인들이 SNS 상에서 정보를 획득하는 가장 큰 차이점은 SNS는 자신의 동의하에 관계를 맺은 개인이나 기업에 한하여만 정보 공유가 허락된다는 점이다. 그러므로 개인들은 자신에게 적합성(fit)를 띠는 정보만 획득할 수 있게 된다. 따라서 어쩌면 SNS 서비스의 본질 자체가 커스터마이제이션(customization)이라고 볼 수 있다. 누구나 자신에게 가장 적합한 서비스를 제공해 주는 도구나 인력을 선호하게 된다. 따라서 포털보다 더욱 정확하게 자신에게 부합하는 정보 필터링을 제공할 수 있는 SNS의 가치가 증가하는 것은 당연한 것으로 판단된다.

  두 번째로 기업 측면에서 살펴보면 SNS는 '표적 소비자 마케팅'을 가능하게 한다는 점에서 가치가 있다. 기존의 포털사이트는 불특정 다수를 대상으로 막대한 금액의 비용을 지급하여 마케팅을 진행하기 때문에 해당 기업을 대중에게 알리는 데는 유용할 수 있지만, 투자 대비 합당한 수익을 거둘 수 있는지에 대한 경영 효율성 측면에서는 많은 의문점이 제기되어졌다. 하지만 SNS는 자사의 SNS 페이지를 팔로우하는 소비자들(구매 의사가 높은 집단)을 대상으로 표적 마케팅이 가능하다는 점에서 경영 효율성이 증대된다. 즉 기업은 고객을 효율적으로 관리할 수 있고 또한 효과적으로 마케팅을 수행할 수 있다는 점에서 중요한 가치를 내포한다고 말할 수 있다. 상기 내용을 종합적으로 고려해 보았을 때 본질적으로 SNS의 가치는 관계 형성에서 출발하며 개인적 측면에서 자신의 생활을 더욱 향상할 수 있는 생활의 동반자(Life Companion)이며, 기업적 측면에서는 효과적인 마케팅 채널(Marketing Channel)이라 결론지을 수 있다.

포털 서비스를 Key Business Model로 하는 Google 또한 SNS가 가지고 있는 '관계의 힘'에 대해서 그 중요성을 나타내고 있다.

구글 회장 에릭 슈미트 (Eric Emerson Schmid)에 의하면, 그의 책 《새로운 디지털 시대》에서 향후 지구상 모든 사람이 서로 연결될 것이라고 하였다. 그는 "지금과 같은 추세로 정보통신기

[구글 회장. 에릭슈미트]

술이 발전한다면, 2025년에는 80억 세계 인구 중 거의 대부분이 고 사양의 통신기기를 소유할 것이다. 그리고 온라인과 모바일 상에서 개인적 네트워크를 활용하여 정보가 상호 교환되어질 것"이라 하였다. 여러 분야의 미래 전략 전문가들 또한 "미래에는 개인과 개인 간의 관계 (human relationship), 소비자와 기업 간의 관계(business relationship), 개인과 기업 그리고 정부와의 관계(goverment relationship) 또한 정보통신기술의 발전과 함께 더욱 밀접해 질 것이다."라고 말한다. 따라서 사회적 관계망의 형성 도구인 SNS 플랫폼의 가치는 앞으로도 더욱 증가할 것으로 예측된다.

앞서 언급한 내용을 종합적으로 고려해 보았을 때 인스타그램, 페이스북, 트위터 그리고 각종 블로그 등의 SNS 플랫폼 관리는 이제 음악산업에서 소비자들과의 원활한 소통 창구임과 동시에 직접적 그리고 간접적으로 수익 창출로 연결되는 음악산업에 있어서 거스를 수 없는 운명과 같이 받아들여진다. 그러므로 국내뿐 아니라 국외에서의 수익 창출에서도 SNS를 주요한 시장 영향력(market influence)의 확장 도구(tool)로 인식하고 이를 활용하여 국외에서도 K-Pop 네트워크 형성을 위한 전략적 방안을 개발할 필요성이 강조된다. 따라서 다음 장에서는 음악산업에서의 SNS 활용 전략을 살펴보고, 나아가 국내 음악 기업에 실질적으로 도움을 줄 수 있는 실효성 있는 SNS 사용 방법을 소개한다.

03
소셜네트워크서비스(SNS)와 음악산업

"음악을 통한 우리의 만남"

1. 산업사회에서의 음악 서비스와 SNS 사회에서의 음악 서비스의 차이점

　다양하게 등장하는 소셜네트워크서비스들은 음악산업에 있어서 융합적(convergence)인 음악 콘텐츠 유통 채널의 역할을 수행한다. SNS는 디지털화된 음악 콘텐츠들을 스마트폰, 태블릿 PC, PC 등을 통하여 소셜하게 유통 가능하게 만듦으로써 대중의 음악 콘텐츠 접근성을 향상시키고 한 국가적 산업으로 제한되어 있던 음악산업을 국제적인 산업으로 변화시키고 있다. 즉 SNS는 국내 음악산업이 국제적 산업으로 변모할 수 있게 하는 성장 동력이며 국제적인 연결고리이다.

[SNS와 음악산업]

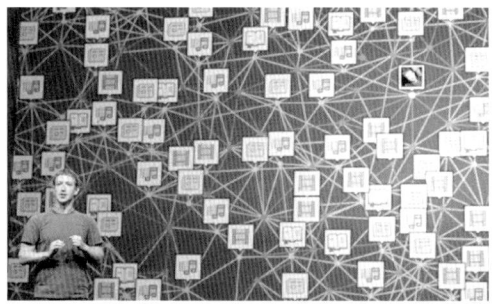

그렇다면 기존의 산업사회와 SNS 사회를 비교해 보았을 때 어떤 변화가 일어난 것일까? 음악 생태계가 산업사회에서 SNS 사회로 패러다임이 변화함에 따라 가장 주목할 만한 점은 사용자, 즉 청취자 파워가 음악 콘텐츠에 미치는 효과나 작용이 매우 증가하였다는 것이다. Web 2.0 이전의 e-commerce, 즉 산업사회에서의 음악산업은 음악산업을 이끌어 나가는 주체가 판매자(음악 서비스 제공자)였다.

SNS 시대로 변화하면서 소비자들이 음악을 접할 수 있는 수단이 기존의 온라인 베이스인 싸이월드 배경 음악, 휴대전화 벨소리와 같은 정태적인 플랫폼(공간, Space)에서 Facebook, Twitter, 카카오 뮤직과 같은 청취자들 간에 음악 공유를 할 수 있는 개방형 플랫폼(Open Platform)으로 전환되게 되었다. 개방형 플랫폼이란 단순히 정보를 획득할 수 있는 공간이 아니라 이러한 정보를 사용자들 간에 2차, 3차로 활용할 수 있는 사이버상에서 개방된 무대를 말한다. 즉 SNS은 이렇게 새롭게 등장한 개방형 플랫폼을 기반한 서비스의 한 형태인 것이다. 개방형 플랫폼인 SNS는 기존의 매스미디어와 비교해 볼 때, '가수와 팬'들 간에 '상호적 소통'을 이끌어낸다는 점에서 매우 큰 차별성이 존재한다.

과거에 특정 가수의 팬들은 자신이 좋아하는 가수의 정보를 연예가 인쇄 매체나 연예가 중계, 엠티비와 같은 일방적인 방송을 통해서만 접할 수가 있었다. 즉 가수의 일상과 정보를 가수 본인이 아닌 앵커나 기자를 통한 제삼자에 의한 제한된 정보를 획득한 셈이다. 하지만 SNS의 등장과 함께 가수가 직접 자신을 팔로잉하는 팬들과 소통도 가능하고, 팬들이 올린 정보를 가수 또한 자유롭게 접할 수 있게 소통의 기능이 크게 진화하게 되었다. SNS는 팬들의 소통 기능뿐만 아니라 음악 제작 업체에게도 팬들과의 소통을 통한 장점을 제공할 수 있다. 음악 제작업체는 대중적인 음악을 제작해야 더욱 많은 수익성을 보장받을 수 있기 때문에 SNS는 음악 제작업체에게 최종 수요자에 대한 반응(response)을 반영할 수 있는 기회를 제공한다.

SNS 상에서의 팬들의 엄청난 반응들은 표적 소비자들의 니즈(needs)를 포획할 수 있는 근거 데이터이다. 흔히 이러한 데이터들은 빅데이터라고 한다. 이를 바탕으로 음악 장르의 다양성은 물론이며 최종적으로는 음악 콘텐츠의 경쟁력을 제고시킬 가능성을 증대할 수 있기에 SNS는 음악 제작자에게도 혜택(benefit)을 제공할 수 있다.

SNS 시대에는 결국 소비자가 가장 중요한 핵심 성공 요인이다. 따라서 음악 콘텐츠를 유통함에 있어 소비자들의 2차, 3차로 음악 공유 의지와 참여는 음악 기업에게 음악 콘텐츠 마케팅 측면에서 매우 중요하며, 가수의 흥행과 지속 가능 여부에 매우 큰 영향력을 미칠 수 있다. 이렇게 개인이 콘텐츠 마케팅에 큰 영향을 미칠 수 있는 이유는 충성도가 높은 팬과 팔로워는 스스로가 새로운 노드(node), 즉 음악 콘텐츠 유통의 중심지를 형성하고 음악 콘텐츠를 자신들의 시각과 일반인들이 모르는 정보를 더함으로써 개인의 SNS에 또다시 많은 SNS 팔로워가 탄생하기 때문이다. 따라서 SNS 시대에 웹은 더 이상 오직 유저들이 콘텐츠만 흡수하는 수용자가 아니다. 오늘날 유저들은 음악 콘텐츠를 홍보할 수 있는 힘을 가진 평론가 혹은 에디터로서의 역할을 하고 있다고 볼 수 있다.

즉 음악 제작 기업은 저자의 SNS와 팔로워된 사용자들과의 더욱 긴밀한 관계를 형성하지 않으면 더 이상 생존이 불가능하게 된 것이라고 볼 수 있다. 그러므로 음악 콘텐츠 홍보의 패러다임 변화에 발맞추어 음악 제작 기업은 사용자가 제3의 마케터의 역할을 수행할 수 있도록 더욱 많은 사용자 참여를 이끌어낼 수 있는 경영 전략을 기획할 수 있어야 한다. 이러한 목적을 성취하기 위하여 소비자들이 제3자의 마케터의 역할을 수행하게 만드는 전략을 '소셜 임플로이(Social Employee)' 양성 전략이라고 한다.

산업사회와 SNS 시대 음악산업의 변화를 종합적으로 정리하면 다음 쪽의 표와 같이 크게 주체, 플랫폼 형태, 그리고 음악 콘텐츠에 대한 관점의 차이라고 볼 수 있다. 앞서 언급한 것과 같이 SNS 시대에는 기존에 음악 콘텐츠 판매자 중심에서 사용자 위주로 전략을 세우는 시대로 바뀌게 되었다. 음악을 유통하는 플랫폼 역시 산업사회에서는 싸이월드, 전화 벨소리와 같이 정적인 개념에서 SNS 시대에는 사용자의 참여를 유도하는 오픈 플랫폼의 형태로 진화하게 되었다. 그리고 마지막으로 소비자들의 음악 콘텐츠에 대한 인식의 변화이다. 산업사회에서 음악 콘텐츠는 자신의 개인 소유물로 Tape, CD, 그리고 Mp3 파일의 소유로 개인이 소장하고 음악 콘텐츠 가사에 자신의 감정을 이입함으로써 콘텐츠를 소비하였지만, SNS 시대에 음악 콘텐츠는 자신의 감정을 이입하는 것뿐만 아니라 SNS 상에서 자신과 연결이 되어 있는 자신의 지인들에게 음악 콘텐츠라는 매체를 통하여 자신의 감정을 표출하고 공감을 자아낼 수 있는 수단으로 활용하게 되었다. 따라서 SNS 시대에 국내 음악산업이 더욱 발전하기 위해서는 변화되는 시대 흐름에 부합할 수 있도록 음악산업에서의 더욱 혁신적인 SNS 활용 방안의 모색이 시급하다고 할 수 있다.

[산업사회 시대에서 SNS 시대로 음악산업의 변화]

구 분	산업사회 음악산업	SNS 시대 음악산업
주 체	판매자 (송신자)	판매자, 사용자
플랫폼	지상파 방송, 케이블 방송, 싸이월드, 전화벨소리	Facebook, Twitter, 카카오 뮤직 (쌍방향적, 소통 기능의 증가)
음악 콘텐츠에 대한 인식	소유의 개념	공유의 개념

2. 음악 생태계에서 SNS 사용 이유

우리는 무엇보다 우선 '왜 음악 생태계에서 SNS를 활용해야 하는가?'에 대하여 깊이 있게 생각해 보고 이에 대하여 답할 수 있어야 한다. 음악산업은 제조업과는 다르게 직접 인간의 감성(emotion)적인 측면과 가수와 팬들 간의 관계(relationship)가 매우 중요한 요소로 작용한다. 본 절에서는 음악 생태계에서 SNS 사용 이유를 사용자(팬) 측면과 가수(기획사) 측면 모두에서 살펴보기로 한다.

1) 개인적 이유(사용자 측면) "이 음악 내 상황과 딱 맞네!"

"이 음악 내 상황과 딱 맞네!" 여러분은 음악을 들으면서 이렇게 생각해 본 적이 누구나 있을 것이다. 즉 음악 콘텐츠는 자신의 상황과 감정을 이입할 수가 있는 정서적인 콘텐츠이다. 그리고 인간은 누구나 자아의 표현을 추구하는 존재이다. 자신이 듣는 음악을 다른 사람에게 들려주는 행동을 통해서 자신의 관심사나 현재 상태, 그리고 생각을 간접적으로 우회해서 표현할 수가 있다. 이렇게 음악은 자신의 독백과 같은 역할을 수행할 수 있는 정서적 매개체로의 역할을 수행할 수 있다. 정보통신의 발전과 함께 소비자들은 자신의 감정이나 상황을 더욱 편리하게 음악을 활용하여 표현 가능해졌다. 이러한 기능을 제공하는 대표적인 국내 플랫폼으로 카카오톡과 연동한 소셜 음악 서비스인 '카카오 뮤직'을 들 수 있다. 카카오 뮤직은 아래 그림과 같이 카카오 뮤직에서 구매한 음원을 자신의 스토리에 노출시킴으로써 카카오톡에 친구로 연결된 지인들과 음악을 공유할 수 있다.

[개인의 SNS 사용 의도]

카카오톡 소비자들은 카카오 스토리에서 자신들의 일상에 대한 사진과 글을 올림으로써 자신의 감성과 상황을 지인들에게 알릴 수 있으며 카카오 뮤직을 통하여 자신의 감정 표출, 추억 공유, 자긍심 표출, 정보 추구 등의 다양한 욕구를 간접적으로 충족시키는 것이다. 많은 심리학자들은 이러한 인간의 기본적인 욕구들이 개인들이 SNS를 사용하는 동기로 이어진다고 하였다.

2) 가수 · 기업적 이유(음악 기업 측면)

"SNS 글쓰기는 더욱 다정한 사람을 만든다."

가수 김동률은 2014년 새롭게 출시한 6집 앨범 '동행'에 대한 소개를 자신의 SNS 담벼락에 업로드 하였다. 구체적인 내용을 살펴보면 "마음을 움직이는 음악 만들고 싶었습니다." 그리고 "최신 유행을 따르지 않아도, 어려운 음악의 문법에 기대지 않아도 듣기 편한 노래를 만들고 싶었습니다.", "조그만 트랜지스터 라디오에서 들어도, 빵빵한 음향 시스템에서 들어도 같은 감정을 전달할 수 있는 음악을 만들고 싶었습니다."라고 팬들에게 6집 앨범에 대해 친절하게 설명하였다. 이렇게 SNS는 인간과 인간과의 거리를 좁혀 주는 역할을 수행함으로 휴먼 스케일에서의 '진정성'이란 요소를 일깨워 줄 수 있는 소통 공간의 역할을 수행할 수 있다.

[연예인의 SNS 활용]

김동률의 Monologue
2014년 9월 30일 ·

마음을 움직이는 음악을 만들고 싶었습니다.
멜로디와 가사가 좋은 앨범을 만들고 싶었습니다.
최신 유행을 따르지 않아도, 어려운 음악의 문법에 기대지 않아도 듣기 편한 노래를 만들고 싶었습니다.... 더 보기

좋아요 · 댓글 달기 · 16,352   1,425   1,651

(출처 : 김동률 Facebook)

이와 같은 사례와 같이 가수들은 자신의 개인 SNS를 통하여 음악을 창작할 때 자신의 개인적인 철학을 직접적, 간접적으로 팬들에게 전달한다. 즉 가수는 소소한 일상과 담론을 통하여 팬들과의 교감(rapport)과 공감(sympathy)을 이끌어내는 진실한 독백의 창으로 SNS을 활용하는 것이다. 그 이유는 가수의 생각이 팬들과의 소통을 통하여 공감으로 발전할 경우 해당 가수의 음악 콘텐츠는 팬들이 더욱 친근하게 받아들일 수 있게 되고, SNS 상에서 기하급수적으로 확산될 수 있기 때문이다. 더욱 세부적으로 이 과정을 분석해 보면 아래 그림과 같은 관계성을 나타낸다. 가수와 음악제작사의 SNS 활동 관여도는 첫째로 팬들의 충성도에 의미 있는 영향을 미치게 되고 이로 인하여 팬들이 충성도가 높아지게 되면 최종적으로 구전 의도가 높아지게 되어 음악 콘텐츠의 확산이 일어나게 되는 것이다.

[가수의 SNS 활동과 결과]

이러한 팬들의 구전을 통한 SNS 음악 콘텐츠 유통은 음악 제작업체가 수행하는 전통적인 방식의 마케팅과는 차별화된 마케팅 수단으로 새로운 마케팅 전략이다. 앞서 언급한 내용을 종합적으로 고려해 보았을 때, 가수는 SNS를 통하여 일차적으로 다정다감한 이미지에 대한 형성하여 가수와 고객 간에 인간적 유대를 강화하고 이를 바탕으로 팬들이 원하는 이미지에 대한 정보를 획득하고 강화할 수 있도록 SNS를 활용하게 된다.

■ 음악 기업(가수)과 사회적 관계

"SNS를 통한 사회적 이슈를 캡처하고, 사회가 원하는 가치를 음악 콘텐츠에 담아라."

경제학(Economics)에서는 기업의 수익 극대화를 설명하기 위해서 인간의 '이기심(selfishness)'이라는 용어를 사용한다. 하지만 SNS 시대에서는 이기심만으로 기업의 수익을 극대화할 수 없을 뿐만 아니라 지속 가능한 경영을 수행하기도 어렵게 된다.

즉 SNS 시대의 음악 제작업체들은 자신들이 속한 커뮤니티뿐만 아니라 고객들을 진심으로 배려하는 '이타심(altruism)'이라는 용어 또한 기업의 효율적인 경영 전략 구축을 위해서 매우 중요하다. 이타심이란 타인을 위해서 자신을 희생할 수 있는 정신을 의미한다.

예를 들면 우리가 100만 원짜리 밥을 먹고 있는데 우리의 눈앞에서 어린아이가 굶고 있다고 가정하자. 이와 같은 상황에서 우리는 우리의 밥을 어린아이에게 나누어 줄 수 있다. 이것이 바로 인간의 이타심의 한 예라고 볼 수 있다. 사실 원래 애덤 스미스 이래로 경제학 역시 도덕적 철학의 한 분과이었으며, 윤리적 관점의 기질이 있었다. 왜냐하면, 인간이란 존재는 자신의 이익만 계산하는 기계가 결코 아니기 때문이다. 즉 현대 경영에 있어 '배려'라는 요소가 기업의 성공을 좌우할 수 있는 핵심 성공 요인(CSF, Critical Success Factor)으로 자리를 잡게 된 것이다.

음악 제작업체들이 소비자와 커뮤니티를 잘 배려하기 위해서는 SNS 분석을 통한 소비자 반응 및 패턴을 분석해야 한다. SNS 분석은 팬들의 일상적 대화 내용을 통해 패턴을 분석할 수 있음으로 이를 통해 팬들이 어떤 성향을 가지는지 알 수 있고 이를 분석하여 음악 콘텐츠 경영 전략 수립에도 활용 가능하다. 흔히 이렇게 소비자 패턴을 도출하는 것을 빅데이터 분석이라고 한다. 따라서 SNS 시대의 경영 전략에 있어 빅데이터 활용 전략을 빠뜨릴 수 없게 되는 것이다. 쉽게 말해 가수를 프로모션할 때, SNS 데이터(피드백)를 통해 환경을 잘 파악하라는 것이다. 이러한 소비자의 개인적인 행동들은 확장되어 사회적인 이슈로 발전하게 된다. 따라서 기업은 소비자의 패턴들이 모여 만들어진 사회적인 이슈들을 잘 파악하여 음악 기업의 운영 전략을 설정하는 것은 자사의 이미지뿐만 아니라 소속 가수의 이미지를 긍정적으로 바꾸는데 큰 몫을 한다.

결국, 거시적인 시각으로 보았을 때 기업이 SNS를 하는 동기는 기업의 경제적 가치와 사회적 가치 간의 연결고리(connection)를 발견하기 위해서이다. 즉 기업과 사회의 공유된 가치를(shared value) 창출(creation)하기 위해서 SNS는 핵심 도구인 셈이다. '공유된 가치'란 기업의 경제적인 가치와 사회적인 가치의 교집합에 해당하는 가치이다. 사회(societal)의 성장과 기업의 경제적 프로세스(economic process) 사이에 연결점(connection)을 만들고 이를 사회와 기업 모두에게 유리하도록 확장시키는 것이 공유된 가치(shared value)의 핵심이다. 흔히 기업이 사회와 가치의 공유가 발생하게 될 때 우리는 '착한 소비'가 이루어졌다고 하기도 한다.

[공유된 가치(Shared value)]

```
     회사/뮤지션의              회사/뮤지션의
     경제적 측면   shared value   사회적 측면
  (economic progress) (공유된 가치) (societal progress)
```

　이러한 공유된 가치의 예로 1986년 세계 1위 식음료 기업 네슬레(Nestle)를 들 수 있다. 네슬레는 50년 전부터 인도의 모가(Moga) 지역에 원유를 공급하기 시작하였다. 하지만 초기 인도에는 자동화 시설이 부족하여 송아지 사망률이 60%가 넘을 뿐만 아니라 유통 중에 우유가 부패하여 경제적인 어려움이 존재하였다. 인도 모가 지역 역시 지역의 낙후된 산업 구조, 저소득 문제 그리고 교육 문제 등의 문제가 존재하였다. 네슬레는 기업이 당면한 과제와 지역사회의 문제를 동시에 해결하기 위하여 본사 전문가를 파견하여 지역사회에 기술을 꾸준히 전수하고 생산 시설을 현대화시켰다. 그 결과 네슬레는 젖소의 우유 생산성이 약 50%가 향상되어 양질의 원유를 경제적이고 안정적으로 공급 가능해졌다. 그리고 인도 모가 지역은 고용률이 증가하게 되었고 교육 수준 및 산업 수준이 향상되게 되었다. 따라서 네슬레는 인도에서 매우 좋은 이미지를 가지고 있으며, 이러한 공유된 가치를 실현한 경험을 바탕으로 에티오피아의 커피 농가를 지원하며 자신의 사업 영역도 확대해 나가고 있다. 이러한 논리는 경영학적으로 '기업의 사회적 계약 이론(corporate social contract theory)'과 연관성이 있다. 해당 이론은 기업이 그들

의 모든 이해 관계자에 대한 책임이 있다는 것으로 기업이 사회적 자원을 사용하는 만큼 사회적으로 즐거움을 제공할 수 있어야 한다는 것이다. 즉 비즈니스와 사회를 하나의 동등한 전략적 파트너(equal partner)로 보는 것이다. 이러한 기업을 사회적 기업(Social Enterprise)이라고 한다. 따라서 기업이 SNS를 활용하는 이유는 SNS를 통하여 사용자의 패턴을 분석해서 모든 사용자의 기대, 즉 사회적 기대를 충족시키기 위한 전략 창출 행위라 볼 수 있다.

음악산업에서도 이러한 공유된 가치 전략이 필요하다. 가수(연예인) 집단은 많은 사람의 관심을 받는 존재이기 때문에 팬들과 공동체(community)에 많은 영향(impact)을 미치는 존재이다. 따라서 가수들의 사회적 활동은 사회 구성원들의 인식 전환에 많은 도움을 줄 수 있다. 특정 가수가 사회적 문제를 함께 풀어나가고자 하는 의지를 대중들 혹은 팬들에게 보여준다면, 이 가수는 흔히 말하는 개념 있는 가수로 소비자에게 인식되고 해당 가수 및 기획사의 지속 가능성 또한 증가할 수 있다. 이러한 가수들의 활동은 일종의 사회에 재능 기부적 측면으로도 재해석될 수 있다. 경제개발협력기구(OECD)에 따르면 21세기 들어 기업은 이윤만 추구하는 것이 아니라 비즈니스를 통해 사회적 목적을 동시에 달성해야 생존 및 지속 가능한 성장이 가능하다고 하였다. 이는 음악산업에서도 예외가 아니다. 이렇게 음악 콘텐츠를 통하여 성공적으로 공유 가치를 탄생시키기 위해서는 경험(Career), 창의성(Creativity), 공동체에 줄 수 있는 영향력(Community Impact) 모두를 충족시켜줄 수 있는 가수가 필요하다.

[음악산업에서의 Shared Value 사례] - 이승철의 통일송

예를 들면 2014년 가수 이승철 씨가 발표한 통일송 '그날에'를 들 수 있다. 흔히 통일을 염원하는 노래라 하여 통일송이라고 불리는 '그날에'는 2014년 8월 14일에 광복절 전날, 이승철 씨가 독도에 상륙하여 탈북 청년합창단 위드유와 함께 열었던 독도 음악회에서 선보인 노래다. 이승철 씨는 소속사인 진앤원뮤직웍스를 통해 누구든 무료로 독도 통일송 '그날에'의 음원을 다운로드 및 배포할 수 있다고 밝혔다. 그리고 이 노래는 경쟁 관점에서의 높은 순위보다 노래로 탈북자들에게 힐링이 되고 또 국민도 많은 탈북자들에 대한 차별화된 시선을 따뜻한 시선으로 다시 한 번 더 생각할 수 있는 계기가 되었으면 좋겠다고 하였다. 즉 이는 광고가 아닌 캠페인성 프로젝트인 것이고 사회적 재능 기부의 한 형태라고도 볼 수 있다. 이와 같은 사회와 가수의 공유 가치 형성은 사회적으로도 문제의 재인식과 경각심을 다시 한 번 끌어낼 수 있으며 가수의 인지도 역시 더욱 상승하는 긍정적인 결과를 나타나게 한다. 하지만 하버드대학교의 허먼 교수는 사회적 기업들은 사회의 숭고한 가

치에 맹목적으로 추구할 수 있기 때문에 경영적인 효율성이 떨어질 수가 있다고 하였다. 또한, 이러한 공익 추구가 자사의 경영 비효율의 면죄부가 될 수 없다는 것을 지적하였다. 따라서 국내 음악산업도 공유된 가치의 추구는 매우 바람직하나 사회와 음악 제작기업 모두에게 균형적으로 상생(Win-Win)할 수 있는 가치 기반 전략을 창출할 수 있어야 한다.

04
SNS를 통한 음악산업 경영 전략

본 장에서는 음악산업이 SNS를 활용하는 전략에 대하여 살펴보기로 한다. SNS를 활용하는 음악산업의 경영 전략으로는 '골목길 효과를 활용한 일상 마케팅', '팬들과의 인적 네트워크 형성하기', '소셜 임플로이 형성하기', 'SNS로 세계와 소통하기', '음악을 매개로 사람을 연결하기', 'SNS 통해 사연을 받아 곡 제작하기'를 들 수 있다.

1. 골목길 효과를 활용한 일상 마케팅

"휴먼 스케일의 골목길 효과"

골목길은 차가 들어갈 수 없는 폭이 좁은 길을 의미한다. 따라서 우리는 걸을 수밖에 없게 되고 차를 타고 지나쳤던 많은 일상의 풍경

(출처 : 이루마 Facebook)

들을 재발견할 수 있다. SNS는 이와 같이 골목길의 눈높이에서 소소한 일상의 중요성을 일반인에게 알려줄 수 있다. 즉 일상의 소소한 스케일(scale)에서의 가치를 팬들에게 제공해 줄 수 있다. 이러한 크기의 scale을 휴먼 스케일(human scale)이라고 한다. 이루마는 자신의 SNS 채널에 자신의 지하철 공연을 업로드하였다. 지하철 공연은 돈을 받지 않기 때문에 경제적으로 더욱 서민들의 눈높이에 일치할 수 있다. 이러한 휴먼 스케일은 '일상 마케팅'과 연관성이 크다.

일상 마케팅이란 SNS 마케팅의 일부로써 한 자신들의 소소한 일상을 자연스럽게 팔로워들과 공유함으로써 휴먼 스케일 측면에서 친밀감을 형성하는 전략이다. 타 산업의 예를 들면 놀이공원 퍼레이드의 SNS 마케팅을 들 수 있다. 놀이공원 퍼레이드는 모든 측면에서 화려함이란 대명사로 표현되며 등장 캐릭터는 관객들의 스포트라이트를 받는다. 하지만 '캐릭터 속의 사람은 누구일까?'라는 관점에서 SNS 마케팅이 시작된다. "퍼레이드의 인형 속의 사람이 미국에 공부하러 온 러시아 교환 학생이라면? 사람들은 어떤 느낌을 가지게 될까?" 디즈니는 실제로 SNS에서 퍼레이드의 우디(woody)가 러시아 교환 학생의 아르바이트이고 학비를 벌기 위한 그의 사연을 매스미디어에서 못 다루는 일상의 내

용들을 공개하였다. 그 결과 퍼레이드의 인기는 더욱 높아졌다고 한다.

이는 휴먼 스케일을 활용한 SNS 마케팅의 사례라 볼 수 있다. 이러한 SNS를 통한 일상 마케팅은 이제 음악산업에서 매우 비일비재하다. 포미닛의 현아 역시 2015년 1월 23일 자신의 인스타그램에 멤버인 지현, 소현과 함께 찍은 일상 사진을 업로드하였다.

(출처 : 현아 인스타그램)

일상 마케팅은 서로가 서로에게 '안부 묻기'와 같다. 우리는 바쁜 일상으로 인해 우리의 지인 모두에게 전화나 문자를 통해 안부를 물을 수 없게 된다. 하지만 SNS에 자신의 사진을 올림으로써 우리는 우리의 근황을 SNS에 연결되어 있는 모든 지인에게 한번에 알리고 소통할 수 있게 된다. 이렇게 개인적인 용도로 SNS를 사용하는 경우가 우리의 생활에 비일비재하다. 따라서 스타들도 이러한 방법을 통하여 수백 명이 넘는 팬들과 안부를 주고받을 수 있게 되는 것이다. 인간은 누구나 자신에 대해서 안부를 물어봐 주고 관심을 갖는 사람을 좋아함으로 이러한 일상 마케팅은 SNS 시대에 매우 큰 영향력을 행사한다고 판단된다.

2014년 2월 26일부터 27일까지 SM엔터테인먼트는 소녀시대의 컴백을 앞두고 소녀시대 멤버들의 일상 영상을 SM 공식 유튜브 채널을 통해서 공개하였다. 소녀시대 각각의 멤버들이 자신의 개인적인 SNS 채널을 통하여 일상이 공개된 사례는 있지만, 공식적으로 회사의 대표 SNS 채널에 공개한 것은 매우 이례적인 일이라 볼 수 있다. SM 입장에서도 그만큼 SNS를 통해서 일상 마케팅의 영향력이 중요하다고 판단한 것이다. 팬들 입장에서 또한 '자신들이 좋아하는 스타들의 일상은 어떨까?' 하는 궁금증이 있기 때문에 일상 마케팅은 팬들의 궁금증을 해소해 줄 수 있다는 측면에서 긍정적인 전략임이 틀림없다. 이러한 일상 마케팅은 팬들 간에 구전 효과를 증폭시켜 해당 음반 기획사가 의도하지 않은 새로운 형태의 홍보 효과를 실현시켜 준다.

2014년 머니투데이 기사에 따르면 가장 먼저 SNS를 통해 공개된 소녀시대 멤버 제시카의 영상은 공개 후 이틀 만에 조회 수가 64만 건을 넘어섰다고 한다. 그러므로 SNS를 활용한 일상 마케팅은 공중파에서

(출처 : SM 공식 유튜브 채널, 머니투데이 기사)

보여줄 수 없는 스타의 소소하고 일상적인 모습을 팬들에게 보여줌으로써 팬들과 가수의 친밀감을 증대시키는 동시에 동질감을 형성시켜 주는 기능을 수행한다고 판단된다.

따라서 SNS 시대 음악 기업은 이와 같은 소셜 미디어 콘텐츠 전략을 활용하여 팬들과의 관계를 더욱 긴밀히 유지할 수 있어야 한다.

2. SNS를 활용한 팬들과의 인적 네트워크 형성하기

"누구나 친구가 필요하다. 스타도 친구가 필요하다."

음악산업의 SNS 마케팅은 무조건 금전적인 혜택을 소비자에게 베푸는 것이 아니다. 중요한 것은 어떤 일에 마음을 기울이는 것이다. 즉 가수가 팬들에 대한 관심을 더욱 진정성 있게 표현해야 하며 이 두 집단의 인적 네트워크는 앞으로 친구로부터 느낄 수 있는 친밀감으로 발전될 수 있어야 한다.

팬들과의 의사소통을 통해서 '친분'을 쌓고 좋은 관계를 통해 신뢰를 형성함으로써 팬들의 충성도를 높일 수 있다. 팬들과의 인간적인 네트워크 형성은 스타의 이미지 및 인성으로 판단하게 함으로써 긍정적인 구전 효과로 이어질 가능성 또한 높아진다.

예를 들면 SM엔터테인먼트 소속 가수 '종현'을 들 수 있다. 종현은 그룹 '샤이니'에서 솔로로 데뷔한 다음 만약 자신이 음악 프로그램에서 1등을 하게 된다면 "자신의 SNS에 관객과 함께 찍은 셀카를 올리겠다."라는 공약을 하였다. 그리고 종현은 2015년 1월 22일 방영된 Mnet 엠카

(출처 : 종현 Twitter)

운트다운에서 1위를 차지한 후, 실제로 자신의 트위터에 왼쪽 사진과 같이 업로드를 하였다.

이렇게 SNS 시대의 가수들은 팬, 그리고 관객들과의 SNS 소통을 통하여 팬들과 가수와의 경계를 없애고 팬들에게 더욱 가까이 다가갈 수 있게 된다. 따라서 SNS 시대에서는 가수는 팬과 하나의 커뮤니티 공간 내에서 서로가 서로에게 지속적인 친밀감을 형성하고 팬들이 직접 '체감'할 수 있게 해주어야 한다.

3. 소셜 임플로이(Social Employee) 형성하기

"요즘 젊은 사람들은 기름값 생각을 하지 않고 찾아오시더라고요. 제가 의도한 계획은 아니었어요."

부산 기장의 조그마한 만두가게에 손님들이 넘쳐 난다. 부산의 기장은 부산 시내에서 조금 떨어져 해산물로 유명한 곳인데 특이하게도 만두로 이름을 알린 가게가 있다. 이 가게의 만두가 SNS에서 입소문을 타 부산의 여러 지역으로부터 손님들을 끌어들이는 것이다. 시내와 떨어진 어촌 마을의 조그만 가게이기 때문에 부산의 다른 지역에서는 알기가 힘든 지리적 한계점에도 불구하고 고객의 SNS 업로드를 통해 만두

가게가 붐비게 되었다. "손님들이 가게에서 지불하는 금액보다 기름값이 더 들 것 같다."라는 것이 만두가게 사장의 말이다. 다양한 개인적인 가치가 우선시되는 세상으로 변화되고 있는 페러다임을 보여주는 좋은 사례이다. 고객들은 자신의 가치를 충족시켜 주는 곳이 있으면 추가적인 경제적 비용이 든다고 할지라도 자발적으로 찾아가는 것이다.

실제 음악산업에서도 다음 쪽의 그림과 같이 국내 연예기획사에서 새롭게 선보인 가수나 기존 외국의 연예기획사에 소개할 때 이미 외국의 연예기획사 측에서 해당 가수의 음악 잠재성을 알고 있는 경우가 종종 존재한다. 외국에 있는 기획사 측에서 자신의 한국인 친구와의 SNS 소통, 그리고 해당 가수의 SNS 페이지를 통해서 정보를 획득한 것이다.

즉 SNS 시대는 지리적 제약을 벗어나 지인 및 불특정 다수의 소비 경험을 간접적으로 제험할 수 있는 '정보 획득의 용이성'이 향상된 시대라고 할 수 있다.

'삶에 대한 지혜'를 군중의 의견으로부터 찾는 현상이 두드러지게 나타난다. 그 이유는 어떤 결정을 함에 있어 "군중의 지혜(wisdom of crowds)"를 통해 의사결정을 하는 것이 자신의 삶에 가장 유용하고 효과적으로 적용할 수 있다고 생각하는 사람들이 증가하는 현상 또한 나타나고 있다. 따라서 최근 기업의 SNS 마케팅 전략을 살펴보면, 사용자에게 구매를 유도하지 않더라도 기업의 SNS에 많은 참여를 이끌어내는 경우가 비일비재하다.

고객들의 참여와 소통은 새로운 business model을 활성화하기 위한 기회이기 때문에 SNS 마케팅의 첫 번째 과제로 대중들의 참여를 끌어내야 하며, 이때 고객은 '마케팅의 대상'의 개념을 넘어서 '마케팅 제휴자'의 개념으로 인식해야 한다.

[PUSH 전략보다 SNS를 소통을 통한 PULL 전략]

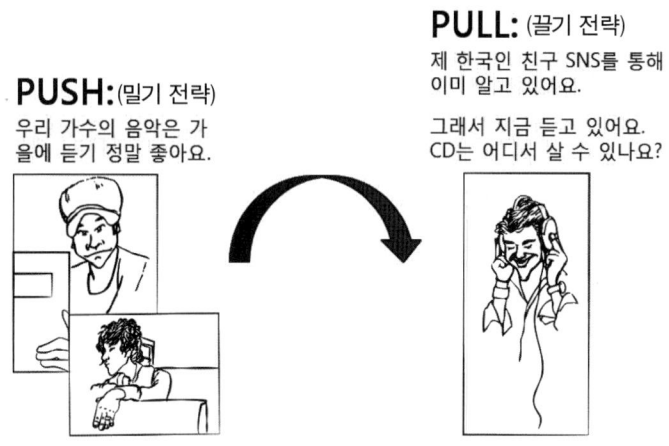

　이러한 점을 고려해 보았을 때, SNS 패러다임 속에 기업의 소통 전략은 "우리 음악 콘텐츠가 정말 좋다."라고 일방적으로 소비자에게 PUSH하는 것이 아닌 대중들과의 쌍방향적 SNS 소통성을 증대시킨 PULL 마케팅 전략의 강화가 바람직하다.

　SNS 시대에 끌기(PULL) 전략이 기업의 성공에 유리한 이유는 SNS 시대 소비자들의 수준이 과거에 비해 많이 향상되었다는 점에 기반을 둘 수 있다. SNS 시대의 사용자들은 기업 활동에 대한 요구와 기대가 매우 높다는 특징이 있으며 이러한 고차원적인 소비자의 니즈(needs)를 파악하는 가장 좋은 방법 중 하나가 바로 SNS 상에서 기업이 고객과 소통하는 것이다. 이렇게 기업과 고객의 소통 과정에서 기업은 고객의 가려운 부분을 시원하게 해소해줌으로써 고객들은 지인이나 친구에게 해당 서비스에 대한 자랑(공유)을 하게 된다. 이를 고객의 구전을 활용한 '3자

마케팅'이라고 한다. SNS 상의 고객을 통한 3자 마케팅은 기업 측면에서 홍보비용을 절감할 수 있고 대중들이 받아들이는 정보의 신뢰성 또한 높기 때문에 경영 효율성 측면에서 좋은 전략임이 틀림없다. 따라서 기업은 제3자에 의한 마케팅을 활용하여 '고객-고객', '기업-고객' 간의 정보 공유를 확장시켜 나갈 수 있어야 한다. 이러한 PULL 마케팅은 예전처럼 고객이 원치도 않는데 억지로 연락처를 알아내어 영업하는 방식이 아니고 고객이 '자발적'으로 먼저 해당 제품이나 서비스에 대한 정보를 알아보게 만드는 전략이기 때문에 자연스럽게 해당 기업의 인지도를 향상시켜 준다는 장점이 존재한다.

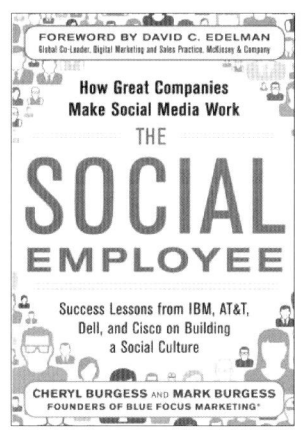

이렇게 음악 콘텐츠의 SNS 홍보를 전담하는 회사의 마케팅, 홍보부서의 직원, 그리고 직원이 아닌 불특정 대중을 가르켜 '소셜 임플로이'라 부른다. 그들의 SNS 상에서 특정 가수에 대한 자신의 주관을 이야기 했을 뿐인데, 이 이야기가 SNS 상에서 계속해서 공유되고 확장되면서 해당 가수에 대해서 긍정적인 외부 효과(Network Effect)를 발생시키고 최종적으로는 흥행을 이끌어내기도 한다. 이와 같은 프로세스를 고려해 보았을 때 기업은 소셜 임플로이를 양성하는 것은 SNS 시대의 또 다른 과제가 되었다고 판단된다. 흔히 기업들이 소셜 임플로이를 양성할 때 가장 많이 간과하는 부분 중 하나가 소셜 임플로이를 단순히 소비자로만 한정 짓는 것이다.

소셜 임플로이를 양성하기 위해서는 우선적으로 회사 내부, 즉 일반 직원들부터 기업 임직원 모두를 '소셜 임플로이'화 시켜야 한다. 즉, 기업의 회장부터 직원 모두가 SNS 상에서 기업의 홍보대사가 되어야 한다는 것이다. 그래야만 기업 내부의 철학과 목소리를 외부로 풍부하게 전달할 수 있기 때문이다. 임원진 또한 SNS 케뮤니케이션에 참여시키기 위해서는 기업 system 차원에서 SNS에 대한 기본적인 교육을 선행해야 한다. SNS 상에서는 사소한 실수가 사회 전반적으로 파장을 불러 일으킬 수 있기 때문에 사전에 작동 방법과 SNS의 특성을 숙지시켜야 한다. 그리고 자사 SNS에 영향력을 행사하는 직원들에게는 인센티브를 지급해야 한다. SNS 상에서 영향력이 있다는 것은 결국 그 직원이 자신의 개인 시간을 투자하여 팬들과 많은 소통을 시도한 결과이다. 따라서 이에 대한 보상적 차원에서 인센티브를 지급한다면 그 직원은 자신이 회사의 SNS 상에서 운영 주체라는 주인의식과 함께 더욱 왕성한 활동을 하게될 것이다.

실제로 홈페이지만 운영하던 기업이 SNS를 도입하게 되면 SNS의 실시간 질문을 처리하기 위하여 많은 인력과 시간이 소요되는 것이 사실이다.

상기 내용을 종합적으로 고려해 보면 SNS 시대의 마케팅 전략은 입소문 마케팅(word of mouth marketing)으로 귀결된다. SNS라는 디지털 도구를 활용하여 입소문을 잘 내고 확장시키기 위해서는 소셜 임플로이를 양성해야 하며, 이러한 소셜 임플로이는 대중이 될 수도 있고 혹은 사내 내부 직원 및 임원이 핵심 세력이 될 수도 있다. 따라서 기업의 SNS는 우선 고객의 눈높이에서 기업과 고객이 함께 커뮤니케이션이 활성화될 수 있는 형태로 만들어져야 한다. 사자를 잡기 위해서는 사자처럼 생각하여야 한다. 즉 자사의 SNS에 고객을 끌어 들이기 위해서는 고객의 눈높이에서 인터페이스를 구축하여야 한다. 영업 중심적인 글 보다는 고객의 호기심과 관심을 형성하여 자발적으로 참여를 이끌어낼 수 있도록 편하고 재미있는 글 위주로 자사의 SNS를 운영한다면 해당 회사의 SNS는 기업 측면과 고객 측면 모두에서 더욱 가치 있는 소통 도구이자 전략적 마케팅 도구로써 그 임무를 수행하게 될 것이다.

4. SNS로 세계와 소통하라

"외국에서 더 인기 있는 가수 탄생시키기"

SNS는 시장의 지리적인 범위를 '로컬'에서 '글로벌'로 쉽게 확장시킬 수 있다. SNS의 사용자들의 연령층은 다양하게 확대되어 있지만, 상대적으로 혁신성과 도전성이 강한 젊은 연령층의 구성 비율이 높게 나타난다. 해당 연령층은 타국에 대한 문화나 콘텐츠를 빠르게 이해하고 또 흡수하는 능력이 뛰어난 집단에 속하기 때문에 국내 콘텐츠가 이들에게 '재미(fun)'와 '호기심(interest)'을 자극할 수 있는 콘텐츠로 다가갈 수 있다. 이와 같이 SNS는 문화적 장벽이 낮다는 장점 또한 존재한다. 따라서 한류 열풍의 주역으로 훌륭한 엔터테인먼트 종사자도 있지만, 콘텐츠를 전 세계적으로 편견 없이 확산시킨 SNS의 도구적 역할 또한 빠뜨릴 수 없다.

한류는 ICT 강국의 파워를 확연히 대변해 주는 현상 중 하나이다. 과거에는 가수의 국외 시장 진출에 있어서 국내 시장에서의 대중성을 테스트 받은 후 국외 시장으로 활동 영역을 확장시켰다. 하지만 SNS 시대에는 국내와 국외 모두에서 동시에 마케팅 진행이 가능하다. 실제로 국내에서보다 국외에서 더 빨리 인지도가 높아져 한국에서 유명해진 가수도 종종 탄생된다.

이렇게 먼저 국외에서 먼저 인기를 얻은 가수를 살펴보면 단디레코드 소속의 가수 하리를 들 수가 있다. 하리의 '귀요미 송'은 SNS 채널을 통하여 국외에 급속도로 음악 콘텐츠가 확산되어 하리는 한국보다 외국에서 더 유명한 가수가 되었고, 국외에서 먼저 연락이 와 9개국의 국외 투어를 다녀왔다고 한다.

[외국에서 더 인기 있는 가수 탄생시키기]

(출처 : KBS2)

이렇게 국내 음악산업은 SNS를 활용하여 국제적인 마케팅을 수행하기 위한 마케팅 방법이 준비되어야 한다.

SNS를 통해서 국제적 소통을 강화하는 예를 들면 SM엔터테인먼트의 대표 가수 중 하나인 소녀시대의 페이스북 마케팅을 들 수 있다. 소녀시대는 페이스북에서 2개 국어(한글, 영어)를 활용하여 세계 각국의 팬들과 의사소통을 하고 있다. 심지어는 특정 국가를 대상으로 3개 국어를 활용하는 가수도 등장하였다.

[2개 국어로 SNS 관리 - 소녀시대]

(출처 : 소녀시대 페이스북)

이러한 SNS를 기반으로 하는 경영 전략의 변화를 바탕으로 다시 한 번 '기술력엔 국경이 없다'는 말을 실감하게 된다. SNS를 기반으로 국제적 소통을 더욱 강화하여 국제적으로 영향력을 행사하는 인기 있는 국내 가수가 많이 탄생할 수 있기를 기대한다.

5. 음악을 매개로 사람을 연결하라

"음악을 통해 연결된 우리의 만남"

많은 연예기획사 대표들과 온라인 전략기획실장들과의 인터뷰를 실시한 결과, 디지털 콘텐츠의 수익도 중요하지만 실제로는 음반과 음원

판매보다 공연 즉 콘서트로부터 오는 수익의 비중이 매우 크다고 한다. 미국 가수 레이디 가가(Lady GaGa)의 수익 비중을 살펴보면 음반 판매보다 월드 투어 공연을 통한 수익 비중이 더욱 큰 것으로 확인된다. 하지만 콘서트 유치는 경영학의 오랜 법칙 중 하나인 "HIGH RISK HIGH RETURNS(높은 위험, 높은 수익)"의 원리가 적용된다. 즉 기획사는 많은 투자로부터 발생되는 위험 부담을 감수해야 한다. 어떻게 하면 위험 부담을 더욱 줄이고 유치 성공으로 이어갈 수 있을까? 우리는 그 해답을 SNS를 통해서 찾을 수 있다.

JJS미디어의 '미로니'는 스마트 디바이스를 기반으로 하고 음악을 매개로 사람들을 연결하고 이렇게 연결된 사람들 간의 관계를 통해서 새로운 음악 소비를 창출시키는 소셜 음악 플랫폼(Social Music Platform)이다. 미로니는 SNS에 기반을 둔 독창적인 음악 서비스라고 판단된다. 사람들 간에 관계 형성은 사용자들 간의 음악 재생 리스트를 통해서 자연스럽게 형성될 수 있으며, 이를 통해 새로운 음악 소비가 창출된다.

예를 들어 청취자가 우연히 재즈 힙합 가수인 '누자베스'의 곡을 듣고 큰 감명을 받았다면, 이 청취자는 비슷한 장르의 비슷한 곡에 대한 음악 정보를 알고 싶어질 것이다.

청취자들은 더 많은 재즈 힙합 정보가 '어디에서(where) 많이 공유될까?', '누구(who)를 찾아가면 나의 음악적 궁금증이 해소될 수 있을까?' 혹은 '재즈 힙합을 즐겨 듣는 다른 사람들은 어떤 곡들을 즐겨 들을까?' 등의 다양한 재즈 힙합 관련 의문점이 생겨나게 될 것이다. 미로니는 이러한 음악적 호기심을 기준으로 동일한 관심 코드를 형성하는 사람들 간에 관계를 이어주는 SNS 플랫폼이다. 따라서 사람들은 음악을 통하여 자연스럽게 관계 형성이 발생하고 또 정보 공유를 할 수 있게 되는 것이다.

[미로니 - 음악을 통한 인간관계 형성]

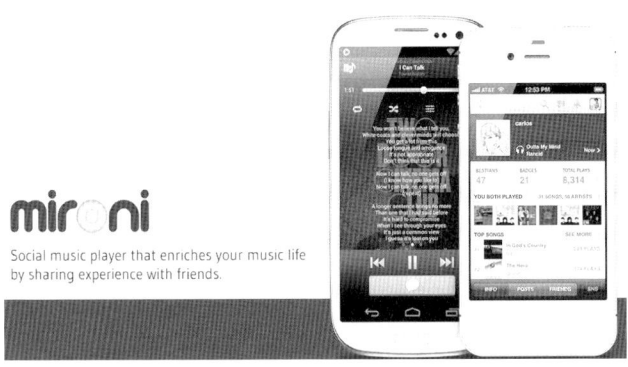

(출처 : 미로니 홈페이지)

  엔터테인먼트 기업의 콘서트 리스크 관리 측면에서 살펴보면, SNS 기반 음악 플랫폼인 미로니는 사용자들이 특정 노래를 몇 번 재생했는지 심지어 어떤 사용자들이 어떤 노래를 즐겨 듣는지에 대한 정보를 음악 제작사에게 제공해 줄 수 있다. 오프라인과 달리 SNS 세상에서의 우리의 모든 행동은 데이터로 축적되어 진다. 따라서 기업은 개인의 행동이 모여 만들어진 다수의 행동 데이터를 분석하여 특정 곡에 대한 소비자의 반응이나 구매 패턴을 이해할 수 있게 된다. 즉 SNS 기반 음악 플랫폼을 통하여 시장조사 및 분석이 가능하다는 것이다. 이러한 분석도 빅 데이터 분석의 한 형태이다.

  상기 내용을 종합하면 미로니(소셜 음악 플랫폼)는 엔터테인먼트 기업에게 "SNS 반응(재생 횟수) 분석 → 콘서트 유치"라는 분석 매커니즘을 통하여 콘서트 유치에 대한 위험 부담을 줄이고 합리적인 의사결정을 도출시켜 준다는 점에서 그 가치가 발휘된다고 볼 수 있다.

  국내 음악산업에서 미로니와 같은 혁신 음악 비즈니스 모델들이 다각도로 창출되어 국내 음악 제작업체들이 국내뿐 아니라 국외 소비자의 패턴 또한 분석이 가능하게 되어 전 세계 한류에 대한 소비자 니즈(needs)를 보다 과학적이고 정확하게 충족시켜 줄 수 있기를 기대한다.

6. SNS를 통해 사연 받아 곡 제작하기

"당신의 사연을 노래로 만들어 드립니다."

나의 SNS 사연이 노래로 만들어진다면 여러분은 어떤 기분이 들겠는가? 재미, 신기함, 놀라움 등 다양한 감정이 생겨날 것이다. 그뿐만 아니라 이를 자부심(pride)과 함께 친구들에게 자랑도 하고 싶어질 것이다. 이러한 과정을 통해 사연을 제작하고 노래하는 밴드는 자연스럽게 홍보가 될 것이고 밴드 역시 대중이 원하는 음악 콘텐츠의 방향을 SNS를 통해서 손쉽게 알아차릴 수 있어 이는 서비스 제공자와 수여자 간의 상생(win-win) 전략으로 파악된다. 국내에도 SNS를 통해 사연을 받아 작사부터 작곡까지 네티즌과 함께 공동 작업하는 밴드가 존재한다. 밴드의 이름은 '요즘(Yozm)밴드'이다. 요즘밴드는 SNS를 활용하여 양방향 커뮤니케이션을 통하여 음악을 창작한다. 따라서 요즘밴드는 SNS의 특징을 활용한 소셜(social) 밴드라고 부를 수 있다. 자신들의 곡을 작사 및 작곡하는 과정에서도 미완성인 곡을 다음 쪽의 그림과 같이 SNS에 업로드하여 네티즌들에게 공개한 후, 네트즌들의 반응을 고려하여 현재 제작 중인 곡을 다시 수정하고 보완한다. 이를 경영학적으로 '집단 지성(collective intellingence)' 또는 '공생적 자생(symbiotic intelligence)'이라고 한다.

[소셜 밴드 요즘밴드 미완성 유출 음원 공개! (제목:반지)]

 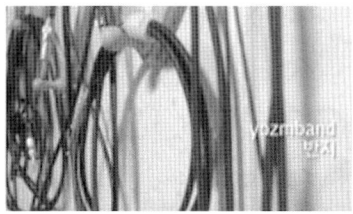

이 밴드는 '반지'와 '버스정류장' 두 곡을 만든 다음 '유튜브'와 '다음 티비 팟'과 같은 OTT 채널을 이용해서 곡을 유통하고 홍보한다. 두 곡은 공개된 후 약 5,000여 건이 넘는 조회 수를 기록하였다. 그리고 세 번째 프로젝트로 아래 그림과 같이 "스무살"이란 곡명을 공개한 후 해당 곡의 작사를 위하여 네티즌들의 사연을 모집하고 있다. 아래 그림과 같이 요즘밴드에 사연을 보내는 것은 매우 간단하다. 페이스북, 트위터뿐만 아니라 다음(Daum)의 SNS인 요즘을 통해서도 사연을 보낼 수 있다.

[SNS 사연으로 음악 제작 - 요즘밴드]

(출처 : 통통뉴스)

SNS를 통해서 음악을 제작하는 것은 이렇게 SNS 상의 일반 네티즌을 통해서 그들의 요구 사항을 바탕으로 음악을 창작하는 방법도 있지만, SNS 상의 준전문가급 이상의 네티즌들이 공동으로 음악을 창작하는 방식 또한 SNS 시대에 새롭게 부상하고 있다. 일부는 이러한 창작 방식을 클라우드 창작 방식이라고 부르기도 한다. 그 이유는 SNS가 공유 플랫폼의 역할을 하여 마치 구름처럼 인터넷상에 떠다니는 음악 전문가들을 연결하고 새로운 곡의 창작을 끌어내기 때문이다.

05
음악산업에서 SNS를 통한 가수와 팬 사이의 신뢰 형성 방법

"無信不立, 믿음이 없다면 이룰 수 없다."

공자는 무신불립(無信不立)이라고 하여 믿음이 없다면 그 어느 것도 이룰 수 없다고 하였다. 즉 공자는 어떤 일을 수행에 있어 믿음, 달리 말해 신뢰의 형성이 어떤 일의 성공 여부에 가장 중요한 결정 요인으로 판단한 것이다.

SNS 상에는 무수히 많은 불특정 대중들이 존재한다. "어떻게 하면 SNS 상에 존재하는 대중들로부터 신뢰받는 음악 제작 기업 및 가수가 될 수 있을까?" 본 장에서는 SNS를 통하여 가수와 팬 사이에 신뢰 형성 방법에 대하여 알아보도록 하자.

SNS를 통하여 음악 기업이 신뢰를 형성하기 위해서는 1) 음악적 전문성(Expertise trust), 2) 고객의 가치와 기업의 가치 일치(Integrity trust), 3) 사회적 웰빙 만들기(Social benevolence trust), 이 세 가지를 모두 밸런스 있게 충족시킬 수 있어야 한다. SNS 상에서의 신뢰 형성은 매우 복합적인 측면을 가지고 있다고 판단된다. 그러나 한번 잘 다져진 신뢰는 기업의 지속 가능한 발전을 위해서 좋은 토대(foundation)가 될 수 있다.

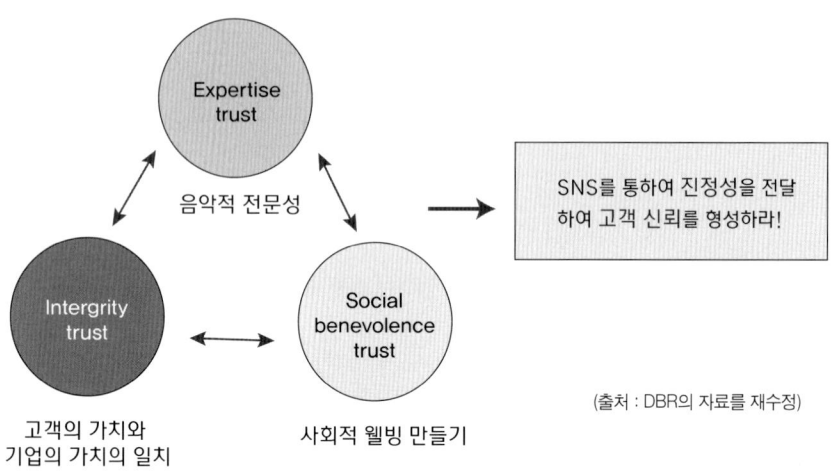

1. 음악적 전문성(Expertise trust)

　음악산업에서 SNS를 통하여 가수(기획사)와 팬 사이에 신뢰를 형성하기 위한 고려사항을 살펴보면 첫 번째로 자사 SNS 커뮤니티의 음악적 전문성(expertise trust)을 들 수 있다. 이는 자사의 SNS 커뮤니티에서 활용하는 음악 전문가가 있어야 함을 의미한다. 즉 음악 베테랑이 자사의 SNS 상에서 팬들과 활발히 상호작용해야 한다는 것이다. 기업 소속 음악 전문가가 일반인들이 모르는 음악적 전문 지식을 SNS 상에 공유(sharing)함으로써 소비자 집단에서 해결할 수 없었던 음악적 의문점을 해소해 주는 것은 회사 이미지에 매우 긍정적인 영향을 제공해 준다. 팬들의 신뢰를 형성하려면 팬들의 궁금증을 속 시원하게 해결해줄 수 있는 믿을 수 있는 음악 전문가가 필요한 이유도 이와 같은 맥락이다. "전문성을 바탕으로 한 정보"는 SNS 사용자들이 엔터테인먼트 기업의

SNS에 접속한 시간에 대한 보상이며, 또 다른 관점에서는 고객들의 앎에 대한 본원적인 욕구를 충족시켜 줄 수 있다는 측면에서 해당 기업은 팬들과의 신뢰 관계를 형성시킬 수 있다. 그뿐만 아니라 전문성 있는 정보는 사용자들이 타인에게 자신의 지식을 뽐낼 수 있는 좋은 무기이기도 하다. 고객은 이러한 고급 정보를 자신의 지인들에게 알리고 뽐내기 위해 자신의 SNS에 엔터테인먼트 기업에서 얻은 정보를 2차로 퍼트리게 된다. 이러한 과정을 통해 자사의 SNS의 홍보와 고객에게 신뢰를 만들어 주는 일거양득의 효과를 거둘 수 있게 된다.

2. 고객의 가치와 기업의 가치 일치(Integrity trust)

SNS를 통해서 고객의 만족을 극대화하기 위해서는 고객의 만족을 넘어 고객이 추구하는 가치(value)가 무엇인지 파악하고 이를 관리할 수 있어야 한다. 즉 기업은 고객의 가치와 기업이 추구하는 가치를 일치시키는 노력을 해야 한다. 그 이유는 기업 입장에서 고객과 가치의 동조화를 이루어야지만 일차적으로 고객의 '마음'을 얻을 수 있고, 나아가 '신뢰' 또한 형성 가능하기 때문이다. 따라서 고객의 가치와 기업의 가치를 일치시키기 위해서는 우선 고객의 마음을 얻는 것이 일차적인 선행 과제이다. 고객의 마음을 얻기 위해서는 고객에게 해당기업의 '진정성'을 보여주어야 한다. 이러한 진정성을 보여주는 가장 좋은 방법은 자사가 고객의 말을 얼마나 귀담아듣고 있는지를 보여줄 뿐만 아니라 이에 대한 대처 행동이 타 업체와는 다른 차별성을 띠게 하는 것이다. 예를 들면 "이 엔터테인먼트 기업은 다른 회사와 다르게 우리를 특별하게 대우해 주네."라는 느낌이 들게 해주는 것이다.

이러한 과정을 제공해 줄 수 있는 소통 도구로 SNS는 매우 적합하다. SNS를 활용하여 고객과 능동적으로 쌍방향 소통 체제를 구축하고 기업의 가치와 고객의 가치를 일치시킴으로써 비로소 고객의 마음과 신뢰를 얻을 수 있게 되는 것이다. 따라서 SNS 시대 기업들은 기업의 지속적인 발전을 위하여 '고객 가치 기반 경영'을 중심으로 기존에 없었던 새로운 시너지(synergy)를 창출할 수 있어야 한다.

3. 사회적 웰빙 만들기(Social benevolence trust)

웰빙(Well-being)이란 단어는 원래 복지나 행복의 정도를 나타내는 단어이나 현재에 와서는 생활 방식적 접근에서 '잘 먹고 잘살기'라는 매우 개인적인 어감을 나타낸다. 하지만 SNS에서 음악 기업이 고객들에게 신뢰를 얻기 위해서는 웰빙의 원래 개념인 '사회적 웰빙'을 만들어 낼 수 있어야 한다.

사회적 웰빙 만들기(Social benevolence trust)는 소비자가 음악 기업이 사회의 복지(welfare)의 향상에 이바지할 것이라는 믿음이다. 즉 음악 기업이 자사의 수익을 창출하면서 혁신적인 콘텐츠를 계속해서 창출하여 국내 음악산업의 경쟁력 향상에 기여할 뿐만 아니라 최종적으로 음악을 듣는 소비자의 삶과 나아가 지역 공동체의 질적 수준을 더욱 향상시켜 줄 수 있을 때 팬들은 해당 음악 기업에 대하여 신뢰가 구축된다는 것이다. 그러므로 음악 기업은 자사가 사회적 기업으로서 활동하는 모습들을 SNS를 통해서 팬들에게 알려야 한다. 이렇게 기업의 사회적 책임(CSR, Corporate Social Responsibility) 활동에 대한 노력은 고객으로 하여금 '착한 기업'으로의 이미지를 구축하게 도와주며 최종적으로 해당 기업의 SNS까지도 신뢰성 있는 정보 채널로서 소비자들이 인식하게 만들어 준다.

이렇게 세 가지 분류의 실천으로부터 탄생된 신뢰는 '특별한 진정성(exceptional authenticity)'이란 요소로 발전할 수 있다. SNS에서의 신뢰 관리는 기업 측면에서 힘든 부분이 다양하게 존재하지만, 이를 잘 활용하면 소비자들의 두터운 충성도를 형성하여 지속 가능한 경영과 경쟁 우위를 확보하게 하는 좋은 전략이라 판단된다.

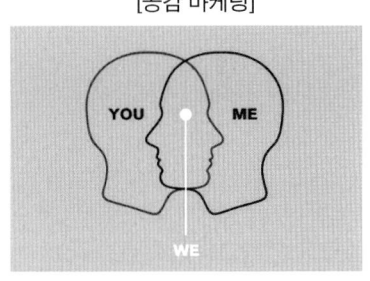

[공감 마케팅]

SNS장의 모든 내용을 종합적으로 고려해 보았을 때, 국내 음악 기업은 SNS를 이용하여 국제적 수준의 공감 마케팅을 펼쳐야 한다고 볼 수 있다. 음악산업에서 SNS를 마케팅을 성공시키기 위해서는 반드시 사용자 경험 속에 반드시 '공감(sympathy)'을 이라는 요소를 자사의 SNS에 녹일 수 있어야 한다. 여기서 음악 제작업체의 역할은 대중들이 놀 수 있는 놀이터(pan)을 깔아주고 그들의 눈높이에서 함께 잘 어울려 놀 줄 알아야 비로소 고객들로 하여금 공감을 이끌어 낼 수 있다. 즉, 가수의 팬들을 주요 타겟으로 그들의 소통 흐름을 서포트 해 줌으로써 소속 가수에 대한 긍정적인 스토리를 자연스럽게 형성될 수 있게 도와주어야 한다는 것이다.

국내 엔터테인먼트 기업이 SNS와 같은 쌍방향 소통매체를 통하여 일차적으로는 가수와 팬들 간에 더욱 밀접한 관계를 형성하고 이를 통해 더욱 대중이 공감할 수 있는 음악 콘텐츠의 제작 역량 강화뿐만 아니라 나아가서는 사회적인 가려움까지 긁어 줄 수 있는 사회적 기업으로 진화할 수 있기를 기원한다.

전문가 인터뷰 1

이름 : 김 인 호
직업 : 할리우드 XIX Entertainment / 아티스트 자산관리사/연예기획사/쇼 콘텐츠 제작사 부사장
대표 쇼 프로덕션 : American Idol, So you think you can dance?, Q' viva, etc.
XIX 대표스타 : David Beckham, Jennifer Lopez, Lewis Hamilton, Andy Murray, Steven Tyler, Carry Underwood, etc.

Q1. (가수, 음원, 소속 스타) 홍보 마케팅 시 SNS를 활용하는 이유가 무엇입니까?

단기간 내에 빠른 속도로 더 많은 사람에게 상품을 전달하기 위하여 이제는 SNS를 활용할 수밖에 없는 시대가 왔습니다. 그것은 고객과 가장 가까운 소통 방식이고 파급 효과가 그만큼 크기 때문에 사람들에게 일확천금의 꿈을 가능하게 합니다. 많은 양의 정보, 이야기, 메시지 등을 전 세계라는 큰 시장을 겨냥해 전파할 수 있어서 SNS 홍보는 편리하고 효율적입니다. 그리고 큰 파급 효과에 비해 저렴한 비용 역시 SNS가 매력적인 이유입니다.

Q2. 실제로 홍보 마케팅 시 SNS의 비중이 높은가요?

SNS 홍보는 어느덧 기본적인 마케팅 전략이 되었고 이제는 얼마나 더 자극적으로 또는 얼마나 더 기발하게 SNS를 이용하는가의 경쟁으로 발전되었습니다. 현재 미국 가수들의 홍보 활동 비중은 대부분 50:50입니다. SNS는 돈을 쓰는 홍보 방식이고 나머지 활동은 돈을 벌면서 홍보하는 체제입니다.

Q3. SNS 발전의 전, 후의 마케팅의 차이점은 무엇입니까?

SNS가 활성화되기 이전에 마케팅은 관람 형식에 입각된 마케팅 또는 정형화된 마케팅이었다면 오늘날의 SNS를 포함한 마케팅은 (소비자와) 소통의 마케팅입니다. 한마디로 기존에는 매체를 통해 기약하고 준비해서 준비된 마케팅을 했다면 이제는 SNS를 통해 지속적으로 또 능동적으로 시장에서 원하는 것을 선보여야 하는 차이점이 존재합니다.

Q4. SNS 마케팅의 장점과 단점은 무엇인가요?

SNS 마케팅의 장점은 상기 1번의 이유와 같고, 단점 또한 매우 흥미로운 부분입니다. ICT(정보통신기술)가 너무 발달한 이 시장은 그만큼 민감하게 반응하기 때문에 작은 실수나 비호감적인 것 역시 빠른 속도로 많은 사람에게 강하게 전달됩니다. 급격하게 바뀌는 세상과 콘텐츠에 대해 더욱 빨리 식상함을 느끼는 소비자들에게 더 흥미롭고 더 재미있는 무언가를 선사하지 않으면 그만큼 빨리 시장에서 없어질 수 있으므로 SNS 마케팅은 한 번 시작하면 끊임없이 노력하고 투자를 해야 하며, 완벽하게 준비되지 않으면 시작하지 않는 것보다 못하다고 봅니다.

Q5. SNS 마케팅을 위한 제작물(teaser trailer 영상 및 홍보물) **활용방법 또는 활용 사례는 무엇이며, 이를 통해서 소비자에게 어떤 정보를 얻을 수 있는가요?**

이제는 SNS 마케팅은 더 이상 홍보를 위한 도구(tool)만이 아닙니다. SNS를 통해서 만들어지는 Database는 소중한 자산이 되고 미래를 예측할 수 있는 공식에 사용되어 집니다. 예컨대, SNS를 통해 제작물을 홍보한다고 가정한다면, 게재 후 얼마의 기간 동안 몇 사람이 제작물을 봤고 그중 몇 퍼센트(%)의 사람들이 좋아했고 싫어했으며, 제작물을 전달, 다운로드, 또는 기타 활동에 사용되었는지가 기록되어 집니다. 그밖에 많은 관련 정보 역시 찾을 수 있습니다. 이와 같이 SNS를 통해 도출된 Database가 여러 제작물에 이용되고, 그 결과들을 통해 무제한 정보 시장 속에서 많은 결정을 할 수 있도록 뚜렷한 기준을 만들어 줍니다. 그러므로 SNS는 더욱 현명하고 미래 지향적인 선택을 할 수 있도록 도와주는 중요한 정보를 계속해서 제공해 준다고 할 수 있습니다. 이러한 SNS 'Data mining'을 통해 만들어지는 정보의 보관, 관리, 그리고 분석을 전문적으로 수행하여 결과물을 상업화하는 업체가 차세대 유망주라고 볼 수 있습니다.

전문가 인터뷰 2

이름 : 이현국
직업 : 티켓몬스터, 티몬플러스실 과장
경력 : ㈜트리플하이엠 광고 담당자
학력 : 한양대학교 글로벌 MBA 졸업

"인터넷 비즈니스에서 모바일과 SNS의 연계는 음악·공연산업의 새로운 문화를 형성합니다. 그리고 이는 곧 창조경제 파급 효과로 이어지고 있습니다."

본질적으로 소셜 커머스와 기존의 e-commerce와의 차이점은 SNS의 연계성입니다. SNS의 등장은 기존 온라인 쇼핑의 판도를 바꿔 놓았습니다. 기존에는 이베이, 옥션, G마켓, 인터파크의 구도로 온라인 쇼핑은 성숙시장에 접어들게 되었습니다. 이는 산업의 수명주기로 볼 때 첫 번째 진입이 어렵고, 신규 가입자 유치가 어려운 상황이라 할 수 있습니다.

하지만 소셜 커머스는 기존 e-commerce 기업들의 진입 장벽을 뚫고 소셜 커머스만의 새로운 인터넷 쇼핑 문화를 형성하였습니다. 이는 인터넷 쇼핑 분야에서 매우 이례적인 일이라 할 수 있습니다.

이렇게 소셜 커머스에게 기존 경쟁자들과 당당히 경쟁을 할 수 있었던 것은 특히, '모바일을 이용한 SNS 서비스 강화'였습니다. 2014년 기준으로 모바일 평균 방문자 수를 비교해 보면 기존 오픈 마켓인 G마켓,

옥션, 11번가, GS shop은 월 300만 명인 반면에 소셜 커머스 3사의 월 평균 방문자는 2배가 넘는 700만 명으로 집계되었습니다.

따라서 모바일과 SNS를 활용한 온라인 비즈니스 모델은 창조경제시대에 콘텐츠 홍보에 매우 효과적이라 할 수 있습니다.

이렇게 SNS를 강화한 인터넷 비즈니스 모델이 음악·공연산업에는 어떤 영향으로 나타날까요? 모바일을 이용한 SNS 서비스 강화 및 위치기반 서비스는 사용자 주변에 잇는 음악 및 공연 서비스를 추천하게 됩니다. 이는 소비자에게 공연 문화의 접근성이 더욱더 쉽고 친숙해 짐에 따라 경제적인 면에서는 문화산업의 활성화를, 기업 측면에서는 수익 극대화의 기회가 되고 있습니다.

실제로 "티몬에서 '라디오 스타'를 구입하면 반값" 이와 같이 SNS와 티몬 페이스북 페이지와 포털사이트에 광고를 한 결과 SNS의 홍보 효과를 톡톡히 보며 상당한 매출을 올렸습니다. 최고 매출로 2,200장 판매됐으며, 3회 만에 총 5,000장의 티켓이 판매가 되었습니다.

[티몬 콘서트 홍보 사례 ①]   [티몬 콘서트 홍보 사례 ②]

공연 후에는 SNS 댓글을 통해서 고객들의 반응을 공유함으로써 자연

스럽게 SNS 홍보뿐만 아니라 고객들의 니즈를 파악할 수 있습니다. 이러한 고객의 반응은 곧 매출에 직접적인 영향으로 나타나게 됩니다. 예를 들어 콘서트 후기에 좋은 댓글 및 '좋아요'가 많이 눌러지기 시작하면 매출이 굉장히 빠른 속도로 2~3배 오르고 매진이 됩니다.

반면에 부정적인 댓글들이 달리기 시작하면 그때부터는 매출이 점점 줄어들기 시작하면서 불평이 들어오기 시작하고, 결국 해지가 되는 경우도 발생합니다. 그러므로 기업 입장에서는 SNS에서의 고객들의 '반응'이 매우 중요하다는 점을 인지하고 SNS 이벤트를 주기적으로 진행하여 관리를 하기도 합니다.

SNS를 활용한 소셜 커머스에 대한 대중화와 영향력이 확산됨으로써 티켓몬스터 자체 SNS에 노출이 되면 그 자체로써 광고 효과를 기대할 수 있습니다. 현재 티몬의 회원 수는 1,500만 명이고, 티몬 페이스북 회원은 33만 명입니다. 따라서 회원들끼리 SNS를 통하여 음악 관련 콘서트를 추천하고 공유할 기회가 매우 높다고 할 수 있습니다. 티몬 내부에서도 제작비 및 홍보 예산이 부족한 신인 가수들이나 인디 밴드들, 그리고 중소형 콘서트들이 매우 반기고 있는 추세입니다.

앞서 말한 이야기들을 정리해 보면, 소셜 커머스에서의 SNS를 통한 음악 및 공연 콘서트 홍보 및 프로모션은 강한 파급 효과를 가지고 있으며 계속적인 SNS 활용 마케팅은 음악, 공연산업에 새로운 문화를 창조하는 창조경제에 큰 이바지를 할 것이라 생각합니다.

,, 04

진격의 OTT (Over the Top)
-방송의 영역이 인터넷으로 스며들다-

보고 듣는 음악 시대

언제 어디서나   15초의 시간

콘텐츠 어그리게이터   콘텐츠 신디케이터

코드커팅 코드세이빙 데이터 폭증

망 중립성 문제 (ICT와 음악산업의 공생 문제)

홀로그램 영상

"미국에서 발매도 하지 않았는데⋯ K-Pop이 '올해의 음악 순위' 진입"

2011년 7월 국내 여성 가수 현아의 신곡 '버블팝'이 세계적인 미국의 음악 전문지 《스핀(Spin)》이 뽑은 "2011 올해의 음악(SPIN's 20 Best Songs of 2011)"에 선정되었다. 현아는 1위를 차지한 Adele 'Rolling in the Deep', 2위를 차지한 Beyonce 'Countdown'와 같은 카테고리에 속했으며 국내에서 일렉트릭 팝 뮤지션으로 유명한 미국의 LMFAO 'Party Rock Anthem'가 11위를 차지한 것보다 두 계단이나 높은 순위에 있어 외국에서 현아의 인기를 다시 한 번 실감할 수 있었다. 여기에 재미있는 사실은 당시 현아는 미국에서 음반도 발매하지 않았는데 미국에서 유명해지고 세계적 영향력 있는 음악 전문지에 선정되었다는 점이다.

여기서 우리는 "이렇게 국외에서 물리적으로 음반도 발매하지 않은 국내 가수가 어떻게 국외에 알려졌으며, 나아가 영향력 있는 음악 전문지에 어떻게 선정되었을까?" 하는 의문점이 들 수 있다. 여기에 대한 답을 알아내기 위해서는 기본적으로 '국외 팬들이 어떻게 현아의 신곡을 접하게 되었는가?'에 대한 질문에 답할 수 있어야 한다. 현아는 세계 최대 인터넷 방송국인 유튜브에 신곡 그 당시 "Bubble Pop"의 뮤직비디오를 업로드하였고, 이렇게 업로드한 뮤직비디오는 국경을 뛰어넘어 약 3,000만 회가 넘는 동영상 재생 횟수를 기록하였다. 이렇게 유튜브 팬들의 지속적인 관심(attention)이 미국에서 음반을 미발매한 국내 가수를 "올해의 음악" 차트에 오를 수 있게까지 큰 영향을 미친 것이다.

유튜브는 범용 인터넷(public internet)을 통해 각종 동영상 콘텐츠를 제공하는 서비스를 지칭하는 OTT(Over The Top)를 활용한 비즈니스 모델이다. 따라서 K-Pop의 확산에 있어 현아의 사례와 같이 OTT의 활용은 국제적으로 K-Pop을 알릴 수 있는 좋은 비즈니스 도구(tool)의 역할을 수행할 수 있다. 이번 장에서는 이렇게 K-Pop 활성화의 촉매제 역할을 수행할 수 있는 OTT의 등장 배경, 음악산업에서 지상파 대비 OTT의 장점, 음악산업에서 OTT 활용 사례, 향후 음악 콘텐츠의 원활한 유통을 위한 통신 생태계와 콘텐츠 생태계에 어떤 해결 과제가 남아 있는지를 살펴보고자 한다.

01
언제, 어디서나 보고 듣는 음악 시대

음악 콘텐츠의 소비 패턴 변화

　정보통신기술(ICT: Information & Communication Technology)의 진화로 인하여 음악산업은 이제 '듣는 시대'로부터 '보고 듣는 시대'로 패러다임이 변화하였다. 이렇게 음악산업이 보고 듣는 패러다임으로 바뀔 수 있었던 이유로 첫째, 콘텐츠를 실어 나를 수 있는 네트워크 품질 및 성능의 향상, 둘째, 콘텐츠를 손바닥 안에서 볼 수 있게 해주는 스마트폰이라 불리는 개인적 네트워크 기기의 발전을 들 수 있다. 기존의 정보통신기술력으로는 구현하기 어려웠던 전송 속도 및 전송 품질이 더욱 향상되어 이제는 음악산업에서 생산되는 대용량의 초고화질의 콘텐츠들이 실시간으로 전송 가능해졌고 우리는 스마트폰과 태블릿 PC 등을 통해서 언제 어디서나 통신사가 제공하는 무선 통신 네트워크를 통해서 음악 콘텐츠를 소비할 수 있게 되었다.

1. 개별적인 음악 콘텐츠 소비

　정보통신의 발전은 실제로 우리의 가정에서 콘텐츠 소비 패턴이 어떻게 변화하였는지를 살펴보면 한눈에 알 수 있다. 다음 쪽 그림과 같이 1950년대 우리는 흑백 TV 앞에서 모든 가족 구성원들이 모여 하나의 TV를 보았다. 이 당시 만약 내가 '가요 톱 10'을 보고 싶어도 부모님께서 '전국 노래자랑'을 보고 계신다면 나는 '가요 톱 10'의 시청을 포기하여야 했다.

하지만 2016년의 가정을 살펴보자. 아래 그림과 같이 가족 구성원 모두가 모여 동시에 콘텐츠를 볼 수 있는 공용 TV가 거실에 존재하지만 개개인은 자신의 스마트기기를 통하여 개별적으로 자신이 원하는 콘텐츠를 소비할 수 있게 변화하였다.

[대중매체의 변화 양상]

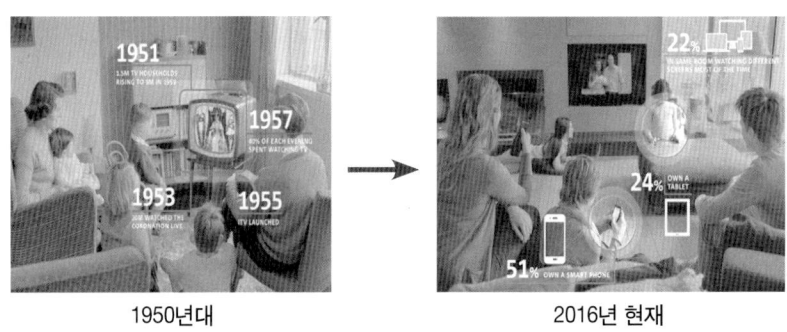

1950년대　　　　　　　　　2016년 현재

(출처 : Office of Communication, UK, 2014)

가정뿐 아니라 가정 밖에서도 이러한 콘텐츠 소비 변화가 이어진다. 우리는 버스나 지하철 안에서 책과 신문을 읽는사람들이 점점 보기 어려워졌으며 스마트폰을 통해 다양한 콘텐츠들을 소비하는 사람들이 더욱 자주 보게 되었다. 즉 콘텐츠를 소비하는 매체가 TV에서 스마트폰으로 패러다임 변화가 발생한 것이다.

2. 지상파의 '본방 사수'는 Old School 지금은 '다시보기'에서 '몰아보기'로

1981년 처음 방송되어 90년대까지 방송되었던 생방송 '가요 톱 10'은 지상파에서 음악 순위를 결정해 주는 최초의 매체였다. 그러므로 가수와 팬들에게 모두 '가요 톱 10'은 큰 영향력을 행사할 수 있는 위치에 있었다. 해당 프로그램에서 발표되는 순위는 곧 내가 좋아하는 가수에 대한 평가이기 때문에 팬들의 주요 관심사 또한 아닐 수 없다. 따로 비디오 테이프로 녹화하지 않고서는 다시 이 영상을 볼 수 없었으므로 대중음악을 좋아하는 대부분의 음악 애호가들은 이 프로그램의 시간에 자신의 시간을 맞추어야 하였다.

2016년 현재의 우리는 참 바쁘다. 일도 해야 하고 공부해야 하고, 사람도 만나야 할 뿐만 아니라 몸매 관리를 위하여 바쁜 시간을 쪼개어 운동도 해야 한다. 사실 여전히 지상파 방송국이 정해 주는 프로그램의 시간에 맞추어 생방송의 그 짜릿함으로 경험하고 싶은 욕구가 존재하지만, 현실적으로는 그렇게 할 수 없는 다양한 이유가 계속해서 발생된

[음악 콘텐츠 소비 패러다임 변화]

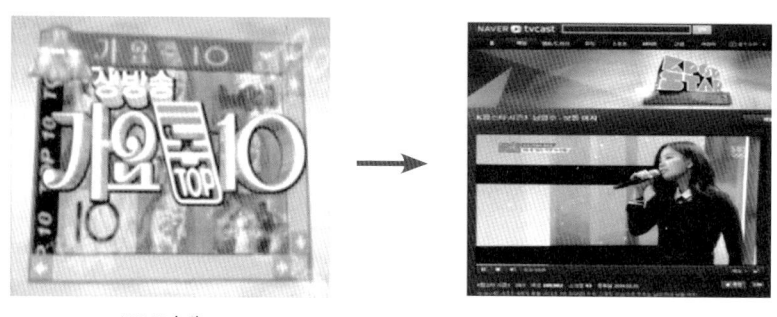

1990년대　　　　　　　　　　　2016년 현재

다. 이것이 우리의 현실이다. 이와 같은 현실과 함께 점점 더 '본방 사수'라는 용어가 사라지고 시청자가 아무 때나 콘텐츠를 선택하고 소비할 수 있는 '주문형 비디오(VOD, Video On Demand) 혹은 주문형 방송 서비스'라는 용어가 확산되었다. 이는 정보통신의 발전으로 인하여 시청자가 원하는 시간에 자신이 원하는 프로그램 혹은 개별 음원 관련 영상을 볼 수 있게 되었기 때문이다.

이렇게 우리는 인터넷과 연결 기능이 존재하는 다양한 기기를 통해서 기존의 방송 시간표에 의존하지 않게 되었으며, 인터넷 접속을 통하여 시청자가 보고 싶은 콘텐츠를 자신이 원하는 시간에 선택하여 시청할 수 있는 이른바 '맞춤 영상정보 서비스(VOD, Video on Demand)' 시대를 향유하고 있다. 이러한 개인 맞춤형 영상정보 서비스의 등장과 함께 시청자들의 영상 시청에 대한 요구 사항이 더욱 세분화되었다.

과거 TV 중심의 음악 방송은 본방 사수였지만, 현재는 TV 중심이 아닌 사용자의 선택에 따른 시청이 핵심이며 '다시보기'에 '이어 몰아보기', 이동 중 끊김 없는 실시간 스트리밍, 하나의 콘텐츠를 TV, 스마트폰, 태블릿 PC 등의 다양한 기기를 통해 통합해서 소비하는 개념인 N-Screen convergence(멀티스크린) 등의 용어가 빈번하게 사용되게 되었다.

상기 내용을 종합적으로 고려해 보았을 때 이 시대 모바일 콘텐츠 소비의 본질은 언제, 어디서나 이용 가능한 '개인화된 서비스'에 있다고 말할 수 있다. 이렇게 인터넷에 연결하여 우리에게 음악 동영상 콘텐츠를 소비할 수 있게 해주는 서비스를 OTT(Over-The-Top) 서비스라 한다. 다음 장에서는 방송의 영역을 인터넷으로 전환시킨 주역인 OTT의 개념, 지상파와 OTT의 차이, 음악산업에 있어서 OTT 활용 전략에 대해서 알아보도록 하자.

02
오티티(OTT, Over The Top)란?
인터넷만 접속된다면 언제든지, 어디서나 'Beyond TV'

OTT(Over the Top)란 용어는 디지털 위성방송 콘텐츠를 가정에서 보기 위하여 텔레비전 위에 셋톱박스(Set Top Box)를 놓고 이 상자를 통해 콘텐츠를 수신하는 의미에서 출발한다. 예를 들면 SONY의 가정용 게임기인 플레이 스테인션(playstation)으로 유튜브에 접속하여 소녀시대의 신곡 뮤직비디오를 본다면 이것 역시 OTT를 사용한 음악 콘텐츠 소비 활동이라고 볼 수 있다.

최근들어 OTT는 셋톱박스의 유무와 상관없이 범용 인터넷(open internet)을 바탕으로 동영상, 음악, TV 프로그램 등의 콘텐츠를 제공하는 유통 채널로 그 개념이 더욱 확대되었다. 따라서 OTT는 음악 방송을 기존의 지상파, 즉 전파 중심에서 인터넷 영역으로 끌어들이는 일등 공신이라고 할 수 있다. OTT에 대한 개념도와 함께 설명하자면 OTT는 다음쪽 그림으로 나타날 수 있다.

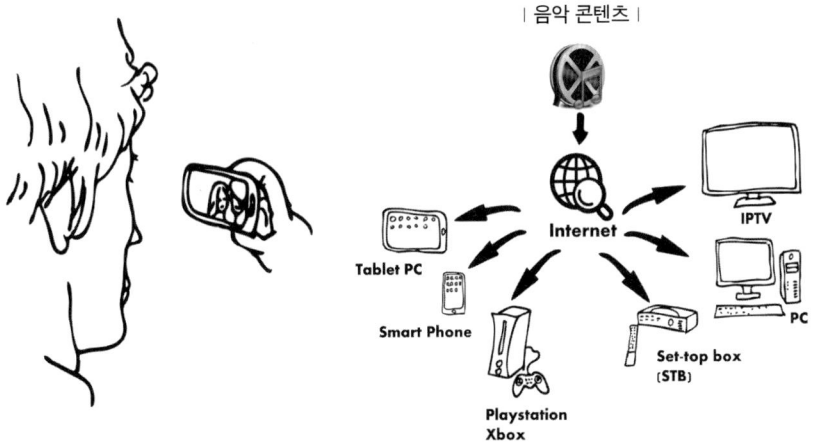

[OTT 개념도]

 사실, 사회적으로 OTT에 대한 중요성과 관심이 증가하지만 아직까지도 OTT의 범위를 어디까지 두어야 할지? OTT와 IPTV는 다른 매체로 봐야 하는가? 등 OTT의 정의와 범위에 대하여 다양한 주장들이 제기되고 있다. 따라서 학계에서 OTT에 대해서 어떻게 정의하는지를 알아보기 위해 문헌연구를 실시하였다.

 OTT는 일반적으로 범용 인터넷(public internet)을 통해 각종 동영상 콘텐츠를 제공하는 서비스를 의미하며(서기만, 2011·박민성, 2011) 넓게는 VoIP(인터넷 전화), 모바일 메신저, 클라우드 컴퓨팅 등의 서비스를 포괄하는 개념으로 사용되고 있으며, 좁은 의미로 방송미디어 영역에 국한에서는 영상 콘텐츠를 시청하는 서비스를 의미한다고 하였다. 또한, 조영신(2011)은 초기에는 일종의 셋탑박스(Set Top Box)와 같은 별도의 단말기를 요구했기 때문에 OTT를 단말기 개념으로 이해했지만, 점차 단말기에 의존하지 않는 독립적인 형태의 서비스가 등장하면서 케이블 등 기존 유료 방송 외에 동영상 등을 제공하는 일체의 서비스를 일컫는 용어로 정의하였다. 앞에서 언급한 OTT의 정의와 추가적인 OTT의 개념을 아래 표와 같이 정리하였다.

[OTT의 다양한 정의]

연구자	정의
서기만 (2011)	OTT(Over-The-Top)는 일반적으로 범용 인터넷(public internet)을 통해 각종 동영상 콘텐츠를 제공하는 서비스를 의미
이기훈 (2012)	OTT는 유무선 범용 인터넷망을 통해 각종 콘텐츠 및 서비스를 제공하는 것이라고 할 수 있다. 넓게는 VoIP(인터넷 전화), 모바일 메신저, 클라우드 컴퓨팅 등의 서비스를 포괄하는 개념으로 사용되고 있으며, 좁은 의미로 방송미디어 영역에 국한에서는 영상 콘텐츠를 시청하는 서비스를 의미
박민성 (2011)	범용 인터넷망(public internet)을 통해 영상 콘텐츠를 제공하는 서비스를 의미
조영신 (2011)	일반적으로 OTT 서비스는 유료 방송 시장이 아닌 인터넷망 등을 통해서 동영상 등을 제공하는 서비스를 일컫는 용어지만 학술적으로 개념이 규정된 바는 없음 초기에는 일종의 셋탑 박스(STB)와 같은 별도의 단말기를 요구했기 때문에 OTT를 단말기 개념으로 이해했지만, 점차 단말기에 의존하지 않는 독립적인 형태의 서비스가 등장하면서 케이블 등 기존 유료 방송 외에 동영상 등을 제공하는 일체의 서비스를 일컫는 용어로 사용되고 있음 온라인 동영상 서비스와 유사한 개념으로 사용되기도 했지만, 최근에는 통신망 등을 통해서 동영상을 제공하는 것이 가능해 지면서 유선망에 의존하는 온라인 동영상과 동일 개념으로 사용하지는 않고 있음

(출처 : 각 OTT 연구자의 논문에서 추출)

상기 다양한 정의들을 종합해 보면 OTT를 통하여 콘텐츠가 다양한 형태로 최종 콘텐츠 소비자(end-user)들에게 전해진다는 점을 착안하여 OTT를 단순히 수신 장치(셋탑박스)의 개념으로 정의하는 것이 아니라 앱(App)과 웹(Web)의 접목에 따른 확장성과 개방성을 내재한 광의의 개념으로 정의를 하는 것이 맞다고 생각한다. 따라서 저자들은 OTT를 인터넷에 접속할 수만 있으면 '언제든지', '어디서나' 시청 가능한 동영상을 기반으로 하는 서비스로 규정하기로 한다.

　OTT 서비스는 초기에는 네티즌이 직접 제작한 UCC(User Created Contents) 등을 분량이 짧은 클립 위주의 영상 서비스였으나 최근에는 더욱 상업적으로 확산되어 연예기획사들이 직접 OTT에 채널을 만들고 적극적으로 홍보하는 패턴으로 변경되었다. 대표적인 OTT 업체들을 살펴보면 국외에는 유튜브, 넷플릭스, 훌루, 애플 TV, 구글 크롬캐스트 등이 존재하고, 국내에는 티빙, 네이버 TV 캐스터, 네이버 미디어 플레이어(Naver Media Player), 아프리카 TV, 곰 TV, KM 플레이어 등이 존재한다.

[다양한 OTT 업체들]

03
OTT의 확산
음악산업의 새로운 마케팅 채널

우리는 출근하면 직장에서 TV를 볼 수 없다. 하지만 출근해서 꼭 컴퓨터를 켜게 된다. 그리고 누구나 때로 업무 처리를 할 때 동영상을 재생하기 위해 동영상 플레이어를 재생해야 한다. 이는 직장인뿐만 아니라 학생에게도 마찬가지다. 이렇게 업무와 교육이라는 우리의 일상에서 음악산업은 어떻게 연결될 수 있을까? 아래 그림은 네이버 미디어 플레이어(동영상 재생 프로그램)를 이용하여 모 대학교 경영학과 학생이 경제학 동영상 콘텐츠를 재생했을 때 나오는 네이버 미디어 플레이어(동영상 프로그램)의 초기 화면이다.

[OTT를 통한 일상과 음악산업의 연결]

철수는 평소에 소녀시대의 팬으로서 소녀시대 태연이 솔로 앨범을 낸다는 것을 대중매체를 통해 알고 있었지만, 힘든 취업 준비에 예전처럼 언제 어떤 노래가 나오는 지까지의 정보를 검색할 수가 없었다. 그러나 동영상 강의를 통하여 보충학습을 수행하고자 동영상 플레이어를 재생하는 순간 앞쪽의 그림과 같이 그는 동영상 플레이어 내 배너 홍보를 통해 태연의 신곡 정보를 별다른 노력 없이 손쉽게 알게되었고, 태연의 뮤직비디오를 자투리 시간을 활용하여 시청할 수 있게 되었다.

이러한 현상은 철수뿐만 아니라 우리가 일상생활에서 자주 겪게 되는 현상이다. 이렇게 많은 사람이 정보통신기술의 진화와 함께 등장한 OTT를 통하여 음악 콘텐츠를 소비하게 되었고 OTT 서비스를 활용한 새로운 비즈니스에 대한 관심이 점점 더 높아지고 있다. 예를 들면 콘텐츠 제공자의 저작권 관리, 결제 시스템, 수익관리 등을 대행해 주는 콘텐츠 어그리게이터(Contents Aggregator)와 좋은 콘텐츠를 수집하여 패키지로 묶음 판매하는 정보 제공자 역할의 콘텐츠 신디케이터(Contents Syndicator) 비즈니스 모델을 들 수 있다.

아래와 같이 미국 OTT 기기 보유 수는 2009년에는 약 1,070만 가구에서 2013년 3,830만 가구, 그리고 2014년에는 4,630만 가구로 2009년도에 비해 약 4배 이상 증가하였다. 국내의 경우에는 2014년 방송통신위원회 보고서에 따르면 국내 OTT 시장 규모 추이는 2012년에는 1,085억 원, 2013년에는 1,490억 원, 그리고 2020년에는 7,801억 원을 예상하였다. 이는 OTT의 시장 규모가 2012년에 비해 약 7.2배의 시장 규모가 성장한다는 것을 의미한다.

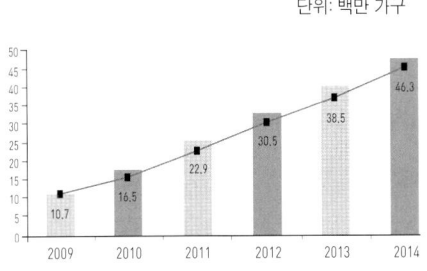

[미국의 OTT 가수 보유 수]

[국내 OTT 시장 규모 추이]

(출처 : 방송통신위원회)

이렇게 확산되는 OTT 트렌드와 함께 OTT 업체들의 매출 역시 동조화(coupling)되고 있다. 이쯤에서 우리는 'OTT 업체들의 주 수익원은 무엇일까?'하는 의문이 생길 것이다. 이 물음에 대한 답은 아래 표의 CAGR 항목에서 찾을 수 있다.

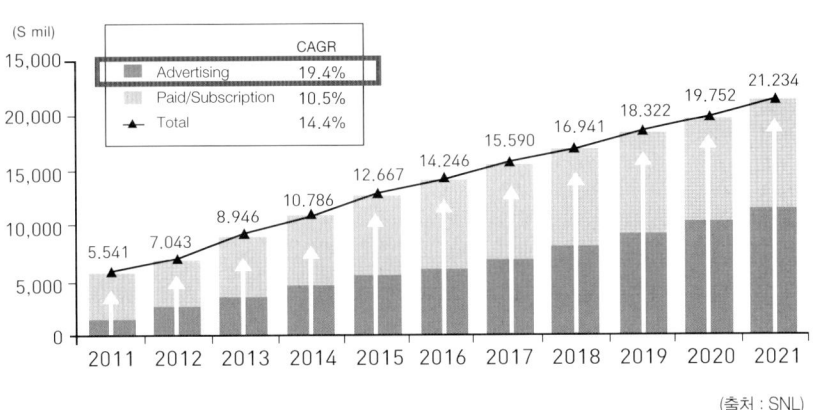

[OTT 업체의 온라인 동영상 매출 추이]

(출처 : SNL)

참고로 CAGR이란 Compound Annual Growth Rate의 약자로 흔히

203

국내 용어로는 '연평균 성장률' 혹은 '연평균 증가율'로 표현된다. 앞쪽의 표와 같이 시장조사관 SNL에서 발표한 자료를 살펴보면, OTT 업체의 온라인 동영상 매출은 OTT 업체를 통한 광고(advertising), 유로버전 콘텐츠와 구독료를 통해 발생되며(paid subscription), 그중 OTT 업체를 통한 광고(19.4%)의 성장률이 가장 높다고 발표하였다.

따라서 OTT 업자들의 주 수입원은 광고 수입임을 확인할 수 있다. 앞서 태연의 신곡에 대한 뮤직비디오가 동영상 플레이어에 베너의 형태로 우측에 자동으로 광고된 것처럼 우리가 동영상 콘텐츠를 재생할 때 재생에 대한 서비스는 공짜이지만, 대신 우리를 귀찮게 할 수도 있고 때론 유익한 정보를 제공할 수도 있는 pop up 형태의 베너광고를 보아야 한다. 따라서 음악산업의 관점에서 OTT는 콘텐츠를 팬들에게 노출시킬 수 있는 하나의 광고 마케팅 채널이라고 볼 수 있다.

04
지상파와 OTT의 차이점

  미국의 대표적 OTT 업체인 YouTube에 두 달간 업로드된 동영상 콘텐츠의 수가 미국 3대 지상파 방송사가 60년간 만든 영상의 수를 초과하였다고 한다. 이는 기존처럼 소파에 등을 기대어 앉아 지상파 TV를 보는 사람보다 이동 중에 모바일 디바이스를 통해 OTT를 통해서 영상을 소비하는 사람 수가 급속히 증가하였다는 것을 의미한다. 2013년 KT경제연구소가 발표한 자료에 따르면, 최근 1년간 TV와 모바일을 통한 방송 시청 시간의 변화를 살펴보면 TV를 통한 방송 시청은 주당 30분이 감소하였고 모바일을 통한 OTT 방송시청은 주당 45분이 증가하였다고 한다.

[2013년 모바일과 TV의 시청 시간 변화]

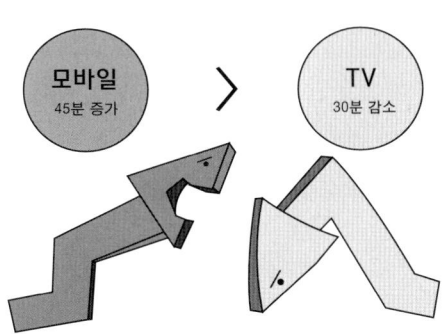

(자료 : KT 경제연구소, 2013)

저자들은 왜 이러한 현상이 나타나는지를 파악하기 위하여 기존의 TV를 통해 방송을 하는 지상파와 OTT의 본질적인 차이점에 대해서 조사하였다. 지상파란 지상의 송신탑을 이용하여 전달되는 전파를 뜻하며 공중파라고도 한다. 국내에는 KBS, MBC, SBS(지역 민영방송), EBS 등이 있으며 지상파 DMB도 지상파 방송에 속한다. 지상파와 OTT의 차이점을 비교해 보자. 지상파와 OTT는 크게 전송 인프라 품질, 방향성, 콘텐츠 제공자, 편성권, 사업 모델, 유통 방식, 방송 성적, 지리적 제한성 측면에서 차이가 존재한다.

지상파는 주로 케이블이나 전용망을 통하여 보장된 품질이 제공되며, OTT는 인터넷이 베이스이기 때문에 '최선형 네트워크(best effort)'를 이용한다. 우리가 누군가에게 "이 일 성공할 수 있겠습니까?"라고 물었을 때, "우선 최선을 다해서 해보겠다."라고 답한다면, 이 말은 최선을 다하되 실패할 가능성이 있다는 뜻을 내포하고 있다. OTT가 그렇다. 최선을 다해서 콘텐츠를 유통하되 전송 품질이 좋지 않을 수가 있다는 것을 의미한다. 그러므로 OTT에는 지상파와 다르게 수신료의 개념이 없으며 화면 품질(quality)이 지상파에 비해 떨어질 수 있다. 하지만 점점 더 정보통신기술이 진화하여 유튜브에도 다양한 영상이 HD 버전이 업로드되고 끊김 없이 시청이 가능하기 때문에 초기 OTT 서비스에 비해 소비자들의 체감 품질(QoE, Quality of Experience)이 매우 높아졌다. 이를 더욱 쉽게 설명하면, 지상파가 정수기를 통해 나오는 물이고, OTT가 수돗물로 비교할 수 있는데, 최근 수돗물의 품질이 정수기 물 못지않게 높아졌다고 할 수 있다.

또한, 지상파는 전파 방송이기 때문에 전파의 특성상 단방향적 성향을 띠는데 반해 OTT는 인터넷의 특징과 함께 상호작용, 즉 양방향성을 가진다. 그러므로 OTT 기업은 쌍방향 통신을 통한 1 : 1 방식의 상호작용(Interactive) 마케팅을 하기 때문에 고객의 요구를 신속히 포착할 수 있고, 더욱 신속하고 정확한 대응이 가능하다. 예를 들면 OTT는 고객의 성향에 따라 콘텐츠 큐레이팅 서비스(Contents Curation Service)가 가능하다는 점을 들 수 있다. 큐레이션 서비스는 개인의 취향에 맞는 콘텐츠를 추천해 주는 서비스를 의미한다. 우리가 유튜브에 특정 동영상을 검색하면 주변에 관련 동영상들이 많이 링크되는 것을 예로 들 수 있다.

국내 지상파 방송은 방송법을 준수하는 범위 내에서 방송을 하도록 되어 있으며, 국가로부터 방송을 할 수 있는 자격을 취득 받았기 때문에 KBS(한국방송공사)가 아닌 SBS, KNN(부산, 경남방송)과 같은 지역 민영 방송이라 할지라도 OTT보다 방송 방식이 더욱 엄격하고 공익성을 유지하여야 한다. 따라서 지상파는 OTT에 비해 정보의 신뢰도 면에서는 높다는 특징이 장점으로 존재한다. OTT는 방송국, OTT 자체 사업자, 그리고 인터넷 사용자 역시 자신이 직접 콘텐츠를 제작하여 자신의 OTT 채널에 업로드함으로써 불특정 대중에게 콘텐츠를 제공할 수 있는 편성권을 가질 수가 있다. 따라서 시청자들은 기존 공중파 시대, 콘텐츠 수용자에서 OTT 시대에서는 콘텐츠 요구자로 그 역할이 변화하였다. 그리고 스스로를 해당 콘텐츠의 이해관계자라고 인식하게 된 것이다. 이러한 과정에서 시청자들은 과거의 매체를 통해 느끼지 못했던 쾌락적 가치(hedonic value), 즉 즐거움(fun)을 느끼게 된다. 또한, OTT는 SNS를 통한 다채널 유통 방식 역시 가능하다는 장점이 존재한다. 마지막으로 OTT의 최대 장점 중 하나는 케이블이 아닌 인터넷망을 사용하기 때문에 지리적인 제한에서 자유롭다는 점이다. 지상파 방송 사업자가 국외에 방송하기 위해서는 전파 도달 범위의 한계점과 복잡한 계약 절차 등

많은 어려움이 존재한다. 상기에 언급한 지상파와 OTT의 특징 비교를 간략화하면 아래 표와 같다.

[지상파와 OTT 비교]

구 분	지상파	OTT
전송 인프라 품질	전파 / 케이블/전용망 (Premium)	인터넷망(Best effort)
방향성	단방향	양방향
콘텐츠 제공자	방송국	방송국, 사업자, 인터넷 사용자
편성권	사업자	사업자, 이용자
사업 모델	폐쇄적	개방적
유통 방식	고정 채널	다채널, SNS
방송 성격	공공적 성격 유지	상업적 성격
지리적 제한성	지리적 제한이 있음	지리적 제한이 없음

(출처 : 정보통신산업진흥원의 표를 재구성, 2012)

정토통신기기와 발전으로 TV의 강력한 대체제가 등장
- 코드 커팅, 코스트(비용) 세이빙 현상

지상파와 차별화되는 다양한 OTT 장점으로 말미암아 OTT 이용 인구가 급증하였고 코드커팅, 코스트 세이빙이란 단어가 방송 생태계에 새롭게 등장하였다. '코드커팅(Cord-cutting)'이란 기존의 방송 매체인 지상파와 케이블 TV 등의 유료 방송에 대한 가입을 해지하거나 아예 처음부터 가입하지 않는 현상을 의미한다. 미국의 경우 '코드리스(Cordless)',

즉 선이 없다는 표현 혹은 '제로 TV'란 용어로 사용하기도 하지만 코드커팅이 국제적인 용어이다. 케이블 선을 아예 잘라 버린다는 극단적 각도의 변경이 아닌 코드 셰이빙(Cord-shaving) 이란 용어로 등장하였다. 코드 셰이빙이란 현재 시청 중인 고비용의 프리미엄 TV 서비스를 해지하고 저가형 TV 상품으로 TV 시청 프로그램을 하향 선택하는 현상을 의미한다. 다시 말해 시청자들이 기존의 값비싼 프리미엄 TV 서비스가 아니더라도 좋은 콘텐츠를 OTT를 통하여 시청할 수 있다고 판단하고 저가 방송 서비스로 갈아타는 것이다.

[코드커팅(Cord-cutting)]   [코드 셰이빙(Cord-shaving)]

이렇게 기존 서비스에 대해 이탈이나 사용 비율을 줄인다는 것은 결국 해당 매체에 대한 의존도가 낮아진다는 것을 의미한다. 즉 네트워크 전송 속도, 품질의 보장, 그리고 스마트기기의 성능 향상으로 등장한 OTT가 TV의 대체재 역할을 수행하고 있다는 것을 의미한다. OTT란 새로운 매체의 등장은 기존의 방송시장의 패러다임을 변화시키고 있는 것이다.

실제로 소비자 리서치 전문회사인 Experian Marketing Service 자료를 살펴보면, 2010과 2013년 동안 미국의 약 2만 가구 이상을 대상으로 조사한 결과, OTT를 사용하는 가정과 OTT를 사용하지 않는 가정 모두 케이블 TV를 해지하는 코드커팅 현상이 증가하고 있으며, 특히 OTT(Netflix, Hulu)를 사용하는 가정의 경우 OTT를 사용하지 않는 가정보다 케이블 TV를 해지하는 비율이 약 3배 가까이 높은 것으로 나타났다.

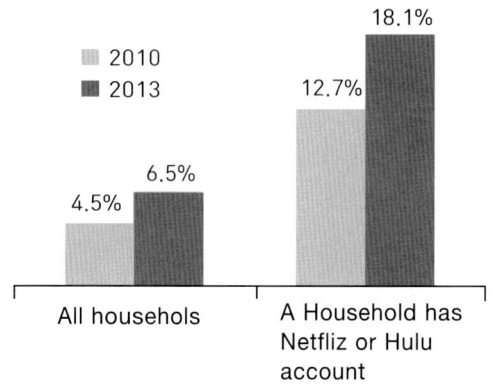

(출처 : Experian Marketing Service, 2014)

이렇게 정보통신기술의 발전과 함께 지속적으로 방송이 인터넷으로 넘어가는 스마트미디어 혁명, 즉 OTT 혁명은 이제는 거스를 수 없는 시대적, 그리고 국제적 추세라고 볼 수 있다. 따라서 국내 엔터테인먼트 기업 역시 OTT 채널을 적극 활용할 수 있는 특화된 음악 플랫폼을 개발하여 국내 음악 콘텐츠의 세계화 전략을 강화하는 데 최선을 다해야 한다.

05
음악산업의 OTT 활용 전략

세계인들의 디지털 음악 콘텐츠 이용 패턴으로 자리 잡고 있는 'OTT' 서비스는 다양한 스타들을 창출하고 있다. 어떻게 하면 음악산업에서 OTT를 활용하여 높은 성과를 창출할 수 있을까? 2015년 세계적으로 영향력이 있는 미국의 경제 매거진 '포브스(Forbes)'는 OTT의 대명사와도 같은 온라인 동영상 방송국인 '유튜브를 통해 세계에서 가장 많이 돈을 버는 유튜브 스타 Top 10'을 발표하였다. 과연 이들은 어떤 방법으로 OTT 채널을 활용하여 고수익을 창출하였을까?

본 장에서는 포브스가 발표한 OTT 스타들이 어떻게 구독자들을 끌어모았는지 살펴볼 뿐만 아니라 추가적으로 음악산업에서의 OTT 활용 전략을 알아보고자 한다.

1. OTT 채널을 통한 과감한 음악 해설

"음악 제작사 자체 OTT 방송국을 통해 팬들과 소통하라."

스웨덴 출신 펠리스 셀버그(26)는 포브스가 발표한 OTT(유튜브)를 활용하여 가장 고수익을 창출한 사람으로 선정되었다. 그는 OTT 채널을 활용하여 2014년 한해에만 1,200만 달러(한화, 약 135억 원)를 벌어들였다. 그는 유튜브 채널에서 퓨디파이(PewDiePie)란 아이디로 활동하고 있으며 약 4,000만 명의 구독자를 보유하고 있다. 그의 주 방송 영역은 '비디오 게임'이다. 그는 자신이 게임을 즐기는 모습뿐만 아니라 지상파에서는 담기 어려운 과감하고 주관적인 해설로 해당 게임에 대하여 평가하고 댓글을 통해 구독자들과 소통하면서 인기를 끌고 있다.

[2015년 유튜브 톱스타 1위 - 펠릭스 셸버그] - 2014년 약 135억 원의 수익 창출

| 1996년 게임 잡지 | | 셸버그의 OTT를 활용한 게임 방송 |

비디오 게임은 전문적인 해석이 필요한 분야이다. 매 스테이지마다 게임 전문가들과 소통을 한다면 미션을 더욱 손쉽게 해결할 수 있고, 게임 제작자가 의도했던 명장면들도 놓치지 않고 경험할 수 있다. 게임을 좋아하는 사람들은 누구나 어렸을 때 파이널 판타지, 제다의 전설 등의 롤플레잉 게임을 하기 위해 용돈을 투자하여 상기와 같은 게임 잡지를 구매한 적이 있을 것이다. 하지만 인쇄 매체의 일방향적 소통의 한계점

그리고 해당 게임의 유저들과의 소통 부재로 좋아하는 게임을 항상 제자리에만 머물렀던 기억이 있을 것이다. 게임산업과 마찬가지도 음악산업에서도 양방향 소통이라는 요소는 특정 음악에 팬들이 더욱 쉽게 다가가고 또 이해하도록 만드는 효과가 있다. 내가 좋아하는 가수가 어떠한 앨범을 발매하였을 때, 관심 가수가 어떠한 개인적인 동기로 이런 곡을 만들게 되었는지, 그리고 해당 곡이 의미하는 본질이 무엇인지에 대해서 가수와의 소통 빈도가 높아진다면 팬들의 즐거움은 증대할 것이고 이를 통한 충성심 또한 높아질 것이다.

이와 같은 과정에서 해당 가수와 소속사는 더욱 지속 가능한 경영을 수행할 수 있다. 대중의 음악적 갈증을 해소하기 위해서 그동안 지상파에서 '이소라의 프로포즈', '이하나의 페퍼민트', '유희열의 스케치북' 등의 프로그램이 존재하였지만, 아직까지 팬들은 해당 가수와의 팬미팅 등 더욱 많은 교류를 필요로 한다. 따라서 음악산업에서도 이러한 팬들의 갈증을 해소하기 위하여 음악 제작사 자체가 자사의 고유한 채널을 가지고 팬들과 소통할 수 있는 방송을 해야 한다. 여기서의 소통은 단순히 유튜브에 연예기획사 채널을 만들어 신곡 뮤직비디오를 홍보하고 거기에 대한 반응을 살피는 것을 뛰어넘어야 한다는 것을 의미한다. 즉 가수가 직접 주도하여 자신의 음악적 지식을 바탕으로 방송을 하거나 혹은 사회적으로 전문 음악인으로 인정받을 수 있는 자체 연예기획사 MC가 온라인 음악 방송을 주관해야 한다는 것이다.

예를 들면 국내 힙합, R&B 장르의 음악 콘텐츠를 전문으로 하는 '브랜뉴 뮤직'의 'BRANDNEW TV'를 들 수 있다. 브랜뉴 뮤직은 2015년 8월 21일부터 매주 금요일 오후 10시에 OTT 서비스(카카오 TV)를 활용하여 힙합 리얼리티 TV 쇼를 진행 중이다.

[OTT를 활용한 음악 제작사 위주의 방송 사례] - 브랜뉴 TV

　관련 영상은 다음 tv팟 내 비틈 TV에서도 확인할 수 있다. 브랜뉴 뮤직의 OTT 단독 방송 채널의 전략은 소통 강화 전략이다. 영상의 UHD급 화질이 음악산업의 OTT 전략의 핵심 성공 요인이 아니다. 브랜뉴 TV에서는 자사의 OTT 방송에 대한 영향력을 확대시키기 위하여 소속 가수가 발매할 앨범에 수록될 신곡들을 OTT 방송에서 최초로 깜짝 공개할 뿐 아니라 신인 랩퍼의 타이틀 곡을 선정함에 있어 방송을 통한 시청자들과의 소통을 통하여 최종 결정을 진행하였다.

　실제로 브랜뉴 뮤직의 CEO인 라이머는 "브랜뉴 TV를 통해 발표한 곡들에 대하여 시청자 분들의 투표로 소속 가수 한해의 타이틀 곡을 정하겠다."라고 말하였고 실제로 소속 가수인 한해는 신곡 3곡을 자체 OTT 서비스인 브랜뉴 TV를 통하여 최초로 공개하였다. 한해는 각각의 곡들에 대한 개인적인 설명을 덧붙였을 뿐만 아니라 추가적으로 시청자들의 의견을 수렴함으로써 시청자들과의 소통하였다.

　시청자들이 브랜뉴 TV에 많이 관심을 가지는 가장 큰 이유는 브랜뉴 TV는 기존 음악 전문 방송에 비해서 어려운 내용이 전혀 없기 때문이라고 판단된다. 마치 초등학생도 해당 가수의 음악을 이해할 수 있게끔 설명을 하기 때문에 해당 가수의 곡은 시청자들에게 더욱더 가깝게 다가갈 수 있다. 음악산업에서 OTT 방송 채널의 성공 전략은 전문적인 음악 용어에 대한 어려운 해석이 아니다. OTT 시청자들에게 가장 쉬운 말로 가수의 생각을 전달해야 한다는 것이다. 따라서 OTT 음악 방송 채널의 시작은 '시청자의 눈높이에 맞추어 소통하여 시청자들을 팬으로 전환'하는 소통 전략이 가장 우선시되어야 한다.

또한, 이러한 브랜뉴 TV가 한국어뿐만 아니라 영어 자막과 함께 방송한다면 자사 음악 제작사의 OTT 방송은 세계적으로도 더욱 영향력이 커질 것으로 판단된다.

2. 뮤직비디오에 PPL(끼워팔기) 마케팅 도입

"음악산업을 통한 타 산업과의 상생(win-win) 전략"

OTT 서비스의 대중화와 함께 음악산업도 보고 듣는 음악 시대로 변화하였다. 이러한 변화의 흐름과 함께 뮤직비디오나 음악 프로그램은 타 산업으로부터 생산되는 제품 및 서비스의 홍보 플랫폼으로 각광받고 있다. 이는 뮤직비디오나 음악 프로그램에 타 산업의 제품 및 서비스를 끼워서 간접적으로 마케팅하는 빈도가 증가하였음을 의미한다. 이렇게 미디어에 제품을 간접 광고하는 것을 PPL(Product Placement) 마케팅이라 한다. PPL를 희망하는 기업은 음악 제작사에게 가수의 뮤직비디오 제작비를 지원해 주고, 그 대가로 해당 기업의 제품을 뮤직비디오 상에 자연스럽게 노출시킨다.

뮤직비디오는 시청자들에게 재미라는 본능을 자극시키기 때문에 시청자들은 자연스럽게 뮤직비디오에 몰입하게 된다. 따라서 이러한 몰입의 순간에 제품의 브랜드를 노출시키면 시청자들에게 더욱 강력하게 해당 제품이 자신에게 각인되는 효과가 발생하게 된다.

우리는 인기 가수를 패션 트랜드에 있어서 초기 수용자(early adaptor)로 간주하는 성향이 크다. 실제로 연예인은 소속 스타일리스트가 있기 때문에 패션 아이콘이 틀림없다. 그러므로 좋아하는 가수의 트랜디한 패션이나 라이프 스타일은 팬들에게 선망의 대상이 될 수 있다. 그러므로 사회적으로 패션 피플로 대변되는 가수의 뮤직비디오에서 특정 상품이나 서비스가 노출된다면 이 가수의 팬들은 그 제품에 대하여 자연스럽게 관심을 가지게 되며, 심지어 충동구매에 대한 욕구도 불러일으키게 되는 것이다.

뮤직비디오를 통한 PPL 전략 사례를 살펴보자. 국내 화장품 브랜드 '네이처리퍼블릭'은 EXO의 뮤직비디오 '12월의 기적'에 자사의 화장품을 노출시켜서 실시간 검색 순위에 오른 사례가 있었으며, 이후 오프라인 매장에서도 화장품을 구매 시, EXO의 브로마이드를 제공하는 프로모션을 진행하여 소비자들로부터 많은 관심을 이끌어냈다. 동종 업체인 이니스프리 또한 소녀시대의 뮤직비디오 'I GOT A BOY'에서 윤아의 메이크업을 위해 사용되었던 화장품이 자사의 제품임을 부각하면서 제품의 홍보 시너지를 증대시켰다.

PPL 사례 ① PPL 사례 ②
[EXO 뮤직비디오 속 네이처리퍼블릭] [씨스타 뮤직비디오 속 SKECHERS]

　수입 운동화 전문 브랜드인 SKECHERS(스케쳐스)는 가수 씨스타의 'Shake it' 뮤직비디오의 스케쳐스 Fintness version의 뮤직비디오 버전을 제작하였다. 씨스타 멤버들이 스케쳐스 트레이닝복과 신발을 입고 뮤직비디오에 출현함으로써 시청자들은 자연스럽게 스케쳐스 옷을 입었을 때 어떤 형태의 핏이 나오게 되는지 알 수 있게 된다. 이러한 스케쳐스의 뮤직비디오는 마치 패션쇼와 같은 역할을 수행한다.
　이렇게 K-Pop 스타의 뮤직비디오는 유튜브 플랫폼을 통하여 페이스북, 트위터, 카카오 스토리 등의 SNS로 공유되고 전 세계로 노출되기 때문에 PPL을 활용하게 되면 국제적으로 PPL 마케팅을 수행하는 사업자의 브랜드 및 제품을 자연스럽게 홍보할 수 있다. 그뿐만 아니라 PPL은 지상파 광고에 비해서 비용 면에서도 더욱 효율적이다. 이와 같은 맥락에서 뮤직비디오는 국내 중·소 기업들에게 세계적으로 시장을 개척할 수 있는 성장 동력을 제공해 줄 수 있고 음악 제작사 역시 PPL을 통한 자금을 획득할 수 있음으로 더욱 퀄러티 있는 음악 콘텐츠의 제작이 가능해진다. 다양한 국내 중소 사업자들이 OTT 채널이 줄 수 있는 경제적 혜택과 노출 증대 효과를 활용하여 국외 시장에서도 국내 기업의 시장 영향력을 확대해 나갈 수 있기를 기대한다.

3. OTT 반응을 통한 음반 발매 및 콘서트 유치 전략

"유튜브 스타에서 세계 정상으로"

음악 제작사 입장에서 유튜브(OTT)의 주요 장점 중 하나는 '조회 수'를 통해 해당 음악 콘텐츠의 대중성을 알 수 있을 뿐만 아니라 댓글을 통해 전반적인 시청자들의 반응 또한 알 수 있다는 점이다. 이러한 대중들의 수요 파악을 바탕으로 음반 발매량 및 나아가 콘서트 유치에 대한 성공을 보장할 수 있다. 이는 일반적으로 쉽게 접할 수 없는 클래식 장르 역시 마찬가지이다.

클래식 장르에서 유튜브로 대중들의 인기몰이를 한 후 실제 앨범도 발매하고 나아가 콘서트까지 성공한 대표적인 예로 국내 피아니스트 임현정(HJ Lim)을 들 수 있다. 임현정 씨는 2013년 5월 21일 조선일보와의 인터뷰에서 "왜 유튜브는 클래식 음악과 거리가 멀다고 생각하시죠?"라고 말할 정도로 새로운 매체의 장점을 활용할 수 있는 매우 진취적인 여성이라 판단된다. 임현정 씨가 2009년 벨기에 바젤에서 열린 연주회에서 앙코르곡으로 연주했던 '왕벌의 비행'은 유튜브에 업로드된 후 유튜브 조회 수 25만을 기록할 정도로 화제가 되었다. 이를 통해 한국인 클래식 유튜브 스타가 최초로 탄생한 것이다.

[유튜브 클래식 스타 - 피아니스트 임현정(HJ Lim)]

　　2009년 유튜브 스타가 된 후 임현정 씨는 영국의 대규모 음반회사인 EMI(Electric Musical Industries Ltd)와 데뷔 음반을 발표하였고 한국인 클래식 아티스트 중 최초로 아이튠스 차트와 빌보드 차트의 클래식 섹션에서 모두 영광스러운 1위를 차지하였다. 이렇게 유튜브에서의 재생횟수는 '아티스트의 인기(popularity)'라는 추상적인 개념을 측정할 수 있는 수단이 될 수 있다. 조선일보와의 인터뷰에서 그녀는 "OTT(온라인 동영상 채널)는 비용과 시간적 측면 모두에서 효율적이고 손쉽게 정보를 공유할 수 있다는 점에서 민주적인 도구"라 하였다. 그녀는 13세 때 부모님을 설득하여 홀로 프랑스로 떠났다. 그리고 파리국립음악원에 최연소로 입학하여 졸업하였다고 한다. 어떻게 이러한 결정을 했는가에 대한 코리안스피릿 닷컴과의 인터뷰에서 "그래! 내가 한 번 가 주지.", "한국인이 없는 학교라는 말에 도전심과 모험심이 자극되었다."라고 응답하였다. 공자의 말 중에 무신불립(無信不立)이라는 말이 있다. 믿음이 없으면 일어설 수 없다는 것을 의미한다. 이 글을 읽은 모든 국내 아티스트들이 성공에 대한 믿음을 가지고 임현정 씨와 같이 국제무대에서 대한민국의 위상을 맘껏 펼칠 수 있기를 진심으로 기원한다.

4. 인터넷 뮤직 라디오
요식업과의 연계 - "음악만 추가되었을 뿐인데 분위기가 확 업그레이드되었네."

장소의 분위기와 음악은 매우 밀접한 관련성이 있다. 특히 우리는 좋은 레스토랑 혹은 카페에서 식사를 하거나 휴식을 취할 때 기분 좋은 음악까지 함께 한다면 더욱 분위기 있게 힐링 타임을 가질 수 있다. 저자 역시, 압구정동 수제버거 전문점 엉클비하우스에서 본 책을 집필 중 가게에서 흘러나오는 좋은 노래를 듣고 사장님께 "이 노래 누가 부르는 거예요?"라고 질문한 적이 있다. 엉클비하우스 사장님은 단골손님인 가수 투빅(2bic)의 노래라고 하였고, 나는 투빅의 노래를 그 자리에서 바로 다운로드받았다.

이렇게 우리가 일상생활 속에서 새로운 음악을 접할 수 있는 기회가 발생하는 가장 대표적인 장소로 요식업체(레스토랑, 카페, Pub, etc.)를 들 수 있다. 그러므로 요식업체에서 흘러나오는 음악은 가수의 노출도와 밀접한 관련이 있게 된다. 세계 각국에 퍼져 있는 대부분의 스타벅스에서는 고객들이 현재 카페에서 흘러나오는 노래에 대한 궁금증이 많다는 것을 인지하고 스타벅스 음악 CD를 만들어 판매한다.

[스타벅스 자체 음악 CD 판매]

사실 가게를 방문한 소비자들의 오감을 만족시키기 위해서 음악을 잘 선정하는 것이 필수 조건이지만, 대부분의 요식업체에서는 어떤 음악을 선정하는 것이 좋을지 잘 모를 때가 많다. 실제로 급변하는 음악 트렌드를 요식업체 사장님이 계속해서 따라가기도 힘들고, 음식점과 카페에 있는 POS라는 소형 컴퓨터(계산 목적)는 용량이 제한적이기 때문에 음악 선정의 Mp3파일을 축적할 수도 없다. 하지만 요식업체와 음악, 그리고 가게 분위기는 매우 밀접한 연관성이 있기 때문에 가게 사장님들은 이러한 음악 선정의 문제점을 해결해야 한다. 따라서 저자들은 평소에 항상 트랜디하고 좋은 노래가 흘러나오는 엉클비하우스 사장님께 가게 음악을 어떻게 트는지에 대해 인터뷰하였다.

[요식업에서 OTT 서비스 활용 사례]

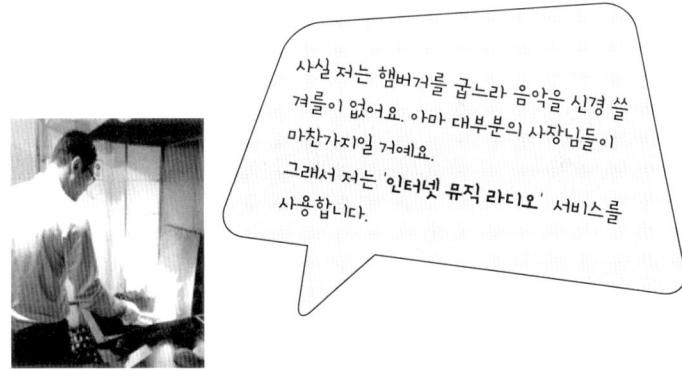

엉클비하우스 사장님이 이야기하는 '인터넷 뮤직 라디오'는 음악 감상 및 구매 사이트에 소속된 음악 작가들에 의해 엄선된 선곡으로 시간대, 분위기에 맞는 음악을 계속해서 스트리밍 해주는 신개념 음악 방송

서비스다. 이 서비스는 매일매일 신선한 음악을 POS(요식업 계산용, 소형 컴퓨터)에 저장하지 않고 손님들에게 들려줄 수 있는 장점뿐만 아니라 가게 사장님의 음악 선정에 대한 부담 또한 덜어줄 수 있는 혜택이 존재한다.

이러한 인터넷 뮤직 라디오의 예를 들면 '네이버 뮤직 라디오'를 들 수 있다. 네이버 뮤직 라디오는 전문적인 라디오 음악 작가들의 선곡으로 현시대뿐만 아니라 다양한 시대를 반영하는 종합적인 음악을 스트리밍해 주며 장르별, 기분별, 날씨별 등 다양한 테마를 선택함으로써 음악을 통한 가게 분위기를 손쉽게 바꿀 수 있다. 그뿐만 아니라 인터넷 라디오 청취 중 '좋아요', '싫어요' 버튼을 활용하여 더욱 자신에게 부합되는 음악으로 선곡의 개선도 유도할 수 있다. 인터넷의 특징인 소통 가능성이 반영된 것이다.

[인터넷 뮤직 라디오 서비스]

(자료 : 네이버 뮤직 라디오)

이러한 서비스를 흔히 클라우드 서비스(Cloud Service)라고 한다. 클라우드 서비스는 한국에서 흔히 웹 저장소(web storage)의 개념으로 잘못 인식되어 있는데 클라우드 서비스란 구름(cloud)처럼 존재하는 다른 회사의 자원 중에 내가 필요한 자원을 필요한 만큼만 빌려 쓰고(on demand), 사용에 대한 요금을 지불하는 서비스(pay-as-you-go)를 의미한다. 인터넷 뮤직 라디오 서비스의 경우 엉클비하우스 사장님이 가지고 있지 않는 라디오 음악 전문가와 음악 콘텐츠라는 인적 자원과 물적 자원을 클라우드 방식으로 타 회사에서 빌려 쓰고 대가를 지급한 것이다. 참고로 라디오 서비스는 네이버 뮤직과 연동되어 무제한 음악감상 요금제와 함께 운영된다.

이러한 요식 업체에서의 음악과 관련한 문제 해결 역시 정보통신 기술의 발전으로 스트리밍 서비스가 가능해 졌기 때문에 가능한 것이다. OTT는 영상에 많이 포커스가 되어 있는 것은 사실이지만, 이렇게 인터넷망을 이용하여 음악을 청취하는 것 역시 OTT 서비스라 할 수 있다. 유튜브에서 뮤직비디오가 아닌 음악만 흘러나온다면 이 역시 같은 형식이라 할 수 있다.

실제로 2014년 유튜브가 유료 음원 스트리밍 서비스를 출시하였다. 유튜브 상위 10개의 콘텐츠 중 최소 6개 이상이 음원 관련 뮤직비디오라는 것을 고려해 보았을 때 유튜브가 자체 유로 음원 스트리밍 서비스를 출시하는 것은 당연한 것으로 판단된다.

[유튜브 유료 음원 스트리밍 서비스 'Music Key']

 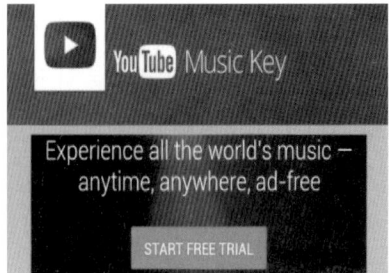

　무료 온라인 동영상 전문 사이트인 유튜브가 올해부터 '유료 음원 스트리밍 서비스'를 제공함으로써 디지털 음악시장의 세력이 재편될 것으로 전망된다. 유튜브의 음원 스트리밍 서비스는 디지털 음원을 컴퓨터나 Mp3 플레이어에 내려받지 않고 인터넷에 접속해 실시간으로 음악을 감상할 수 있는 서비스로 6개월간 서비스를 무료로 사용할 수 있고, 차후 월정액 9.99달러(약 1만 원)에 3대 메이저 음악사(소니뮤직·유니버설 뮤직·워너 뮤직) 및 인디 레이블까지 다양한 음원 스트리밍 서비스를 제공한다. 유료 가입자들의 서비스 혜택으로는 스마트폰을 통해 광고 없이 노래와 뮤직비디오를 무제한으로 감상할 수 있으며 문자 메시지 전송 및 음악 다운로드 중에도 음악을 들을 수 있는 서비스를 이용할 수 있게 된다. 이와 같은 유료 음원 스트리밍 서비스의 확산은 음악산업의 수익성을 확대시키는 비즈니스 모델로서 긍정적인 효과를 기대할 수 있다.

5. OTT 광고 '3초' 만에 청취자에게 감동을 주어라

청취자에게 해당 가수의 핵심 성공 요인(Critical Success Factor)을 보여 주어라.

OTT(유튜브, 네이버 TV etc.)에서 자신이 원하는 콘텐츠를 보기 위해서 영상을 클릭하게 되면 사용자들은 "3초 후에 이 광고를 건너뛸 수 있습니다."라는 문구와 함께 의무적인 광고를 보아야 한다. 이러한 광고는 소비자 입장에서 살펴보면 원하는 영상을 보기 위해서 걸리는 '지연 시간'이라 볼 수 있고 반대로 기업의 입장을 살펴보면 3초라는 제한된 시간 내에 자사의 제품 및 서비스를 소비자에게 홍보하여 소비자의 마음을 빼앗아야 하는 시간을 의미한다. 또한, 이 3초의 시간은 OTT 업체에게 있어서 광고 대행료를 받을 수 있는 주된 수입원이라고 볼 수 있다.

[유튜브 주 수익원 - 3초 광고]

우리가 주안점을 두는 음악산업의 관점에서 바라보면 3초라는 제한된 시간 안에 자사가 프로듀싱한 가수를 뮤직비디오 스냅 영상을 활용하여 소비자에게 효과적으로 각인시켜야 한다. 즉 시청자가 해당 가수의 뮤직비디오를 '건너뛰기' 하지 않게 3초 안에 OTT 시청자들의 마음을 잡아야 한다는 것이다.

타 산업에서는 이러한 3초라는 시간을 어떻게 효율적으로 광고할까?

전 세계적으로 유명한 독일 자동차 회사인 mercedes-benz사는 2015년 2인승 스포츠카 The New Mercedes-AMG GT S 모델을 선보였고 OTT 채널에 홍보를 위하여 다음 쪽 그림과 같은 OTT 전용 4초 영상을 선보였다. 이 스포츠카의 제로백(0~100km까지 도달되는 시간)은 3.8초이다. 벤츠는 이 스포츠카의 성능에 초점을 맞추어 4초 영상을 제작하였다. 다음 쪽 그림은 New GT S 스포츠카에 대한 4초 영상의 시퀀스이다. 광고시작과 동시에 자동차의 웅장한 배기음과 함께 0km에서 100km까지 가는데 3.8초가 걸린다는 것을 알려준 후 자동차가 달리 모습과 모델명을 보여주고 이 4초 영상은 끝이 난다.

[OTT 전용 4초 영상 Sequence - 벤츠 스포츠카 사례]

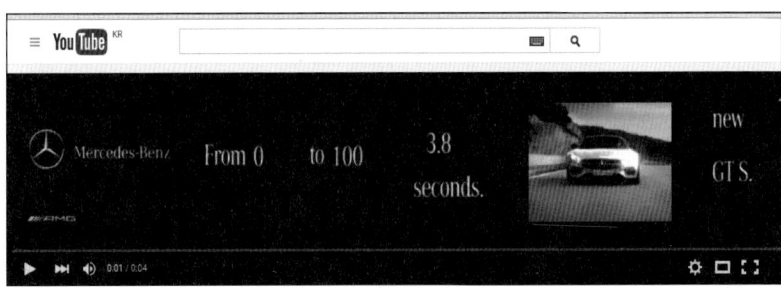

사실 이 자동차의 제조사는 럭셔리 세단으로 더욱 유명한 벤츠이기 때문에 이 고가 스포츠카의 인테리어 및 오디오 시스템 역시 훌륭할 것으로 추측되지만, 이 4초 영상에서는 이러한 것들을 과감히 다이어트 하였다.

이를 통해 알 수 있는 것은 3, 4초의 짧은 영상에서는 홍보하고자 하는 상품의 본질에 포커스를 두어야 한다는 것이다. 스포츠카의 본질인 순간 가속도를 명백히 보여줌으로써 '소비자가 이 상품을 사야 할 이유

를 알려준 것이다.'

  가수, 즉 사람의 본질을 3초 안에 홍보한다는 것은 사실 제품을 홍보하는 것보다 더욱 어렵다. 제품과 사람 모두 마케팅적인 측면에서 바라보았을 때, 경쟁 상품 혹은 경쟁자에 비해 우세한 핵심 성공 요인(CSF, Critical Success Factor)이 있어야 한다. 크리티컬(Critical)이란 말은 핵심, 비판적인이란 사전적 의미가 있지만, 경영학적 접근점에서는 타인과 차별화 되는 자신만의 장점을 의미한다. 가수로 치면 감미롭고 호소력 있는 목소리, 랩 실력, 댄스 실력 등 타 경쟁자와 차별화 되는 다양한 그 가수만의 핵심 성공 요인(CSF)이 있을 것이다.

  이러한 특성에 집중하여 음악산업에서도 3초짜리 OTT 광고 전용 영상을 제작해야 한다. 즉 청취자에게 이 가수의 크리티컬한 성공 요인을 알려주어 아이덴티티를 확립하는 것이 중요하다는 것이다. 그래야 시청자들이 '내가 이 노래를 왜 들어야 하는지? 언제 들어야 하는지?'에 대한 명확한 판단이 서기 때문이다.

  본격적인 OTT 시대로 돌입하면서 음악 제작사의 경영자, 영상감독, 음악 프로듀서, 가수, 즉 음악 생태계의 이해 관계자 모두가 '3초라는 제한된 시간에 흥미 끌기'라는 기존에 존재하지 않았던 새로운 전략 모색이 필요한 시점임이 틀림없다.

06
OTT와 함께 나타난 사회문제
통신 사업자와 콘텐츠 산업자 간의 입장 차이

1. 데이터 폭증과 병목 현상

지속적으로 확산되는 OTT 매체는 표면적으로 많은 장점이 존재하는 반면 산업 전반적 관점에서 바라보았을 때 많은 문제점 또한 발생시키게 된다. 그중 가장 큰 사회적 문제점으로 지목되는 것이 '데이터 폭증 현상(data explosion)'이다. 쉽게 말해 스마트폰 사용자들이 OTT 동영상을 손쉽게 볼 수 있게 됨으로써 전 세계적으로 인터넷 및 모바일의 데이터가 폭발하게 된 것이다.

2011년 CISCO에서 발표한 보고서에 따르면 월별 기준으로 스마트폰은 일반 피처폰의 24배, 태블릿 PC는 일반 피처폰의 122배, 그리고 노트북 컴퓨터는 일반 피처폰의 약 515배의 인터넷 및 모발일 트래픽을 유발한다고 한다.

[월별 모바일 기기 데이터 트래픽]

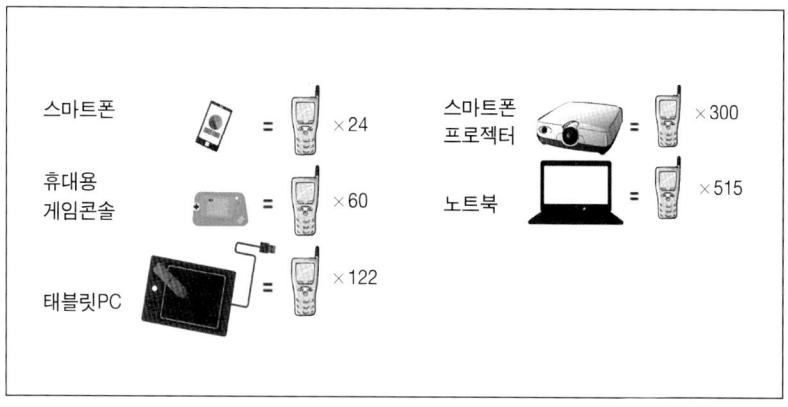

(출처 : CISCO, 2011)

이러한 트래픽의 증가는 결국 '네트워크 라인'의 혼잡을 발생시키며 소비자들이 동시에 한 네트워크에 접속 시 콘텐츠를 소비함에 있어 시간 지연을 발생시킨다. 이와 같은 현상을 네트워크 병목 현상(bottleneck phenomenon)이라 한다. 데이터 폭증을 통해 발생하는 이와 같은 네트워크 병목 현상의 해결은 미래 인터넷산업의 주요 이슈 중 하나이다.

우리는 누구나 운전을 할 때 다음 쪽 그림과 같이 혼잡 없는 도로를 선호한다. 이 도로를 통신 네트워크라 생각하면 현재 OTT 시대의 현실은 앞서 언급한 것과 같이 데이터 폭증을 해소하기 위하여 다음 쪽 그림과 같이 지상 도로를 더 신설하고 심지어 고가도로까지 만들어야 하는 경지에 이르게 되었다.

[데이터/트래픽 폭증 현상]
"더 많은 도로를 신설한다고 해결될까요?"

따라서 현실적으로 통신사들은 증가하는 인터넷 및 모바일 트래픽을 실어 나르고 고객의 대기 시간을 줄이기 위하여 네트워크를 증설해야 하며, 차세대 네트워크에 대한 개발을 위하여 지속적으로 R&D에 막대한 투자를 해야 한다.

통신사들이 이러한 네트워크 고도화에 일차적 책임감을 가지는 이유는 통신사 고객들이 자신의 스마트폰을 이용해서 유튜브 음악 동영상을 소비할 때, 동영상이 끊기거나 재생이 안 된다면 1차적으로 소비자들은 유튜브 탓을 하지 않고 "이 통신사 정말 속도가 안 좋은 거 같아."라고 통신사의 체감 품질이 좋지 않다는 탓을 하기 때문이다. 그 결과 통신사는 자신들의 수익원인 고객들을 잃게 된다. 따라서 OTT 시대 통신사들은 지속적인 네트워크 투자 비용에 대한 실효성 있는 해결책이 필요하게 되었고 '망 중립성(network neutrality)'이라는 인터넷 생태계에 중요한 이슈가 발생하게 되었다.

2. 망 중립성

망 중립성(network neutrality)이란 미국 콜롬비아 법대의 팀 우(Tim Wu) 교수가 처음 제시한 개념으로서 인터넷 네트워크로 전송되는 모든 트래픽은 유형, 내용, 단말기, 수신자, 발신자와 관계없이 동등하게 취급되어야 한다는 원칙을 말한다. 즉 통신 사업자가 인터넷 트래픽에 대한 통제를 통신 사업자 마음대로 해서는 안 된다는 주장이다. 이러한 망 중립성 논쟁은 현재 한국뿐만 아니라 전 세계적으로 찬반 논의가 본격화되고 있다.

1) 망 중립성 등장 배경

전 세계적으로 주요 관심사인 망 중립성의 등장 배경은 아래 그림과 같이 포털[네이버, 다음, 야후, 구글(유튜브)] 사업자가 OTT 서비스를 통해 발생하는 대용량 트래픽을 통신사들이 모두 감당하기에는 힘들다는 것으로부터 출발하였다.

미래창조과학부의 무선 데이터 트래픽 추이에 따르면 국내 모바일 데이터 트래픽은 스마트기기 사용자 수의 급격한 증가와 함께 2012년 3만 9,958 TB(테라바이트)에서 2015년 5월 15만 2,318 TB로 약 3배 이상 급격히 증가하였다. 참고로 1테라바이트는 1,024기가바이트이다.

[OTT 시대 통신사들의 네트워크 증설 부담]

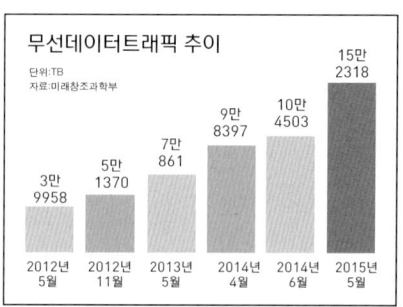

(출처 : IT 타임즈 & 미래창조과학부 자료)

　통신산업의 가장 큰 특징 중 하나로 매몰비용(sunk cost)을 꼽을 수 있다. 매몰비용은 경제학에서 빈번하게 등장하는 용어인데, 한 번 지급되면 다시 회수할 수 없는 비용을 의미한다. 따라서 통신사 입장에서 네트워크 설치는 매몰비용이기 때문에 트래픽이 늘어난다고 무작정 네트워크를 증설하는 것은 매우 힘든 결정이라고 할 수 있다. 사실 데이터 중심 시대로 변화된 패러다임으로 기존의 주 수익원이었던 음성 통화에서의 수입이 현저히 줄어들었기 때문에 증가하는 트래픽 폭증 현상에 비례하여 네트워크를 추가 증설하는 것은 통신 사업자에게는 더욱 큰 자금 부담으로 다가간다.

　그러므로 통신사들은 대용량 트래픽을 발생하는 인터넷 포털 업체에 대하여 제재 혹은 트래픽에 대한 공동 부담에 대한 요청을 시도하게 되었다. 이러한 제재를 도로에 비유하면 고속도로에 트럭은 면적이 크기 때문에 도로의 주인이 다른 자동차들의 원활한 소통을 위하여 통행을 금지하거나 추가 요금을 더 지불하라는 것과 비슷한 논리라고 할 수 있다.

아래 그림과 같이 이제 통신사는 대용량 트래픽 유발 업체에게 자신들의 네트워크를 허용해줄 것인가 말 것인가 하는 데이터 통제 센터와 같은 역할 수행의 필요성을 느끼게 되었다. 그리고 대용량 트래픽을 지속적으로 유발하는 업체는 통신사 네트워크에 많은 부담을 주기 때문에 이에 대한 통신 서비스 이용료를 추가로 더 받는 것을 고려하게 된 것이다.

[망 중립성의 개념]

통신사들이 이렇게 대용량 콘텐츠를 제공하는 업체(CP, Contents Provider)들을 통제(control)하려고 하자 콘텐츠 제공업체들은 '망 중립성(Network Neutrality)' 또는 '네트워크 중립성'을 외치기 시작하였다.

망 중립성은 1996년 미국 통신법 개정 과정에서 처음 논의가 되었으며 '모든' 네트워크 사업자는 망을 사용하는 '모든 콘텐츠'와 망에 부가되는 '모든' 기기(device)를 '동등'하게 취급하고 어떠한 '차별'도 하지 않아야 한다는 것이다. 즉 이러한 논리는 인터넷이 주인이 없는 개방성이 보장되어야 하며, 광대역 통신 사업자들이 자사의 네트워크를 통해 콘텐츠를 소비자에게 전달한다고 하여도 어떤 방해와 간섭도 하면 안 된다는 주장이다. 다시 말해 망 중립성의 핵심은 대용량 트래픽을 유발하는 업체라도 차별하지 말고 최종 소비자에게 콘텐츠가 전달될 수 있게 접근권(access)을 보장해 주어야 한다는 것이다. 이러한 망 중립성을 놓고 통신사(ISP, Internet Service Provider)와 콘텐츠 제공업체(CP, Contents Provider) 간의 한바탕 전쟁이 일어나게 된 것이다.

[OTT 시대 망 중립성 전투]

이제 망 중립성과 관련한 통신사 입장과 콘텐츠 제공업자의 입장 모두를 살펴보자.

① 통신사 입장

스마트 디바이스의 수가 늘어나고 OTT 서비스가 활성화된 만큼 콘텐츠 제공 사업자(CP, Contents Provider) 쪽에서 발생하는 트래픽이 급증했다. 그러므로 통신 사업자들의 입장은 소비자들의 체감 품질

(QoE, Quality of Experience)을 보장하기 위하여 네트워크에 투자비용의 지속적인 증가가 필수적이게 되었다는 것이다. 따라서 통신 생태계 보존과 진화를 위하여 네이버와 구글과 같은 대용량 콘텐츠 제공 사업자가 네트워크 투자비용의 일부를 분담해야 한다는 것이다. 즉 통신사들이 깔아 놓은 네트워크에 콘텐츠 제공 사업자들이 무임승차 (free riding)를 하지 말라는 것이다.

② 콘텐츠 제공자 입장

이에 반해 콘텐츠 제공자들의 입장을 살펴보면, 통신사들이 지나치게 자신의 수익을 극대화하는 것에만 치중하고 있다는 것이다. 콘텐츠 제공 사업자들은 실제로 통신사는 관련 생태계에서 매우 지배적인 힘을 가지고 있는 사업자라고 주장한다. 수익 구조적 측면에서도 일반 통신 가입자에게 돈을 받고 있으며, 콘텐츠 제공 사업자에게 또한 돈을 받고 있다. 그럼에도 불구하고 콘텐츠 사업자들에게 추가적인 이중 징수는 합당하지 않다는 것이다. 또한, 통신 사업자의 망 구축이 지금처럼 활성화된 것은 콘텐츠 제공 사업자가 좋은 콘텐츠를 창출하고 유통하는데 큰 비용을 투자한 결과이기 때문에 콘텐츠 제공 사업자는 무임승차가 아니라고 통신사업자의 주장을 반박하고 있다.

2) 주요국의 망 중립성 입장 분석

이렇게 양측의 주장이 모두 매우 팽팽하다. 따라서 이러한 망 중립성에 대하여 한국을 비롯한 외국 주요국(EU, 영국, 미국)의 정책 동향을 살펴보자. 각 국가들 모두 네트워크에 대한 투명성(Transparency), 접속 차단 금지(No Blocking), 불합리한 트래픽 차별 금지(No unreasonable Discrimination), 합리적인 네트워크 관리(Reasonable network Management)의 중요성을 강조한다. 하지만 사실 나라마다 자국의 정치와 경제 상황에 따라 망 중립성을 바라보는 관점과 지지 강도가 다르다.

① 유럽연합(EU, European Union) [통신 사업자 중심]

유럽연합에서는 통신 사업자들의 트래픽 관리 행위(traffic management)는 신뢰성 있고 효율적으로 네트워크를 운영하기 위한 필수적인 행위라고 어느 정도 합의(consensus)가 이루어진 것으로 파악된다. 하지만 정부 규제 당국은 일부 통신 사업자들이 특정 서비스를 차별적으로 우대하고 이러한 지배적인 서비스를 통해 수익을 남용하는 경우, 그리고 개인 프라이버시를 침해(DPI, Deep Packet Inspection)할 경우에는 트래픽 관리 행위 자체에 제재를 가할 수 있다. 유럽전자통신규제기구(BEREC, Body of European Regulators for Electronic Communications)는 망 중립성을 통신사들의 트래픽 관리 개념으로 받아들이는 것으로 판단된다.

② 영국 [통신 사업자 중심]

영국 역시 EU(유럽연합)와 비슷한 통신 사업자 위주의 망 중립성 정책을 운영하고 있다. OTT와 같은 동영상 트래픽으로 트래픽 폭증 현상이 발생하

였으며, 이에 따른 통신 사업자들의 고민에 대해 어느 정도 공감을 하고 있는 것이다. 그러므로 트래픽 관리를 위한 네트워크의 제어(control)가 현재로서는 효율적이고 유용한 방안이라고 정부에서 인정한 것이다. 영국에서는 콘텐츠 사업자가 데이터를 많이 발생시키는 고품질 서비스를 제공하는 경우, 콘텐츠 사업자에게 추가로 요금을 받을 수 있는 가능성을 제시하였다. 이러한 논리는 우리가 KTX를 탈 때, 특실을 선택한다면, 일반실을 이용할 때보다 더 높은 가격을 지급하는 것과 같은 논리이다. 하지만 영국 역시 통신 사업자들이 가입자들에게 모든 정보를 투명하게 제공하여야 한다고 하였으며, 통신 사업자들이 개인 정보를 침해할 수 없음을 명확히 하였다. 또한, 이를 정확하게 이행하지 않았을 시, 규제를 가할 수 있다고 하였다.

③ 미국 [콘텐츠 사업자 중심]

미국의 망 중립성 정책은 콘텐츠 사업자 중심으로 운영되는 경향이 높다. 따라서 통신 사업자는 사용자가 인터넷을 통해 합법적인 콘텐츠를 전송하거나 또는 전송받는 것을 침해할 수 없 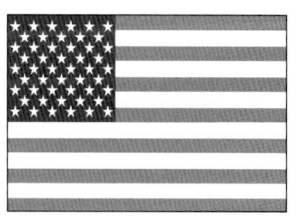 다는 것을 강조한다. 미국의 규제 당국인 연방통신위원회(FCC, Federal Communications Commissin)는 인터넷이 소비자의 선택, 표현의 자유, 경쟁, 혁신의 촉진을 가능하게 하는 민주적인 개방형 플랫폼으로 유지되는 것을 목표로 한다. 또한, 미국 연방통신위원회는 망 중립성에 대한 3가지 핵심 원칙으로 통신업자들의 의도적인 트래픽 차단 금지(No Blocking), 조절 금지(No Throttling), 지급에 따른 우선순위, 즉 차별 금지(No Paid Prioritization)를 제시하였다. 조절 금지는 통신 사업자가 의도적으로 콘텐츠 사업자의 콘텐츠 품질을 저하시키면 안 된다는 것을 의미하며, 차별 금지는 어떤 경우라도 특정 콘텐츠에 대해 우선적으로 전송하면 안 되고 먼저 발생한 신호에 대해 먼저 전송하는 중립을 지켜야 한다는 것이다.

앞서 언급한 주요국들의 망 중립성에 대한 정책 관련을 종합적으로 살펴보았을 때 아무래도 세계적으로 가장 많은 동영상 콘텐츠를 생성하는 유튜브가 미국 기업이다 보니 미국은 콘텐츠 업체에 관대할 수 있고, 유럽의 경우 유튜브와 같은 미국의 OTT 기업으로부터 자국의 통신사들을 보호해야 하는 입장이 될 수 있으니 통신사 중심에서 규제 정책을 형성한다고 볼 수도 있을 것으로 판단된다.

④ 한국 [제도의 육성 단계]

한국은 사실 아직까지 인터넷 관련 정책이 미약한 실정이다. 2008년 2월 정부 조직법 개정에 따라 정보통신부가 사라졌기 때문이다. 국내에서도 망 중립성 관련 정책 설정인 시급한 상황이지만 "해외에서 망 중립성이 이렇게 운영되고 있으니 우리도 이렇게 운영해야 한다."라는 주장은 국내 시장 상황에 부합성(fit)이 떨어질 수 있기 때문에 오차가 생길 가능성이 매우 크다. 따라서 우리나라 실정에 맞게 단·장기적인 측면을 모두 고려하여 망 중립성에 대한 실효성 있는 정책을 구축하여야 한다.

3) 망 중립성 이슈의 생태계적 관점으로의 해결책과 미래 과제

"좋은 네트워크가 없어 뮤직비디오가 끊긴다면 감동도 날아간다."
"좋은 뮤직비디오가 없다면 좋은 네트워크도 필요 없다."

이렇게 양측 주장 모두 매우 팽팽하다. 이와 같이 망 중립성 이슈는 나라별로 관점도 다르고 사업자별로 주장하는 강도 역시 다르다. 따라서 망 중립성 논쟁의 당사자인 콘텐츠 사업자와 정보통신 사업자 모두를 완전히 만족시키는 정책을 만든다는 것은 사실상 매우 힘들 것이라고 판단된다. 사업자들은 자사의 수익 극대화를 위해 선택과 집중을 하여야 한다. 따라서 무조건적인 평등 정책을 주장하는 것은 오히려 경쟁을 저해함으로써 전체적인 경제 발전에 해가 될 수도 있다. 그러므로 정부는 망 중립성 정책을 개발함에 있어 신중에 신중을 기할 수밖에 없다.

이러한 복잡한 문제를 해결하기 위해서는 경영학에서는 '복잡계 이론 관점에서 출발한 생태계적 접근법'을 적용한다. 음악산업과 같은 콘텐츠 산업과 이러한 콘텐츠를 실어 나르는 수로의 역할을 하는 정보통신산업은 사실 이미 떼려야 땔수 없는 하나의 생태계가 되었다. 아무리 좋은 음악 콘텐츠가 나오더라도 좋은 네트워크가 없어 사용자들이 스트리밍 서비스로 뮤직비디오를 감상하다 끊김 현상이 발생한다면 감동의 순간이 날아가게 되는 것이고, 좋은 네트워크 역시 좋은 콘텐츠가 창조되지 않는다면 아무런 의미가 없어지게 된다. 따라서 한 생태계 내에 속해 있는 이 두 주체들 모두가 공생(symbiosis)할 수 있어야 한다. 생태계적인 측면에서 공생의 개념은 한정적인 자원을 공유하며 살아가는 생명체들 사이에 계속해서 서로를 물어뜯는 것만이 살길이 아니며, 한 생태계 내 생명체들 간에 상호 간 공생할 수 있는 방향점을 찾는 것이 오히려 더 생존에 유리하다는 관점을 의미한다.

이러한 상황에서 경쟁 당국은 중립적인 입장에서 한쪽 생명체 집단의 지배력이 너무 강해져 다른 한쪽의 생존을 위협하는 상황을 공정하게 관리해야 하는 것이다. 따라서 콘텐츠 산업에서는 OTT를 통해 발생되는 동영상 트래픽 폭증 문제에 대한 책임의식을 인식하여야 하고 네트워크 산업 또한 콘텐츠 산업의 발전이 네트워크 산업의 발전에 기여한 사실을 인정해야 한다.

곧 국내 음악산업에서 창출되는 음악 콘텐츠도 홀로그램(Hologram) 콘텐츠가 나올 가능성이 크다. 홀로그램(Hologram)은 실제 사물을 보는 것과 유사한 입체감과 현실감을 제공하는 영상으로 기존 3D 영상과 비교해 안경을 착용하지 않을 필요도 없고 공간 왜곡도 없는 입체 영상 효과를 구현한다. 하지만 3D 영상이 근간이기 때문에 이러한 영상이 상용화된다면 지금보다 더욱 많은 인터넷 트래픽이 발생할 것이다. 현재의 4G 네트워크로는 홀로그램 영상의 상용화는 한계가 있고 이동통신망이 5G, 즉 차세대 네트워크 고도화가 이루어져야 한다. 그러므로 소비자 효용 극대화, 즉 경쟁력 향상을 위하여 통신사는 차세대 네트워크 투자 유인이 계속해서 발생하게 되는 것이다. 사실, 미국의 경우 벌써 음악산업에 홀로그램이 등장하고 있다.

2012년 미국의 음악 축제 코첼라(Coachella) 콘서트에서 예전에 생을 마감한 힙합가수 투팍이 홀로그램으로 제작되어 오프라인 콘서트장에서 스눕독과 공연을 했다. 코첼라(Coachella)에서 투팍(2Pac)을 본 사람들은 그 감동에 온몸에 소름이 끼쳤다고 한다. 이전에 생을 마감해서 다시는 그의 공연을 볼 수 없다고 생각하던 팬들의 눈앞에 전설의 힙합가수 투팍이 홀로그램 부활한 것이니 눈물을 흘릴 만도 하다. 홀로그램 영상은 이날 힙합 음악 팬들에게 정말 놀랍고 혁신적인 이벤트가 틀림없었다.

[홀로그램으로 부활한 힙합 전설 2Pac - 2012 코첼라 콘서트]

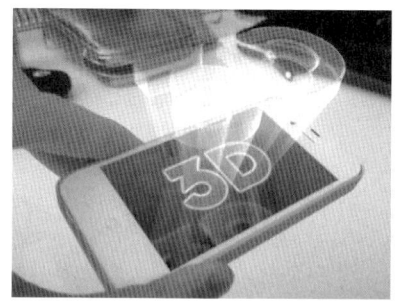

홀로그램 콘텐츠뿐만 아니라 벌써부터 Full HD보다 해상도가 4배가 높은 UHD 콘텐츠들이 유통되고 있기에 실제로 통신 사업자에게 여러 가지 이유로 차세대 네트워크 투자 유인이 발생되는 것이 사실이다. 따라서 통신 사업자와 콘텐츠 사업자 모두의 공진화(co-evaluation) 방안 모색이 매우 중요한 시기라고 할 수 있다. 마지막으로 정부는 이러한 비용 분담 논의를 전개함에 있어서 시장의 기능, 즉 보이지 않는 손에 의해 콘텐츠 사업자와 통신 사업자 양자 간의 협상에 의거한 방식뿐만 아니라 음악산업과 정보통신 생태계의 전반에 걸친 성장 기반 조성을 주요 관점으로 하여 이들의 처한 상황에 가장 부합할 수 있는 실효성 있는 정책 개발이 중요하다. 만약 정부가 혁신 디지털 시대에 맞는 통신법을 제정한다면 각 주체에 대한 선 규제 보다는 급변하는 상황을 지켜본 뒤 후 규제가 더욱 바람직할 것으로 판단된다.

전문가 인터뷰 1

이름 : 김태완 (C-LUV)
직업 : 음악 PD / 가수(힙합, R&B)
소속사 : 브랜뮤직
경력 : 2011.08~2012.12 키이스트 프로듀서,
2007.11~2011.08 제이튠 엔터테인먼트 프로듀서
작품 활동 : (100곡이 넘는 히트곡)
비, 소녀시대(티파니), 이현도, 김현중, 휘성, 거미, 소녀시대(티파니), JYJ, 조PD, 데프콘, 백지영, 애즈원, 시크릿(전효성) 등과의 작사, 작곡

김태완 프로듀서님, 우선 KBS 불후의 명곡에 히트 메이커로 선정된 것 축하드립니다. 프로듀서와 가수(C-LUV)를 모두 활동하시기에 저희가 가수 측면에서의 장점과 프로듀서, 즉 전략적인 측면에서의 OTT 방송의 장점 그리고 OTT 방송의 어려운 점을 모두 인터뷰하겠습니다.

자료: KBS2, 불후의 명곡

Q1. OTT(인터넷) 방송의 장점은 무엇이라고 생각하십니까?

우선 가수(Cluv)로서 공중파와 다양한 OTT 방송에도 출현을 해본 결과 느낀, OTT 방송의 장점은 무엇보다도 우선, 시청자들과 가수와의 '친밀도'를 향상시켜 준다는 점입니다. 대부분의 지상파는 일방적인 관계라고 하면 OTT는 양방향 소통성이 매우 크기 때문입니다. 실제로 제가 방송을 하면서 이 OTT 방송을 보는 시청자들과 채팅창에서 채팅을 하면서 방송을 한 적이 있습니다. 수많은 사용자들이 OTT 방송을 시청하면서 자신들의 생각들을 채팅창에 올리며 우리는 시청자들의 생각에 실시간(real time)으로 답변을 하면서 방송을 진행할 수 있기 때문에 이러한 과정을 통하여 우리는 가수와 팬을 포함한 불특정 대중들과의 친밀도를 향상시킬 수 있게 되는 것입니다. 이것은 분명 정보통신의 발전으로 매체의 진화로부터 양방향 소통이 가능해진 결과에 기인된 것이라고 볼 수 있습니다. 따라서 새롭게 등장한 매체의 장점인 소통 가능성이란 요소를 잘 활용하는 것은 가수의 프로모션에 매우 긍정적인 영향을 미칠 수 있는 것으로 판단됩니다.

 두 번째로 OTT의 전략 수립 측면에서 장점은, 꾸밈없는 실시간 방송을 통하여 기존 팬들 뿐만 아니라 불특정 다수로부터 대중의 신곡이나 태도 등에 대한 반응(feedback)과 요구사항(need)을 실시간으로 파악할 수 있다는 점입니다. 저 같은 경우 OTT 방송[KT music(alleh music)]에서 박재범, 전군, 디유닛, crush와 함께 R&B Real 콘서트(생중계 영상)를 진행하였습니다. 이를 통하여 평소에 알고 싶었던 프로듀서가 아닌 가수 김태완(C-LUV)으로서의 피드백을 실시간으로 확인할 수 있었습니다. Mnet '쇼미더머니 4'에 출현한 브랜뉴 뮤직의 소속 가수 한해 역시 OTT 방송(브랜뉴 TV)을 통해서 자신의 신곡 3곡을 공개하고 방송을 통해 곡에 대해 설명한 후 시청자들의 투표, 즉 반응을 살펴 타이틀곡을 정하는 사례 또한 대중들의 의견을 수렴하는 좋은 예라고 볼 수 있습니다.

(자료 : KT Music, 브랜뉴 TV)

Q2. OTT(인터넷) 방송의 어려운 점은 무엇이라고 생각하십니까?

OTT 방송의 어려운 점은 첫째, 정말 불특정 다수가 대상이므로 지상파 방송과 비교하여 정말 다양한 견해들이 혼재한다는 점입니다. 거기서 저희가 프로듀싱하는 가수에 대한 정확하고 핵심적인 요구사항이 무엇인지를 선별하는 기준을 설정하는 것 또한 매우 어려운 작업임이 틀림없습니다.

두 번째 어려운 점을 뽑자면, OTT 방송은 대부분 꾸밈없는 느낌과 함께 출연 가수가 라이브로 방송을 진행해야 한다는 점입니다. 즉 이러한 라이브 방송은 사실 진행 가수와 출연 가수에게 많은 고충을 안겨줍니다. 친근함이 장점이기도 하지만, 사실 가수는 본질적으로 시청자들의 사랑을 먹고 크기 때문에 꾸미지 않은, 즉 정제(편집)되지 않은 자신의 모습을 보여준다는 점에서 걱정이 앞설 때도 많습니다. 그뿐만 아니라 지상파 방송과 같이 전문 MC가 진행을 하는 것이 아니기 때문에 자칫 잘못하면 방송이 지루하게 만들 수 있다는 사실에 대한 부담감이 높은 편입니다.

하지만 이러한 어려운 사항들은 새로운 방송 채널이 등장하면서 저희가 해결해야 할 숙제라고 생각하고 있습니다. 따라서 개개인의 시청자 의견을 면밀히 검토, 분석하고 단점에 대한 보안책을 마련하기 위하여 지속적으로 아이디어 회의를 실시합니다.

, **05**

소비자 경험(UX) 중심 음악 시대
- 인간의 감성은 각도기로 재어 만드는 것이 아니다 -

(그림 출처 : Well Sprit Management Consulting)

소비자 중심의 역 시장(Reverse Market),

경험 산업(experience industry), 감성 케어

상호작용, 인간 중심, 진정성, 감성(emotion),

친근감, 재미(Fun), 순수한 가치(pure value)

의미 있는 콘텐츠

"인간의 감성은 각도기로 재어 만드는 것이 아니다"

처음 발표한 음악을 어떻게 하면 대중이 끝까지 듣게 만들고 또 재청취를 유도할 수 있게 음악 콘텐츠를 제작할 수 있을까? 이러한 질문은 음악산업 종사자라면 누구나 생각하는 근본적인 질문이다. 이 질문에 해답을 찾아내기 위해서는 인간의 감성적인 측면, 그리고 기술적인 측면 모두를 고려하여야 한다. 이러한 맥락에서 최근 정보통신기술(ICT: Information & Communication Technology) 기반의 제품·서비스 그리고 콘텐츠의 창출에 사용자 경험(UX: User Experience) 디자인에 대한 관심이 고조되고 있다.

정보통신의 발전은 앞장에서 설명한 SNS와 OTT 등의 새로운 소통 채널을 등장시킴으로써 '사용자와 사용자' 혹은 '사용자와 기업' 간에 원활한 의사소통을 가능하게 연결시켜 주었고 기업은 고객의 요구사항을 극대화시키고 숨은 소비 의도를 파악하기 위하여 지속적으로 고객 반응을 탐색하게 되었다.

스마트 시대 소비자 중심의 영향력이 급속히 확대되면서 기업 조직도 이미 기업 중심에서 고객 중심으로 기업의 운영 전략이 바뀐지 오래다. IBM에서 2013년 발표한 최고 제품 책임자(CPO, chief product officer) 1,128명과 세계적으로 영향력이 있는 마케팅 전문가 500명을 대상으로 한 조사보고서에 따르면, 기업이 일관성 있는 고객 경험을 제공하지 못해 발생하는 손실이 미국의 경우만 한 해 830억 달러(환화, 약 97조 3,000억 원)에 달하는 것으로 밝혀졌다. 이는 사용자 경험의 이해는, 즉 매출로 직결된다는 것을 의미한다. 그러므로 모든 의사 결정에서 사용자가 중심이 되는 경영(User-Centric Management)을 하는 것은 오늘날 기업이 지속 가능한 경영을 실현하게 하는 핵심 요소이다.

아이폰으로 촉발된 정보통신산업의 진화는 음악산업을 듣는 음악에서 보고 듣는 음악으로 변화시켰다는 점을 이번 장에서는 더욱 깊이 있게 생각해 보아야 한다. 영상과 함께 전달되는 음악은 이용자들로 하여금 더욱 많은 감정을 이끌어낼 수 있기 때문이다. 따라서 어떻게 뮤직비디오를 만들고 소비자들과 소통할 것인가는 스마트 시대에서 반드시 고려해야 할 사항이다. 즉 스마트 시대에 음악제작사는 음악 콘텐츠를 통하여 사용자의 경험을 더욱 행복하고 감동을 극대화시키기 위해서 자사의 창조적 역량을 더욱 키워야 할 것이다. 이번 장에서는 사용자 경험을 중심으로 한 음악 콘텐츠의 제작 전략에 대해서 알아보도록 하자.

01
사용자 경험(User Experience, UX) 이란?
성공하고 싶으면 '사용자 경험'을 파고들어라!

우리는 항상 어떠한 것을 경험(experience)하면서 살아가고 있다. 경험은 무엇일까? 경험이란 자신에게 주어진 어떤 현상을 직접적 혹은 간접적으로 겪으면서 감각기관을 통해 획득하게 되는 주관적인 느낌이다. 즉 경험은 어떤 물질과 상호작용을 통해 알게 되는 지식 또는 변화하는 감정으로 저절로 발생하는 것이 아니다. 예를 들면 우리는 음악 콘텐츠를 통하여 새로운 지식을 얻게 되고 감정의 변화를 경험하게 된다.

[음악을 통한 사용자 경험(UX)의 변화]

우리는 과거의 경험을 바탕으로 현재의 행동을 결정하게 되며, 현재의 경험을 토대로 미래의 행동을 결정하게 된다. 그러므로 경험은 과거만 의미하는 것이 아니라 과거와 현재, 그리고 미래 행동의 연결고리 역할을 수행하는 스마트 시대에 매우 중요한 요소이다.

사용자 경험(UX: User Experience)이란 용어의 개념은 미국 캘리포니아 대학교 인지과학과의 명예교수이자 노던 웨스턴 대학교의 컴퓨터공학과의 교수인 '도널드 노먼(Donald Norman)'에 의해 1993년 정립되었다.

사용자 경험(UX)은 연구자의 관점에 따라 다른 정의를 내릴 수 있지만, 일반적으로 사용자가 어떤 시스템, 제품, 서비스를 직접적 혹은 간접적으로 이용하면서 느끼고 생각하게 되는 지각과 반응, 행동이 하나로 묶여 있는 종합적인 경험을 말한다.

경영학적 관점에서 사용자 경험(UX)은 사람을 이해하고 배려하는 나눔의 대화이며 사용자가 제품이나 서비스와 상호작용하면서 체감하는 모든 감정과 기억을 의미한다. 그러므로 사용자 경험(UX)의 정확한 이해는 기업의 매출과 직결되므로 이러한 사용자 경험을 제대로 이해하고 근본적인 개념을 정의하고자 하는 노력은 산업뿐만 아니라 학계에서도 매우 중요한 이슈로 다루어지고 있다.

사용자 경험은 '인간-컴퓨터 상호작용(HCI: Human-Computer Interface)' 연구에서도 활발하게 사용되는 개념이며, 이러한 사용자 경험의 이해를 바탕으로 하는 HCI 연구들을 토대로 컴퓨터 산업에서 또한 하드웨어와 소프트웨어의 발전이 개발자 중심에서 사용자 중심으로 재편되고 있다. 현재 사용자 경험은 거의 모든 산업에서 사용자의 일상적인 삶의 루틴(routine)을 더욱 즐겁고 풍요롭게 만들어 주는 핵심이기 때문에 유형의 상품에서 무형의 상품(콘텐츠)에 이르기까지 필수 고려 사항으로 각인되고 있다. 따라서 사용자 경험이 전략적으로 어떻게 활용되는지를 제대로 이해하려면 여러 분야에 걸친 총체적인 관점으로 접근해야 하며 고객이 속해 있는 환경적인 요소 역시 세부적으로 고려되어야 한다.

02
사용자 경험 디자인(UX Design)의 특징

1. 사용자 경험 디자인이란?

본 장에서는 사용자 경험 디자인에 대해서 더욱 세부적으로 파헤쳐 보도록 하자. 사용자 경험 디자인(UX Design)이란 소비자가 제품이나 서비스 등을 선택하거나 사용할 때 발생하는 제품과의 상호작용을 제품이나 서비스 제작의 주요소로 고려하는 것이다. 사용자 경험 디자인은 이러한 고객과의 소통을 통하여 소비자의 제품 및 서비스 사용 목적에서 벗어나는 요소를 최소화하고 더욱 긍정적인 소비자의 경험을 이끌어 내는 경영 전략 기법이다.

이러한 사용자 경험 디자인의 장점은 한 번 사용자 경험 디자인을 통해 제작된 제품이나 서비스에 길들여지면 해당 사용자는 쉽게 다른 서비스로 이탈하기가 쉽지 않다. 따라서 사용자들의 지속 가능한 사용 의도를 보장받을 가능성이 높다는 것이다. 경영학에서는 이를 '사용자 충성도(loyalty)'라고 표현하기도 한다. 다시 말해 정보통신이 발달한 스마트 시대의 사용자가 제품 혹은 서비스를 사용할 때 상호 간에 교감(rapport)을 이루어 낼 수 있는 비즈니스 모델을 구축하여야 한다는 것이다. 따라서 커뮤니케이션 생태계에서 다양한 사용자들에게 진실하게 접근하여 그들의 감성을 자극하는 것이 이 시대 기업의 핵심 성공 요소

(CSF: critical success factor)라고 볼 수가 있다. 흔히 사람들이 UI와 UX를 혼동하는 경우가 많다. UI는 User Interface의 약자로 감성적 측면보다는 사용자들이 시스템을 사용할 때 얼마나 기능적으로 사용자에게 편리함을 제공하는가에 초점이 맞추어져 있다. UX는 이러한 UI를 포괄하는 더욱 상위의 개념이라 볼 수 있다. 사용자 경험 디자인을 구축하려면 어떤 요소들이 포함되어야 할까? 영국에 근간을 두고 파괴적 혁신을 기업의 모토(motto)로 하는 모바일 애플리케이션 제작업체 Waracle은 아래 그림과 같이 사용자 경험 디자인에 속하는 요소들을 발표하였다. 이를 살펴보면, 정보 구조(information architecture), 전체적인 구조(architecture), 콘텐츠(시각적, 청각적), 산업 디자인(Industrial design), 사운드 디자인(sound design), 시각 디자인(visual design) 등이 있지만, 이 중 가장 중심이 되는 요로로 '상호작용 디자인(interaction design)'과 '인간적 요소(human factor)'가 사용자 경험 디자인의 중심에 있다는 것을 알 수 있다.

[사용자 경험 디자인]

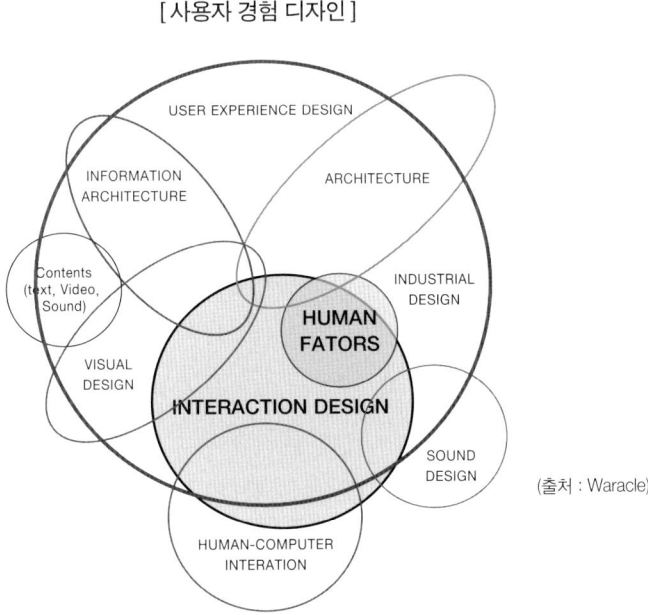

(출처 : Waracle)

2012년 사회과학자 Laghari는 자신의 논문을 통해서 현대사회를 커뮤니케이션 생태계(Communication Ecosystem)라고 주장하였다. 그는 커뮤니케이션 생태계의 핵심은 인간적인 측면(human side), 즉 사용자를 중심으로 한 역발상과 관련이 있다고 하였으며 이러한 커뮤니케이션 생태계 내에서 성공 전략의 첫 번째 원칙은 사용자들이 자율적이고 상호적으로 정보를 원활하게 교환할 수 있는 장(circumstance)을 기업 측면에서 마련해 주어야 한다는 것이다.

  그는 커뮤니케이션 생태계에서는 사용자 경험 품질(QoE : Quality of Experience)을 기업 성공의 가장 주요한 요소라고 주장하였다. 사용자 경험 품질이란 각각 사용자들이 처해 있는 문맥, 즉 상황(context)을 고려하여 사용자가 기업의 상품이나 서비스를 이용함에 있어 사용자가 인지하게 되는 경험에 대한 품질 평가이다. 이렇게 여러 사용자의 경험에 대한 품질을 더욱 잘 보장하는 서비스를 구현하려면, 서비스 제공자들은 사용자를 더욱 구체적으로 세분화하여 바라볼 수 있는 눈이 필요하다. 사용자를 세분화해 보면 사용자는 첫째 무료 사용자, 둘째 돈을 내고 사용하는 사용자, 그리고 셋째 사용자들이 커뮤니티를 만들어 탄생된 그룹 사용자로 나눌 수가 있다.

  이렇게 사용자들을 세분화해서 보게 되면 각각의 사용자별로 그들이 원하는 것(need)과 요구사항(requirement)이 다르다는 것을 알 수 있다. 예를 들어 돈을 내고 콘텐츠를 소비하는 사용자에게는 무료로 콘텐츠를 소비하는 사용자보다 더욱 고품질의 서비스를 보장해 줌으로써 무료 사용자와 차별화를 느낄 수 있는 사용자 경험 디자인이 기획되어야 하는 것이 당연한 이치이다. 이처럼 돈을 내고 콘텐츠를 이용하는 사용자를 소비자, 즉 고객(customer)이라고 한다. 사용자 경험 디자인은 각각의 세분화된 사용자 별로 다르게 기획되는 것이 가장 이상적인 것이다. 하지만 음악 콘텐츠의 경우, 음악을 듣는 청취자 한 명 한 명을 대상으로 곡을 제작한다는 것은 사실상 너무나 멀리 떨어져 있는 이상향적인 생각이다. 따라서 하나의 음악 콘텐츠를 제작하기 위해서 어떤 집단 층을 표적으로 할 것이며, 또한 그들이 가지고 있는 공통적인 특징이 무엇인지를 일반화하여 하나의 콘텐츠로 다수가 만족할 수 있는 음악 콘텐츠를 제작할 수 있어야 한다.

2. 사용자 경험 디자인의 특징

사용자 경험 디자인 분야의 전문가인 Sematic Studios의 대표 피터 모빌(Peter Morville)은 사용자 경험 벌집(The User Experience Honeycomb) 모형을 통해 사용자 경험 디자인이 가지는 특성을 나타내었다. 피터 모빌은 사용자 경험 디자인의 특성 중 가장 중요한 특성은 가치를 창출하는 것이라고 하였다. 그리고 이와 같은 개인적인 가치를 창출하기 위해서 유용성(useful), 호감·매력성(desirable), 접근성(accessible), 신뢰성(credible), 탐색성(findable), 사용성(usable)이 보장될 수 있어야 한다고 하였다.

이제 피터 모빌이 이야기하는 각 주요 특징들의 개념에 대하여 하나 하나 살펴보자.

첫째, 유용성(Useful)은 어떠한 목적을 달성하기 위해서 제작한 물건이나 서비스가 사용하기 쉬운 정도를 의미한다. 즉 사용자가 해당 제품이나 서비스를 사용함에 있어 그 취지를 쉽게 달성할 수 있도록 제품이나 서비스를 기획하여야 한다는 것이다.

둘째, 호감·매력성(Desirable)은 쾌락적 가치(hedonic value)와 재미(fun)가

있는 정도를 의미한다. 아무리 좋은 제품 혹은 서비스라고 해도 사용자 경험 디자인을 위해서는 인간의 감성을 움직일 수 있는 즐거움이라는 가치가 추가적으로 더해져야 한다는 것이다.

셋째, 접근성(Accessible)은 중립적 환경(neutrality environment) 구축의 정도를 의미한다. 중립이라는 말의 의미는 차별 없는 공평성을 의미한다. 다시 말해 사용자 경험 디자인을 전체적으로 기획하기 위해서는 서비스의 이용에 있어 모든 사람이 차별 없이 이용 가능한 환경이 우선시 되어야 한다는 것이다.

넷째, 신뢰성(Credible)은 사용자가 기업이 제공하는 제품이나 서비스를 믿을 수 있는 정도이다. 즉 기업이 사전에 제시한 약속에 대해 책임과 의무를 다할 것인가를 나타내며 추가적으로 기업이 해당 산업에서 뛰어난 전문성을 가지고 있는지를 의미한다. 이를 지식에 기초한 신뢰(knowledge-based trust)라고 한다. 경영학에서는 신뢰를 다른 말로 일관성(consistency)이라고도 한다. 어떤 사람이 일관적으로 업무를 대하고 지속적으로 좋은 성과를 창출한다면 이 사람은 신뢰가 가는 사람이라고 판단할 수 있다.

다섯째, 탐색성(Findable)은 특정한 정보를 찾기 위해서 얼마나 빨리 찾을 수 있는가에 대한 정도를 의미한다. 탐색성은 검색성으로도 불리며 이는 여러 분야에서 해당 서비스의 품질을 측정하는데 널리 이용된다.

마지막으로 사용성(Usable)은 사용자가 인터페이스(interface)를 얼마나 쉽고 편리하게 사용 가능한지에 대한 정도를 의미한다(Jakob Nielson, 1993). 따라서 사용성을 유용성과 비슷한 맥락으로 보는 시각도 존재한다. 결국, 어떠한 제품과 서비스가 소비자에게 좋은 경험을 가져다주기 위해서는 앞서 언급한 모든 요소들이 어느 한 요소에만 치우치는 것이 아니라 각 요소들 간의 균형(balance)을 형성하는 것이 중요하다.

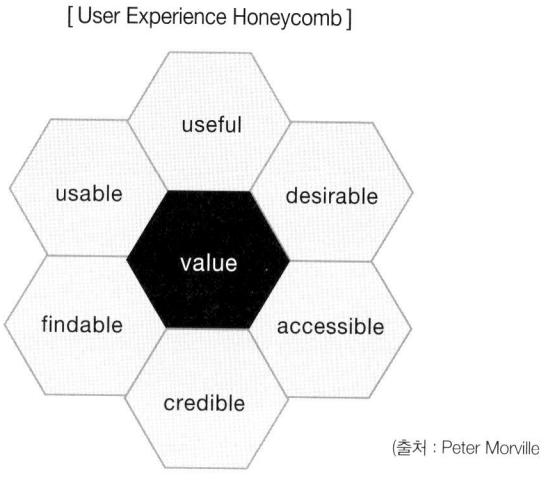

(출처 : Peter Morville)

 여기서 재미있는 사실은 사용자 경험 디자인 구축을 위한 전략적 특징들 중에 가격, 즉 경제성이라는 변수는 언급되어 있지 않은 점이다. 따라서 사용자 경험 디자인을 극대화하기 위해서는 광고(advertisement)성 멘트, 즉 단순히 판매 위주의 말을 삼가고 사용자들에게 가치(value)를 전달해 주는 방안을 고려해야 한다는 점을 시사한다.

3. 만질 수 있는 제품(tangible product)에서의 사용자 경험 디자인

 사용자(user) 경험을 고려하여 제품 및 서비스를 판매하는 것은 오늘날 기업의 생존을 위하여 매우 중요한 전략임이 틀림없다. 기업이 고객과의 면밀한 상호작용을 통해 그들의 요구사항을 인지하고 기획 및 생산하는 사용자 경험 디자인은 사실 무형의 콘텐츠 시대 전 유형의 상품 마케팅에서도 발견할 수 있다.

우리가 흔히 접할 수 있는 토마토케첩의 예를 들어보자. 1869년에 설립된 미국 식품 공급업체인 하인즈(Heinz)사의 토마토케첩은 1876년 세계 최초로 유리병을 사용한 케첩이었다. 유리 재질로 제작된 하인즈사의 토마토케첩은 소비자들이 내용물을 확인하면서 케첩을 먹을 수 있기 때문에 기존 캔 소재로 만든 케첩과 비교하였을 때 남은 양을 확인할 수 있고, 녹슬지 않아 더욱 유용하고 스마트하게 케첩을 이용할 수 있었고, 소비자들에게 큰 인기를 누렸다. 하지만 세월이 흐르자 다른 많은 케첩 사업자들이 하인즈사와 같은 유리 재질로 상품을 생산함으로써 더 이상 유리병으로는 지속적인 경쟁 우위(competitive advantage)를 차지할 수 없게 되었다. 하인즈사는 더 이상 유리병만으로는 소비자에게 경쟁자와 차별화되는 경험을 제공하지 못하게 되었다.

그러므로 하인즈사는 새로운 UX 디자인을 통해 새로운 센세이션(sensation) 창출이 필요하게 되었다. 그들은 끊임없는 고객과의 소통을 통해 기존에 유리병 재질은 무게도 무거울 뿐더러 아이들이 케첩 병을 바닥에 떨어뜨리게 되면 유리 파편에 다칠 수 있다는 것뿐만 아니라 유리는 수축되지 않기 때문에 바닥에 남아 있는 케첩을 먹기가 어렵다는 사용자의 부정적인 경험을 알게 되었다. 그 후 하인즈는 케첩 용기의 소재를 안전하면서도 가볍고 남은 케첩을 먹기 쉽게 하도록 플라스틱으로 변경하였다. 플라스틱은 짤 수 있는 수축성이 있으므로 소비자들은 마지막 남은 케첩을 유리병보다는 더욱 쉽게 먹을 수 있게 되었다. 이러한 변화로 소비자들은 하인즈사의 케첩을 소비하면서 다른 경쟁사와 차별화되는 편의성과 만족감을 느낄 수 있게 되었다.

하인즈의 UX 디자인 개발은 여기서 끝나지 않았다. 2000년도에 들어서는 소비자들에게 새로운 편의성과 만족감을 제공하기 위해서 소비자들이 케첩을 소비할 때 마개가 있는 쪽으로 뒤집어 짠다는 것과 마지막에 남아 있는 케첩을 먹기 위해 플라스틱 용기 뒤를 두드려야 하는 불편사항 알아차리고 이를 해결하기 위해서 케첩을 세울 때의 상하 위치를 바꾸어 제품을 생산하였다. 이러한 UX 디자인의 발전 노력으로 하인즈사는 사용자들에게 '뜻밖의 편리성'을 제공할 수 있다. 이를 통해 하인즈 케첩 사용자들은 하인즈사가 사용자를 얼마나 생각하는지를 자연스럽게 알 수 있게 된다.

　이러한 사용자 경험에 입각한 기업의 행동은 고객들에게 진정성(authenticity)을 느끼게 해줌으로써 최종적으로는 고객 충성도(loyalty)를 증가시킨다. 진정성이라는 단어는 그리스어 'authentikos'에서 유래한 말로 '진짜'라는 뜻이다. UX 디자인은 진정성에 입각하여 '이 회사가 정말 나를 귀중하게 생각하는구나.' 느끼게 해주기 때문이다. 이렇게 개개인의 사용자 경험(UX)에 입각하여 디자인된 제품 및 서비스를 대량 생산하는 전략을 매스 커스터마이제이션(mass-customization)이라고 한다. 상기 내용을 종합해 보았을 때 UX 디자인을 입각한 진정성 있는 사용자 경험의 이해는 기업이 창의적·독창적인 제품을 생산할 수 있고 차별화를 창출함으로써 지속 가능한 우위를 차지할 수 있는 핵심전략이라는 것을 알 수 있다.

[만질 수 있는 상품에서의 사용자 경험 디자인]

음악산업에서 만질 수 있는 제품에서의 사용자 경험 중심 디자인의 하나의 사례로 Gramovox사에서 제작한 블루투스 축음기를 들 수 있다. 디지털 시대에서 아날로그 감성을 찾는 수요층의 증가를 겨냥한 제품으로 예전에 아날로그 제품으로 음악을 들어본 청취자라면 누구나 이 제품에 대해서 호감·매력을 가지게 될 것이다. 이를 '디지로그(digilog)'라고 한다. 디지털과 아날로그의 합성어로 디지털 시대 사용자 경험을 극대화하기 위한 하나의 전략으로 상품을 기획할 때 디지털 기술의 편리성과 과거 아날로그의 감성적인 측면의 교집합을 찾는 전략으로 스마트 생태계의 상품 개발의 대표적인 전략 중 하나이다.

[음악 상품에서의 사용자 경험 디자인- 블루투스 축음기]

첫 번째, 하인즈 케첩의 사례가 유용성(Useful) 측면의 사용자 경험 디자인의 측면이 강했다면 두 번째, 블루투스 축음기의 경우는 호감·매력성 그리고 재미(fun)의 관점에서의 사용자 경험 디자인의 특징이 녹아 들어 갔다고 판단할 수 있다.

4. 음악 콘텐츠(music contents)에서의 사용자 경험 디자인

　음악 콘텐츠에서도 사용자의 경험 디자인은 최근 콘텐츠의 성공과 실패에 있어 매우 중요한 요소가 되고 있다. 음악 콘텐츠를 무형의 경험경제라고 표현하기도 할 만큼 음악 콘텐츠에서 나의 경험, 그리고 타인의 경험이라는 요소는 음악 콘텐츠의 성패를 좌우할 만큼 영향력 있는 요소이다. 경험이라는 것은 인간의 '감정(emotion)'이라는 요소를 생성한다. 그렇기때문에 유형의 제품보다 더욱 청취자의 감정을 이끌어내야 하는 것이기 때문에 사용자 경험 디자인은 무형의 '음악 콘텐츠'에서 더욱 중요한 비중을 차지할 수밖에 없다. 음악산업에서 사용자 경험 디자인을 활용하여 콘텐츠를 제작하는 배경을 살펴보면 자사 음악 콘텐츠의 비교 우위(comparative advantage)를 획득하고 지속적인 팬들의 관심을 끌기 위해서 사용자 경험 디자인의 활용이 시작되었다.

　국내 음악산업만 해도 한 해에 수백 명의 신인 가수들이 데뷔(debut)를 한다. 그뿐만 아니라 이미 이전에 데뷔하여 대중들에게 인지도를 가지고 있는 기존 가수들 역시 음악 생태계 내에서 이미 시장 영향력을 보유하고 있는 경쟁자로 존재한다. 실제로 음악 콘텐츠를 제작하는 사업은 이미 시장이 포화에 이르렀으며 경쟁이 극도로 심한 시장이다. 특히, 음악 콘텐츠를 소비하는 소비자의 수준 또한 증가한 상황이다. 한마디로 경쟁이 매우 치열하다고 판단할 수 있다. 이렇게 향상된 수준의 청취자와 치열한 경쟁 구도가 형성되어 있는 음악 생태계 내에서 소비자의 마음을 흔들 수 있는 경쟁력 있는 콘텐츠를 창출하려면 어떤 전략을 포함시켜야 할까?

　해당 질문에 대한 해답 중 하나가 바로 '사용자 경험 디자인'이다. 음악 콘텐츠 제작 기획자들이 콘텐츠 제작 시 청취자 입장에서 콘텐츠와 더욱 상호 소통 가능하여 감정 이입과 교감이 더욱 쉽게 이루어질 수 있게 음악 콘텐츠를 제작하는 것이 현대 음악 생태계의 성공 키워드라는 것이다. 본 장에서는 사용자 경험 위주 디자인을 근간으로 한 음악 콘텐츠 제작 전략에 대해 살펴보고자 한다. 사용자 경험 위주 디자인 음악 콘텐츠 제작 전략으로는 1) 일반인 참여 유도, 2) 추억 공유를 통한 공감대 경험하기, 3) 후크 송(Hook Song) 제작하기, 4) 패턴 위주의 춤 동작 제작하기가 있다.

03
UX Design에 입각한
음악 콘텐츠 제작 전략

1. 일반인 참여 유도

"청취자의 삶이 자연스럽게 음악에 녹아나야 한다."

　사용자 경험 디자인에 입각한 음악 콘텐츠 제작의 첫 번째 전략은 '일반인의 참여를 유도'하는 것이다. 이는 음악 콘텐츠(뮤직비디오)를 제작할 때 기존 제작 방식인 가수나 인기 연예인이 아닌 일반인을 등장시켜 시청자들의 새로운 관심을 얻는 전략이다. 따라서 '일반인 참여 유도 전략'에서는 일반인이 뮤직비디오의 주인공이 되는 역발상 전략이 포함되어 있다. 2013년 7월 MBC의 대중문화 산책 코너에서는 "일반인 참여를 유도하는 뮤직비디오가 인기"라는 제목으로 일반인 참여가 음악 콘텐츠 성공에 미치는 영향을 소개하였다. 그리고 MBC '대중문화 산책'에 출현한 소셜 미디어 전문가 박용후는 "일반인 참여 뮤직비디오는 뮤직비디오가 들려주고자 하는 스토리가 일반인에게 동떨어진 스토리가 아니라 자신과 매우 닮아 있는 이야기임으로 시청자들이 쉽게 동질감을 느낄 수 있게 해주는 장점이 있다."라고 하였다.

[일반인 참여 유도 전략]

(출처 : MBC, 대중문화산책, 2013)

　사람들은 이렇게 뮤직비디오에 등장하는 일반인에게 동질감을 느낌으로써 콘텐츠를 자신들만 보는 것이 아니라 다른 사람에게 전달하는 행동을 취한다고 하였다. 그 이유는 자신의 상황과 유사한 콘텐츠를 상대방에게 전달함으로써 자신의 감정과 상황을 간접적으로 표현할 수 있기 때문에 시청자들의 공유 욕구를 불러일으킬 수 있다. 또한, 해당 방송에서 김재용 기자는 강압적으로 만든 뮤직비디오, 즉 밀어내기 형태의 뮤직비디오 시대는 이미 막이 내려졌다고 하였다. 정보통신기술(ICT)이 발달한 커뮤니케이션 시대에서는 일반인들의 관심과 흥미를 유발하고 뮤직비디오를 보고 있는 사람들의 마음에 '두근거림', 즉 순수한 감성을 유발시켜 주는 것이 성공의 키워드라고 언급하였다. 이를 위해서는 콘텐츠가 자신을 대변하여 자신의 이야기를 간접적으로 있어야 하기에 일반인을 참여시켜 뮤직비디오를 만드는 것은 효과적일 수밖에 없다. 일반인 참여를 유도하여 콘텐츠를 제작하기 위해서는 두 가지 방법이 존재한다. 첫째, 음악 콘텐츠(뮤직비디오) 제작에 일반인을 직접 참여시켜 주인공 혹은 조연의 역할을 수행하도록 하는 것이다.

해당 사례로 아래 그림과 같이 미국의 힙합 뮤지션인 퍼렐 윌리엄스(Pharrell Williams)의 뮤직비디오를 들 수 있다. 그는 세계 최초로 소셜네크워크서비스(SNS : Social Network Service)를 활용하여 자신의 곡 'Happy'를 24시간 일반인과 함께 하는 뮤직비디오를 제작하였다.

[일반인 참여 유도 전략 - ① 주인공의 역할]

(출처 : http://24hoursofhappy.com)

퍼렐 윌리엄스의 홈페이지를 방문해서 뮤직비디오를 보게 되면 여러 명의 일반인이 퍼렐 윌리엄스의 곡 'Happy'의 흥겨운 리듬에 맞추어 춤을 추는 것을 볼 수 있다. 이 뮤직비디오는 마치 실시간 영상을 보는 듯한 느낌을 주며, 따라서 이 영상을 보는 일반인들은 자신도 따라 춤을 추고 싶은 욕구가 생기게 된다. 하지만 해당 방식의 뮤직비디오 제작은 자칫 잘못하면 가수의 얼굴이 일반인에게 알려질 수 없는 단점 또한 존재한다. 가수는 콘서트를 통해서 얻는 수익의 비중이 크기 때문에 자신의 얼굴이 대중에게 알려지고 친숙해 지는 것은 매우 중요한 부분이다.

퍼렐 윌리엄스의 경우 '일반인이 전적으로 주인공이 되는 뮤직비디오' 버전과 '일반인과 자신이 함께 주인공이 되는 뮤직비디오' 버전을 함께 출시하였다. 즉 일반인 참여의 두 가지 버전을 발표한 것이다. 국내 뮤직비디오 사례를 들면 마이티마우스의 싱글앨범 '웃어', 원더걸스 '라이크 디스(Like This)' 그리고 이승철의 'My Love' 등이 있다.

두 번째 일반인 참여 유도 전략은 콘텐츠 홍보를 위한 가수의 '버스킹(busking)'이다. 가수가 직접 일반인들을 찾아가 라이브로 노래를 부르는 전략이다. 버스킹은 외국에서는 도시의 광장을 중심으로 많은 가수가 활용을 하고 있는 거리 예술로 분류된다. 한국에서는 홍익대학교 앞 놀이터에서 인디 밴드들이 버스킹 공연을 주도하고 있으며, 지금은 버스킹 역시 많이 활성화되어 각 지역의 주요 젊음의 거리에서 밴드뿐만 아니라 일반인들의 버스킹 공연 또한 빈번하게 행해지고 있다.

[일반인 참여 유도 전략 - ② 버스킹(busking)]

10센티(10cm) 해운대 길거리 공연

버스커 버스커 건국대학교 길거리 공연

버스킹을 하게 되면 무엇보다도 우선 관객 바로 앞에서 바로 노래를 할 수 있기 때문에 일반인들과 가수와의 거리가 더욱 가까워질 수 있다.

따라서 가수는 관객과의 교감을 더욱 자연스럽게 이끌어낼 수 있으므로 자신의 곡에 대한 관객들의 몰입도와 호감도를 높일 수 있게 된다. 버스킹 공연을 관람하는 관객들은 TV와 같은 대중 매체 혹은 돈을 지급해야 하는 콘서트에서만 가수의 라이브 공연을 볼 수 있다는 기본 인식이 깨어지면서 가수에게 더욱 친근감이 생기는 동시에 평소에 예상하지 못한 새롭고 신선한 재미를 경험할 수 있게 된다.

그러므로 버스킹 전략은 최근 뮤직비디오 제작에도 콘셉트로 활용되고 있다. 예를 들면 다음 쪽 사진과 같이 지에프 엔터테인먼트 소속 콜라보이스(Colla Voice)는 두 번째 싱글 앨범인 '그 노래'를 발표하고 뮤직비디오를 버스킹 형식으로 제작하였다. 제작자는 동아닷컴(http://sports.donga.com)과의 인터뷰에서 "이러한 방식의 뮤직비디오는 버스킹 공연 중 즉석에서 기획된 것이므로 가수들의 자유로운 음악적 표현을 직접 촬영하고 편집한 팬 서비스 개념의 순수한 영상이며, 콜라보이스의 버스킹 공연을 직접 보지 못한 음악 팬들을 위한 작은 선물"이라고 언급하였다. 버스킹을 적용한 뮤직비디오의 또 다른 예는 CJ E&M 소속 가수인 로이킴의 첫 번째 정규 앨범 '러브 러브 러브(Love Love Love)'의 티저(teaser) 뮤직비디오를 들 수 있다. 티저 영상이란 모든 영상을 공개하는 것이 아니라 본 편(full version)을 알리기 위해서 팬들의 관심과 흥미를 자극할 수 있는 짧은 예고 영상이다. 따라서 불과 1~2분이라는 짧은 시간 동안 소비자의 마음을 움직여야 하기 때문에 더욱 사용자 경험 디자인을 기획력 있게 활용해야 한다.

로이킴은 국내에서 가장 많은 버스킹 공연이 형성되는 홍익대학교 앞 놀이터에서 시작해 유동 인구가 많은 지역인 명동, 대학교 내 컴퍼스에 이르기까지 다양한 장소에서 버스킹을 하는 뮤직비디오 영상을 제작하였다. 그리고 제작자인 CJ E&M은 공식 유튜브 채널을 통해서 이 영상을 공개하였다. 해당 뮤직비디오를 본 시청자들은 새로운 방식의 로이킴 뮤직비디오에 대해 매우 긍정적인 반응을 보였다.

[버스킹 전략 뮤직비디오]

콜라보이스 '그 노래'

로이킴 '러브 러브 러브'

저자들은 정말 사용자 경험 디자인(User Experience Design)을 근간으로 한 뮤직비디오가 실제로 기존의 가수 위주 혹은 연예인을 위주로 한 제작 방식과 비교에서 대중들에게 더욱 많은 호감과 구전(word of mouth)을 불러일으킬 수 있을까? 하는 의문이 들기 시작하였다.

이를 확인하기 위해 가수 이승철 씨가 2013년 7월 12일 동시에 유튜브(You Tube)에 선보인 신곡 두 곡 'My Love'와 '사랑하기 좋은 날'의 확산 속도(조회 수) 근거로 하여 UX 기반 제작곡과 기존 방식의 제작 곡의 조회 수에 대한 동태적 추이를 비교하였다.

1) My Love (UX design 형태)

첫 번째 곡인 'My Love'는 사용자 경험 디자인(UX design)을 바탕으로 제작된 뮤직비디오이다. 더욱 상세하게 설명하자면 앞서 언급한 첫번째 UX 디자인 제작 기

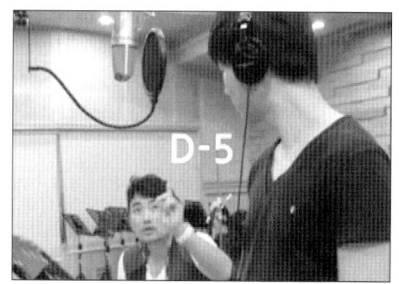
[My Love]

법인 '일반인 주인공 전략'이다. 이 뮤직비디오는 기존의 다른 영상처럼 가상의 시나리오를 제작하고 연예인의 연기를 통해 연출하는 기존의 뮤직비디오 제작 방식과는 다른 방식이다. 본 뮤직비디오의 콘셉트는 일반인 남자가 이승철의 뮤직비디오 'My Love'에서 여자에게 프러포즈를 하는 스토리이며 일반인이 뮤직비디오의 주인공이다. 그러므로 이 뮤직비디오의 제작팀은 실제로 프러포즈를 하고 싶은 일반인들의 자발적인 제작 참여를 받은 후, 노래와 가장 부합이 되는 참가자를 선정하였다. 해당 뮤직비디오의 제작에 있어 가수 이승철 씨의 역할은 자신의 뮤직비디오에 참가한 일반인 남자가 더욱 멋진 프러포즈를 할 수 있도록 코칭하는 전문적이고 믿을 수 있는 조언가(trusted adviser)의 역할을 수행한다. 이승철 씨는 참가자가 자신의 여자친구에게 더욱 감동적으로 프러포즈를 할 수 있도록 자신의 필살기를 전수하는 과정을 자연스럽게 뮤직비디오 영상에 담아냄으로써 '진정성 있는 노력'이라는 요소가 이 뮤직비디오를 시청하는 다른 일반인들에게 그대로 녹아들어 갈 수 있게 만들어 준다. 이렇게 이승철 씨와 일반인 참여자의 공동의 노력은 다른 일반인 시청자들에게 가수 이승철 씨를 더욱 친근한 형님이란 느낌이 들게 하여 가수에 대한 팬들이 호감도를 높일 수 있다. 그뿐만 아니라 뮤직비디오 측면에서도 사랑 노래에 대한 꾸미지 않은 '순수한 진정성'을 이끌어낼 수 있기 때문에 사랑 노래에 대한 감성(emotion)을 더욱 살릴 수 있게 된다.

2) 사랑하고 싶은 날 (일반적 형태)

두 번째 케이스인 사랑하고 싶은 날은 초반에 이승철 씨가 라디오 디

[사랑하고 싶은 날]

제이 역할을 하고 그 이후엔 짜인 각본대로 두 남녀의 사랑 이야기가 흘러간다. 두 남녀의 애절한 사랑 연기는 청취자에게 공감을 끌어 내겠지만 My Love에 비하여 '현실성(Reality)'은 현저히 떨어질 수밖에 없다. 왜냐하면, 시청자들이 이미 해당 뮤직비디오가 짜여진 각본이라는 것을 알고 있기 때문이다.

상기 두 곡은 2013년 6월 동시에 인터넷 동영상 스트리밍 사이트인 유튜브(YouTube)에 CJ E&M으로부터 공식적으로 업로드되었다. '이렇게 UX 디자인 기법을 근간으로 한 콘텐츠와 일반 콘텐츠의 확산 속도의 차이가 정말 존재할까?'에 대한 본질적인 의문점을 해소하고자 저자들은 2013년 6월부터 2015년 11월까지 약 2년 넘는 기간 동안 두 콘텐츠의 유튜브 조회 수를 추적하였다.

조회 수 추적 결과, 두 콘텐츠는 업로드된 3주 만에 엄청난 수준으로 조회 수의 차이가 나기 시작하였다. 유튜브 출시 후 3주가 지난 2013년 7월 12일 기준으로 보았을 때, 'My Love'의 조회 수는 146만 7,916건이고 '사랑하고 싶은 날'의 조회 수는 18만 4,867건으로 'My Love'의 조회 수가 무려 8배가 높다. 그리고 2013년 12월에는 'My Love'의 조회 수는 366만 646건이고 '사랑하고 싶은 날'의 조회 수는 55만 1,352건으로 'My Love'의 조회 수가 무려 약 7배가 높았다. 2014년 3월 두 곡의 조회 수를 검색해 보니 'My Love'의 조회 수는 427만 754건이고 '사랑하고 싶은 날'의 조회 수는 18만 4,867건으로 'My Love'의 조회 수가 무려 7배가 높다. 마지막으로 2년이 지난 2015년 12월을 살펴보아도 'My Love'의 조회 수는 883만 8,704건이고 '사랑하고 싶은 날'의 조회 수는 1,308,287건으로 여전히 6배 이상 급격한 차이를 보이고 있다. 즉 UX 디자인 곡과 일반 제작기법의 곡의 격차는 시간이 가면 갈수록 커지고 있다는 것을 확인할 수 있었으며 앞으로도 격차가 좁혀지지는 않을 것으로 예상된다.

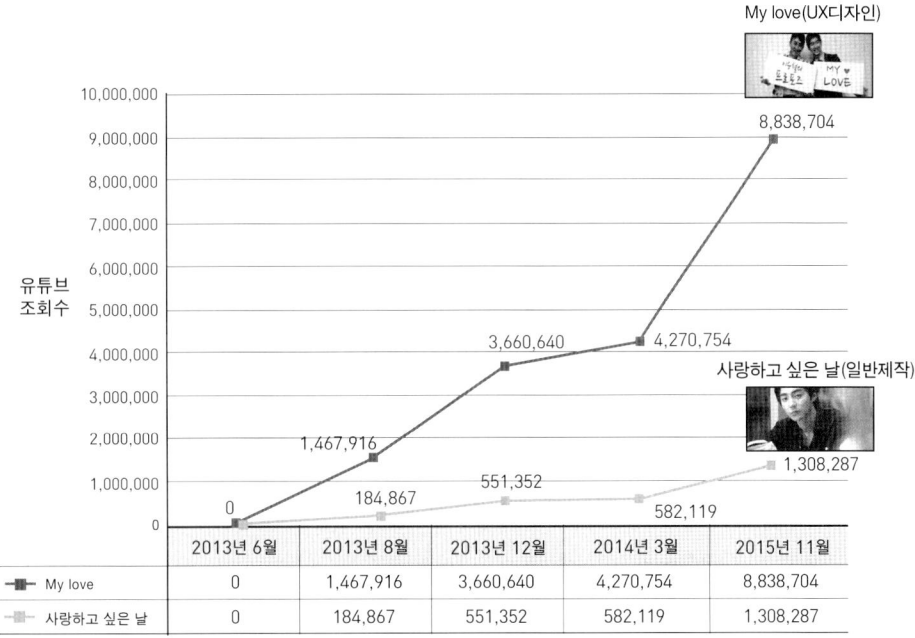

[UX 방식 제작곡과 기존 방식 제작 곡의 YouTube 조회 수 비교]

〈데이터 수집 : YouTube 조회 수〉

사용자 경험 디자인을 통한 콘텐츠 제작물의 동태적 추이(조회 수)를 분석한 결과, 사용자 경험 디자인은 시장에서 실제로 많은 영향력을 행사하는 것으로 확인되었다. 이렇게 공식적으로 같은 날 동일한 유통 채널(유튜브)을 통해서 곡을 유통시켰지만, 사용자 경험 디자인을 통해서 제작한 곡이 조회 수에서 현저하게 높은 이유는 무엇일까?

 이는 자신이 UX 디자인 콘텐츠를 통해서 받는 감동을 타인에게 전달하고자 하는 심리적인 측면과 관련성이 높다. 우리는 바쁜 나날 속에서 정신없이 살아가고 있지만, 누구나 일상 속에서 달콤한 핑크빛 로맨스를 꿈꾼다. 인간은 본질적으로 감성(emotion)을 지니고 있기 때문이다. 이 뮤직비디오의 타겟 층인 20대 중반에서 40대 초반의 성인 남녀들은 해당 콘텐츠를 시청하면서 자신에게도 이런 일들이 일어났으면 좋겠다는 생각을 하게 되며 타인이 받은 가치를 자연스럽게 자신의 가치처럼 받아들일 수 있게 된다.

 감동을 받은 소비자들은 자신이 감동받은 뮤직비디오를 다른 사람에게 공유 혹은 추천하게 된다. 앞서 언급한 것과 같이 이러한 콘텐츠의 공유와 추천 행위의 내면에는 나의 바람(wish)을 추천한 사람에게 은연중에 간접 전달할 수 있는 기능적 측면이 내포되어 있다. 공식적인 음악 콘텐츠의 공유 및 업데이트뿐만 아니라 시청자들은 아래 그림과 같이 이승철의 'My Love'에 대한 시청자, 즉 자신의 반응(reaction)을 또다시 자신의 OTT 채널에 업데이트를 한다. 이는 공식적인 음악 콘텐츠 홍보의 보완재(complement good) 역할을 수행하게 된다.

[시청자의 반응(reaction) 영상]

(출처: YouTube)

이러한 시청자 반응 동영상은 아직 공식적인 음악 콘텐츠를 보지 못한 사람들에게도 해당 콘텐츠에 대한 궁금증을 자아내게 한다. 또한, 시청자에 의한 2차적인 콘텐츠 정보는 다른 사용자에게 매우 믿을 수 있는 정보로 받아들여지게 되는 장점이 존재한다. 콘텐츠 제작 기업 입장에서 보았을 때 이러한 사용자에 의한 2차 홍보는 사용자가 자신들이 집적 자발적인 마케팅(self-marketing)을 하는 것임으로 제작사는 콘텐츠의 홍보비용을 절감할 수 있는 경제적인 혜택 또한 추가적으로 얻을 수 있다.

상기 내용을 종합적으로 고려해 보았을 때, 일반인 참여를 근간으로 한 UX 디자인의 핵심은 '사용자가 원하는 가치를 음악 콘텐츠에 담는 것이다.' 단순히 과거와 같이 앨범 판매에 목적을 두어 겉보기에 화려하고 자극적이지만 실제로 음반을 구매하여 듣는 사람들에게 아무런 공감과 가치를 전달하지 못하는 콘텐츠 제작의 시대가 지나갔다는 것이다. 이는 시청자들의 수준이 과거보다 더욱 향상되었다는 것을 간접적으로 알려주는 좋은 신호탄이기도 하다. 이상의 견해를 토대로 스마트 시대 음악 제작사는 음악 콘텐츠와 시청자 혹은 청취자 간에 상호 소통 가능하고 최종적으로는 교감(rapport)을 이끌어낼 수 있는 사용자 경험 디자인(UX design) 기반의 콘텐츠를 제작할 수 있어야 한다.

2. 추억 공유를 통한 공감대 형성하기

"음악은 우리의 기억을 담아둔다."

사용자 경험 디자인(UX Design)을 이용한 두 번째 음악 콘텐츠 제작 전략은 '추억 공유를 통한 공감대 형성 전략'이다. 업계에서는 이를 '추억

팔기 전략'이라고도 한다. 이는 옛 시절을 배경으로 시청자들에게 '맞아, 그땐 그랬지!', '그때가 좋은 시절이었어.'와 같은 향수를 불러일으키는 과거 회상 전략으로 주로 방송과 음악산업의 융합적인 경계에서 발생한다. 옛 시절 가족, 친구 그리고 연인들과 함께 경험했던 것에 대한 향수는 영상과 음악의 결합을 통해서 시청자들에게 공감대를 더욱 쉽게 형성시킬 수 있으므로 방송과 음악이 상호적으로 자극제(stimulant)와 촉진제의 역할을 수행한다. 즉 시각과 청각의 음미이다. 사실 이러한 추억 공유를 통한 공감대 형성 전략의 저변에는 '현실 불만'이라는 심리적 요인이 존재한다. 현 시점을 살고 있는 대부분의 사람들이 현재의 경제 상황을 '위기'로 보고 있다. 세계경제위기 이후 불황이 지속되고 있으며, 우리는 이러한 불황을 피부로 체감하고 있다. 그러므로 우리는 종종 과거의 좋았던 시절의 추억을 회상하며 자연스럽게 "그때가 좋았는데."라고 말하게 된다. 이를 '회고 절정 현상(reminiscence bump)'이라고 한다. 따라서 음악 콘텐츠를 제작할 때, 사용자 경험 디자인은 회고 절정 현상을 관리하는 것이라고도 말할 수 있다.

회고 절정 현상을 활용한 추억 공유 전략의 대표적인 사례로 2012년 개봉한 이용주 감독의 '건축학 개론'을 들 수 있다. 건축학 개론은 개봉한지 31일 만에 누적 관객 321만 명을 기록하며 역대 한국 멜로 영화 흥행기록 1위를 차지하였다. 이러한 영화의 흥행에는 삽입 음악의 영향력도 매우 크다고 할 수 있다. 즉 관객들이 영상에 더욱 잘 몰입할 수 있게 도와주는 것이다. 인터넷 포털사이트인 네이버에 건축학 개론을 검색해 보면 가수 전람회(1993년 MBC 대학가요제 '꿈속에서'로 데뷔)의 대표곡 '기억의 습작'이 함께 검색이 된다. '기업의 습작'은 1990년대에 빼놓을 수 없는 히트곡으로 1990년대를 경험한 많은 사람들에게 과거의 좋았던 추억과 경험을 회상하게 만드는데 매우 적합한 곡이라 할 수 있다. 또 다른 예로 2013년 가장 대중들에게 뜨거운 사랑을 받은 드라마로 '응답하라 1994'를 들 수 있다. '응답하라 1994' 역시 네이버 검색창에 '응답하라 1994'를 검색해 보면 관련 키워드로 '시청률' 외에 '응답하라 1994 ost', '응답하라 1994 ost 모음', '응답하라 1994 노래'와 같은 삽입 음악에 대한 키워드가 함께 나타난다. 대중들의 배경 음악에 대한 관심이 매우 뜨거운 것을 알 수 있다. 즉 복고 영상에 어떠한 음악을 선정하는가는 영상의 흥행 여부에 영향을 미치는 결정적인 요소인 것이다.

[추억 공유를 통한 공감대 형성 - 회고 절정 현상]

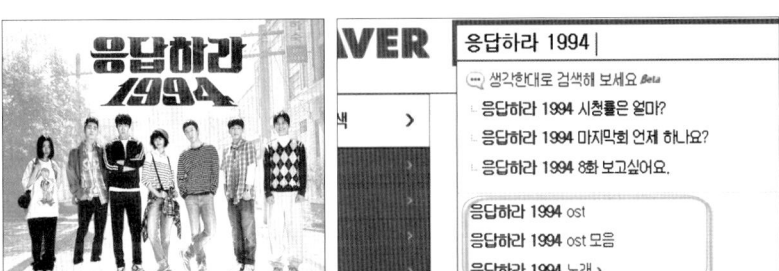

(출처: 네이버)

이러한 복고 콘텐츠들은 세대 간의 벽을 허물어 준다. 다시 말해 1990년대 유행하였던 음악을 2000년대 태어난 학생들도 드라마를 통해 과거의 순수함을 공감할 수 있게 되며 이를 통해 자신들이 태어나기도 전의 음악에 자신의 감성을 자연스럽게 이입할 수 있게 된다는 것을 의미한다.

경영학적 관점에서 이러한 현상은 수요층의 확대라는 장점이 있다고 볼 수 있다. 영상과 음악의 조화로 1990년대 노래에 대한 수요가 2000년대 이후 태어난 학생들에게까지도 확대될 수 있었던 것이다.

최근 음악산업에서 또 다른 흥미로운 사례로 과거의 아날로그 음악 재생 매체인 LP(long playing), 즉 레코드판과 턴테이블에 대한 수요 증가 현상을 들 수 있다.

2014년 3월 14일자 티브이데일리(www.tvdaily.co.kr) 기사에 따르면 인터넷 쇼핑몰 인터파크에서 2013년 한해 LP 음반과 턴테이블의 판매 비율은 2012년도에 비해 500% 이상 폭발적으로 증가하였다고 하였다.

이를 통해 음악에 대한 아날로그 감성을 추구하는 마니아층이 실제로 더욱 두꺼워졌다는 사실을 다시 한 번 확인할 수 있다. 그리고 저자들은 왜 그들이 다시 구시대로 돌아가 LP판을 이용해 음악을 향유하는지에 대한 이유를 추가로 확인하기 위하여 LP판 수집가들을 대상으로 인터뷰를 실시하였다. 그들은 LP판을 사용하는 대표적 이유로 해당 노래에 대한 '진정성 추구'를 언급하였다. 음악을 좋아하는 모든 사람은 과거에 자신이 좋아하던 노래를 다시 한 번 만나는 것을 큰 기쁨으로 여기게 되는데 이를 재생하는 도구 또한 과거에 자신이 사용했던 도구라면 이는 그들에게 더욱 큰 가치와 감동을 선사해 줄 수 있다는 것이다. 또한, 그들은 LP판을 이용하면 해당 앨범의 표지를 볼 수 있어 해당 가수가 이 앨범을 통해 표현하고자 했던 것을 더욱 잘 이해할 수 있게 되는 장점이 있다고 하였다.

이와 같이 '추억 회고 소비자'가 음악산업에서 또 하나의 타겟으로 되는 것은 어쩌면 당연한 것일지도 모른다. 그 이유는 음악 자체에 우리의 추억이 내포되어 있기 때문이다. 따라서 트랜디한 음악도 좋지만 대중의 과거 추억에 대한 감성을 어루만져 주는 음악 콘텐츠 역시 음악산업에서 황금알을 낳는 거위의 역할을 할 수 있다. 대부분의 중장년층은 음악 콘텐츠를 구매할 수 있는 확실한 경제력을 갖춘 소비자 집단이란 것을 명심하길 바란다.

3. 후크 송(Hook Song) 제작하기

사용자 경험 디자인(UX Design)을 음악산업에 적용한 세 번째 전략은 '후크 송 제작 전략'이다. 후크란 단어를 생각하면 피터팬에 등장했던 후크 선장(captain hook)을 떠올릴 수 있다. 후크 선장의 상징은 자신의 왼쪽 팔에 있는 갈고리이다. 이 갈고리를 후크(hook)라 한다. 즉 후크는 갈고리로 무엇인가를 낚는다는 의미로 해석할 수 있다. 이와 같은 관점을 음악산업에 적용한 것이 후크 송이다. 후크 송(Hook Song)이란 반복되는 패턴의 리듬과 가사를 음악에 적용해 이를 듣는 대중들이 자신도 모르게 해당 음악을 머릿속에 각인되게 만드는 중독성 있는 노래라 정의할 수 있다. 여기서 중요한 것은 '자신도 모르게' 낚인다는 것이다. 이러한 효과를 후킹 효과(hooking effect)라고 한다.

이렇게 후킹 효과가 발생하는 이유는 다음 페이지 그림과 같이 대부분의 후크 송은 첫째, 쉬운 멜로디와 쉬운 가사로 대부분 구성되어 있기 때문에 청취자들은 아무런 생각 없이 편하고 가볍게 음악을 들을 수 있기 때문이다. 둘째, 후크 송은 단순하고 반복적인 멜로디로 구성이 되어 있기 때문에 대중들이 자신도 모르게 음악을 대중의 뇌에 침투시키고 대중들은 머리에 그 곡이 맴도는 중독 현상을 경험을 하게 된다. 사실 중독과 몰입의 경계(boundary)를 형성한다고 볼 수 있다.

[후크 송을 통한 후킹 효과]

대부분의 후크 송은 평균 120~130bpm 정도의 빠른 비트로 구성되어 있기 때문에 청취자들은 경쾌하고 신나는 기분을 느낄 수 있으며, 상대적으로 어렵지 않은 가사로 작사·작곡되기 때문에 대중적인 곡으로 탄생되는 경우가 많다.

최근 전 세계적으로 많은 음악 콘텐츠에 후크 송 기법이 내포되어 있는 것을 확인할 수 있다. 그 대표적 사례로, 노르웨이 출신 2인조 코미디 듀오인 일비스(Ylvis)의 'The Fox(What Does the Fox Say)'를 들 수 있다. 해당 곡의 비디오 클립은 유튜브 업로드 2달 만에 2억 건이 넘는 조회수를 기록하였을 뿐만 아니라 2013년 6주간 빌보드 차트 10위권에 진입하였다.

이러한 기록은 위키백과에도 실리게 되었다. 일비스의 'The Fox'의 경우 가사의 1/2 이상이 후크 구간(hook session)으로 이루어져 있다. 한국의 후크 송 제작 열풍 또한 아래 표와 같이 2007년 원더걸스의 'Tell Me' 이후 2015년 빅뱅의 '뱅뱅뱅'에 까지 대중가요 분야에서 지속적인 인기를 누리고 있다.

[한국의 연도별 후크 송]

Tell me (원더걸스)	Nobody (원더걸스)	Gee (소녀시대)	Push Push (시스타) 훗 (소녀시대)	Roly-poly (티아라)	강남스타일 (싸이)	으르렁 (엑소)	위아래 (EXID) 까탈레나 (오렌지카라멜)	심쿵해 (AOA) 뱅뱅뱅 (빅뱅)
2007	2008	2009	2010	2011	2012	2013	2014	2015

백지영의 '내 귀의 캔디', 8Eight의 '심장이 없어' 등의 한국의 대표적인 음악 프로듀서(PD) 원더키드와의 인터뷰에 따르면, 이렇게 반복적인 패턴의 음악을 경험한 청취자들은 해당 패턴이 가수의 색깔, 즉 아이덴티티(identity)라고 인식하게 된다고 하였다. 그리고 이러한 후크 패턴은 노래가 진행되는 동안 자연스럽게 대중의 뇌에 자리 잡기 때문에 가수의 의상만큼이나 대중들에게 가수의 아이덴티티를 어필할 수 있는 좋은 마케팅 전략이라고 언급하였다. 하지만 후크 송에 대하여 부정적인 인식 또한 음악 전문가들 사이에 존재한다. 그들은 후크 송이 한국 가요의 세계화에 큰 기여를 했다는 것에 대해서는 인정하고 있지만 후크 송은 단순하고 자극적인 멜로디가 주요소인 만큼 자칫 잘못하면 가수의 감성이 무시되고 '음악이 주는 인간의 감성적인 측면'을 해칠 수도 있다는 우려 섞인 내용이 인터뷰에서 확인되었다.

상기 내용을 종합적으로 고려해 보았을 때, 후크 송은 경쾌하고 청취자들이 쉽게 들을 수 있는 멜로디의 장점이 있는 반면 독창성이나 감성이 없이 마치 공장에서 찍어낸 대량 생산품 위주의 음악이라는 반대 의견이 존재하는 것을 알 수 있다.

우리는 후크 송을 바라볼 때 K-Pop이 후크 송을 통해 전 세계적으로 대대적 유행을 가져온 주역이라는 사실은 인정해야 하며, 우리나라는 후크 송을 잘 만드는 나라임을 인지해야 한다. 따라서 우리는 이러한 능력을 전략적으로 활용할 수 있어야 한다.

예를 들어 음악산업은 게임산업과도 연관될 수 있다. 국내 음악산업에서 좋은 후크 송을 제작할 수 있는 능력이 있으면 국내 게임산업과의 협업을 통하여 좋은 시너지를 발생시킬 수도 있는 것이다.

후크 송이 몰입의 효율성을 증대시켜 주는 특징이 있기 때문에 이는 국내 게임산업에 매우 도움이 될 것이다. 즉 게임산업을 통해서 음악산업의 성장통을 키울 수도 있다는 것이다.

좋은 경제적 흐름은 음악산업 종사자들이 더욱 다양하고 좋은 콘텐츠를 생산할 수 있는 유인이 될 수 있다. 따라서 스마트 시대에는 음악산업을 바라보는 경계를 더욱 확장하여 어떻게 국내 음악산업의 장점을 타 산업에 접목시키고 그 효과를 극대화할 것인가를 주요 관점으로 전략을 구체적으로 수립해야 한다.

4. 패턴 위주의 춤 동작 제작하기

사용자 경험 디자인(UX Design)을 활용한 네 번째 음악 콘텐츠 제작 전략은 '패턴 위주의 춤 동작 제작'이다. 패턴 위주의 춤 동작 제작 전략은 앞서 소개한 후크 송 제작 전략과 관련성이 높다.

앞서 언급한 대로 청취자들은 후렴구가 비교적 짧고 반복적인 패턴이 주가 되는 노래(후크 송)에 쉽게 몰입·중독될 가능성이 매우 크며, 여기에 해당 노래를 표현하는 가수의 반복적인 패턴이 가미된 춤 동작이 더해진다면 이제 청취자들은 귀를 넘어서 눈까지 중독되는 경험을 접하게 된다. 패턴 위주로 제작된 춤 동작은 대부분 일반적인 사람들이 따라 하기 쉬운 안무로 구성되기 때문에 실제로 사람들이 그 춤을 쉽게 경험할 수 있다. 따라서 이는 소비자 경험 중심 디자인과 연관성이 매우 높을 수밖에 없다. 즉 이러한 제작 방식은 패턴 위주의 춤 동작을 제작하는 것이 소비자 경험 중심 디자인에 촉매제 역할을 수행한다고 판단할 수 있다.

사용자 경험 중심 디자인(UX Design)을 바탕으로 패턴 위주의 춤 동작 전략이 사용된 대표적인 곡들을 살펴보면 1996년 스페인의 2인조 그룹 로스델리오(Los del Rio)의 '마카레나(Macarena), 싸이의 '강남 스타일', 그리고 슈퍼주니어의 '쏘리 쏘리'가 있다.

[패턴 위주의 춤 동작]

[패턴 위주 춤 동작 1] 싸이 '강남스타일'   [패턴 위주 춤 동작 2] 슈퍼주니어 '쏘리쏘리'

이러한 패턴 위주의 춤 동작이 들어간 곡들의 대부분의 안무는 다른 안주와 비교해 보았을 때 대중들이 따라 하기가 쉽기 때문에 대중들이 원래의 춤 동작을 익힌 후 자신의 스타일대로 '변형하기가 수월'하다는 장점 또한 존재한다. 그러므로 패턴 위주의 춤 동작을 전략적으로 활용하는 사례를 살펴보면 스포츠센터에서 생활체육으로 활용되기도 하며, 슈퍼주니어의 '쏘리 쏘리'의 경우 오른쪽 그림과 같이 필리핀의 교도소에서 단체 체조로 사용될 만큼 이 곡의 활용도가 높다.

[패턴 위주 춤 동작 3] 필리핀 교도소 수감자들의 '쏘리 쏘리' 안무

대중들이 일상생활에서 해당 곡을 쉽게 따라하게 되면서 해당 음악 콘텐츠의 확산 속도와 대중화 가능성이 높아진다. 그 이유는 대중들은 자신의 개성에 맞게 해당 곡의 패러디 안무를 제작하고 나아가 자신의 패러디 영상을 소셜네트워크서비스(SNS) 채널을 통하여 인터넷 상에 유포하기 때문이다.

이렇듯 음악산업에서도 경험 산업(experience industry)이 더욱 다양하게 진화하고 있다. 경험 산업은 우리의 삶의 수준이 향상됨에 따라 소비자들이 자신의 삶에 대해서 더욱 다양하고 수준 높은 경험을 접하고자 하는 욕구를 파악하고 이를 콘텐츠를 통하여 더욱 고차원적인 직·간접적인 경험을 제공해 주는 산업을 의미한다.

스탠퍼드 연구기관(SRI, Stanford Research Institute)에 따르면, 사람은 경험을 통하여 자신의 존재에 대하여 재확인할 수 있다고 하였다. 그러므로 고객에게 좋은 경험을 선사해 줄 수 있는 기업이 미래에 지속 가능한 발전과 소비자에게 긍정적인 이미지를 함께 이끌어 낼 수 있음을 전망하였다.

따라서 국내 음악 콘텐츠 제작 기업들은 소비자들에게 '새로운 삶의 조언가(New Life Creator)'의 임무를 수행할 수 있어야 한다. 전 세계 소비자들이 그들이 제작한 콘텐츠들을 더욱 효과적으로 경험할 수 있도록 기획부터 유통까지 전방위적 UX 연계 시스템을 구축할 수 있을 때, 비로소 국내 음악산업이 세계 무대에서 지속 가능한 경쟁우위를 확보할 수 있게 될 것이다.

전문가 인터뷰 1

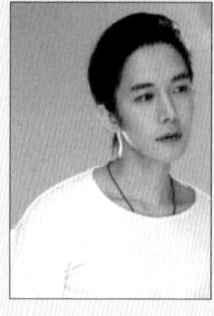

이름 : 오승우
직업 : 광고 음악 프로듀서(PD)
경력 : IBM, LGU+, 파리바게트, 서울시, 고용노동부,
에너지관리공단 캠페인 송

"음악산업의 UX(사용자 경험) 제작 기법에 있어 시청자 참여만이 능사가 아니다." "시청자 그룹에 맞는 UX 전략이 중요하다."

유튜브의 활성화와 함께 음악이 듣는 것에 국한하지 않고 보고 듣는다는 개념이 더욱 강해졌습니다. 따라서 첫째, 소비자의 귀뿐만 아니라 눈 또한 사로잡는 것이 스마트기기 활성화 시대, UX 전략의 기본입니다. 즉 음악산업의 UX 전략에서 시각적인 경험(영상)이 더욱 많은 비중을 차지하게 되었습니다.

두 번째로 어떤 경험을 어떤 표적 집단에게 제공해야 하는가가 중요합니다. 예를 들어 제가 생각하기에 앞서 설명한 이승철 씨의 'My Love'는 힐링이 콘셉트입니다. 20대 후반~30대 중반의 결혼 적령기 여성이 주요 표적 집단으로, 바쁜 현대사회에서의 로맨스를 음악이라는 매체를 통해 간접 경험을 제공해 줍니다. 이러한 간접 경험은 시청자들에게 힐링을 제공해 줄 수 있습니다. 또 다른 예로 걸그룹을 들 수 있습니다. 걸그룹의 경우에는 sexy 콘셉트가 대세입니다. 주로 국내뿐 아니라 세계 각국으로 콘텐츠를 유통하려면 문화는 기본이고, 문화를 바탕으로 한 sexy 콘셉트가 다양한 연령층과 많은 나라에서 표적 집단 범위를 넓혀주기 때문입니다.

세 번째로 UX 디자인으로 청취자가 '패러디'할 수 있는 영상물을 제작하는 것이 음악산업에서의 새로운 트랜드라고 생각합니다. 즉 'FUN'과 '실제 체험'이라는 요소의 중요성이 부각됩니다. 예를 들면 1994년생 프랑스 출신 DJ인 '마데온(Madeon)'을 들 수 있습니다.

[DJ : Madeon]　　　　　　　　[Pop Culture]

마데온은 16세 때 만든 'Pop Culture'라는 곡의 뮤직비디오를 유튜브에 업로드하면서 프랑스에서 유튜브 조회 수를 1위 할 만큼 유명해 졌습니다. 이 곡의 뮤직비디오는 중년으로 보이는 일반인이 마데온의 음악에 맞추어 춤을 추는 것이 콘셉트입니다. Madeon의 Pop culture 곡을 바탕으로 시청자들은 자신이 춤을 추면서 쉽게 이 뮤직비디오를 패러디 할 수 있습니다. 이러한 패러디는 시청자 자신에게 또 다른 체험을 제공해 줄 수 있고, 다른 시청자들에게는 또 다른 'FUN'을 제공해 줄 수 있습니다. 따라서 간접적 경험뿐 만아니라 시청자의 패러디(직접 경험)를 유도할 수 있는 음악을 프로듀싱하는 것도 보고 듣는 음악 시대의 UX 전략의 중요한 부분입니다.

전문가 인터뷰 2

이름 : 원더키드(Wonderkid)
직업 : 음악 프로듀서(PD)
경력 : 내귀에 캔디 - 백지영, 심장이 없어 - 8Eight,
 병이에요 - 정준영

"음악은 더 이상 Respect가 아니라 Friendly가 되어야 한다."
"청취자들이 노력하지 않고 음악을 들을 수 있어야 한다."

UX(사용자 경험 디자인)의 발전은 정보통신망의 발전과 많은 관계가 있습니다. 예전에는 공중파 방송이 시간에 한정되어 있기 때문에 청취자들이 콘텐츠를 받아들이는 것에 제약 요소가 있었습니다. 하지만 이제는 언제든지 콘텐츠를 다시 볼 수 있기 때문에 콘텐츠를 받아들이는 것이 사용자 중심적인 환경과 더불어 respect에서 friendly로 바뀌었습니다. 따라서 환경이 청취자들의 마인드를 바꾸어 놓았다고 생각합니다.

앞서 소개한 UX-후크 송의 경우 음악 프로듀싱의 중요한 점으로 '청취자들이 노력하지 않고 듣게 제작을 해야 합니다.' 열심히 음악을 듣는 사람들이 줄고 있기 때문입니다. 하지만 음악 프로듀서의 입장에서는 청취자들이 편하게 듣는데 자꾸 생각나게 제작을 해야 합니다. 따라서 후크 송의 경우 첫째, 동요적인 멜로디, 즉 아무 생각 없이 들을 수 있는 쉬운 멜로디를 기반으로 해야 합니다. 둘째, 재미있는 라임, 셋째,

재미있는 가사 이 세 가지 요소들이 시대의 상황과 부합하게 순환되어야 하는 것이 후크 송 제작에 있어 중요합니다. 사용자 경험(UX)과 후크 송은 매우 밀접한 관련이 있습니다. 그 이유는 아무 생각 없이 들어도 편안한 멜로디 대부분은 청취자들이 이전에 경험한 멜로디이기 때문입니다. 어렸을 때부터 들어 보았던 멜로디는 시대가 지나도 사람들에게 편하게 다가갈 수 있습니다.

,,06

한류를 위한 Killer App 개발
-기술력에 국경은 없다-

앱(APP), 킬러 앱(Killer APP),

개인화된 서비스, 단순하고 핵심적인 기능,

한류로 향하는 기차역, 한류 촉진

다양한 협력관계, 고객 세분화,

기업가 정신, 창업, 연대(solidarity)

글로컬리제이션(glocalization)

"기술력에 국경은 없다"

2차 세계대전을 전후하여 시장에는 대량 생산 체제(regime)가 등장하였다. 해당 체제는 대량 생산으로 인하여 가격을 인하할 수 있어 소비자들에게 경제적 혜택을 제공해 줄 수 있었다. 대량 생산 방식은 주로 동일한 제품을 찍어내는 방식임으로 동일한 수요를 가진 소비자들의 욕구를 채우기에는 매우 효율적인 시스템이었다.

하지만 지금은 스마트 시대이다. 많은 소비자가 좋은 교육으로 인하여 수준이 향상되었고, 저마다 각각의 니즈를 추구하고 기업으로부터 다양한 개별 욕구를 충족시키고자 한다. 따라서 2차 세계대전 전후로 성황을 이루었던 대량 생산 체제로는 이제 더욱 다양하고 세분화된 소비자의 욕구를 채우기에는 부족한 점이 존재한다. 즉 대량 생산의 장점인 가격 인하만으로는 진화된 시장 생태계에 살고 있는 소비자들의 마음을 잡을 수가 없다는 것이다.

스마트 생태계의 도입과 함께 시작된 모바일 마케팅의 가장 큰 특징 중 하나는 개인화된 맞춤 서비스(customized service)의 제공이다. 스마트 생태계에 살고 있는 소비자들은 자신들이 기업으로 하여금 자신을 위해서 특화된 차별적인 서비스를 받기를 원한다. 사실 service(서비스)란 단어의 유래는 라틴어인 slavery에서 왔다. 파격적이지만 slavery를 사전에서 찾아보면 노예란 단어가 검색된다. 그렇다면 어떤 노예가 가장 좋은 노예일까? 물론 주인에게 가장 개인화된 서비스를 제공하는 노예이다. 현대사회에 노예제도는 없어졌고 서비스를 돈을 받고 제공하는 자, 그리고 제공받는 자 이 두 가지가 존재한다. 소비자들은 기업에게 돈을 지급하는 대신 그에 대한 개인화된 서비스를 원하는 것이다. 이러한 커스터마이제이션의 개념을 일부는 주문 생산 체제라고 부르기도 한다.

이상의 견해를 고려해 보았을 때 기업이 서비스를 제공하는 가장 좋은 방법은 고객들을 1:1 관리를 하는 것이다. 스마트 시대에도 산업사회와 같이 기업들은 낮은 비용을 유지하면서 전체 이윤을 극대화해야 하기 때문에 많은 직원을 고용하여 고객들을 한 명 단위로 개별적으로 관리하기란 현실적인 어려움이 존재한다. 이렇게 스마트 시대에 기업이 개인 중심의 환경 변화로부터 직면한 어려움을 해결하기 위하여 등장한 개념이 매스 커스터마이제이션(Mass Customization)이다.

매스 커스터마이제이션(Mass Customization)이란 개별 고객의 욕구를 충족시키기 위하여 낮은 비용을 유지하면서 기업의 서비스나 제품을 고객들의 요구에 맞게 개별적으로 내비게이팅을 시켜주는 시스템이라고 정의할 수 있다. 즉 고객들에게 방대한 정보의 바닷속에서 자신들이 원하는 정보만 계속해서 업데이트해서 전달해 주는 서비스를 제공하는 것이다. 스마트 시대에 이러한 매스 커스터마이제이션 체제를 가능하게 해주는 것이 흔히 앱이라고 불리우는 애플리케이션(application)이다. 음악산업은 정보통신기술과 함께 진화된 스마트 생태계 기술적 환경 변화에 매우 민감한 산업이다. 따라서 이러한 개인 위주의 환경 변화에 맞게 음악산업의 경영 전략도 바뀌어야 한다. 본 장에서는 스마트 시대 음악산업에서 매스 커스터마이제이션을 구현할 수 있는 애플리케이션과 그 활용 전략에 대해서 살펴보기로 한다.

01
스마트 시대의 애플리케이션
(App, Application)

1. 스마트 시대 앱의 개념

"앱을 삭제한다는 것은 그 기업을 머리에서 지우겠다는 것과 같다."

'앱(App)' 또는 '어플'이란 스마트폰, 태블릿 PC 등의 스마트 기기에 다운받아 사용할 수 있는 응용 프로그램을 의미하는 것으로 애플리케이션(application)의 줄인 말이다. 만약 지금과 같은 스마트폰이 대중화된 시대에 친구에게 "앱이 뭐야?"라고 질문한다면 "이 친구 시대에 뒤떨어지게 왜 이래?"라는 소리를 들을 가능성이 있다. 하지만 사실, 앱 또는 어플이란 단어는 스마트 시대에 새롭게 등장한 개념이 아니다. 앱 또는 어플의 full name은 application이다. 이 명사는 apply(적용하다)라는 동사에서 파생되었다. 따라서 앱의 개념은 사용자가 어떠한 목적을 수행하고 해결하기 위해 적용하는 일종의 프로그램 혹은 소프트웨어와도 같은 것이다.

[APP, 기업과 소비자의 연결고리]

　그러므로 과거 컴퓨터(PC) 시대, 앱의 개념에서 살펴보면 우리가 네이버에 가서 공개 프로그램을 다운받아 설치하는 것 역시 앱 또는 어플을 설치하는 것과 동일한 개념이다. '곰플레이어', '데모 V3백신', '한글 뷰어' 등과 같은 프로그램을 인터넷에서 다운받아 PC에 설치하는 것이 앱을 설치하는 행위라 볼 수 있다. 스마트 시대에 앱의 개념이란 PC 시대와 차이가 존재한다. 스마트 시대 앱 소비자들은 자신의 스마트 기기에 연결된 무선 네트워크를 통하여 스마트 기기에 개개인의 목적에 맞는 앱을 다운받아 설치하는 점은 네트워크가 유선에서 무선으로 바뀌었다는 것을 제외하고는 PC 시대와 동일하다.

하지만 스마트 기기들은 PC에 비해 용량이 더욱 제약된다는 차이점이 존재한다. 따라서 스마트 시대 앱의 개념은 PC 시대에 비해 단순하고 경량화될 수밖에 없다. 앱의 경량화란 해당 하드웨어의 용량과 메모리를 적게 차지하고 필요한 목적만 수행되게 하는 것을 의미한다. 만약 우리가 스마트폰 앱스토어(app store)에서 다운받은 앱의 용량이 지나치게 크거나 실행을 함에 있어 지나치게 많은 메모리가 필요하다면 해당 앱은 다른 앱의 작동에 부정적인 영향을 주게 될 것이다. 그 결과 이용자들은 해당 앱을 삭제할 것이다. 앱을 삭제한다는 것은 더 이상 해당 기업과 거래를 하지 않겠다는 것과 같다. 따라서 스마트 시대의 앱의 개념은 '단순화된 느낌과 함께 자신에게 딱 맞춤형 정보를 제공'하는 것이다. 즉 기업은 사용자가 원하는 정보만 내비게이팅해서 잘 뿌려줘야 하는 것뿐만 아니라 소비자가 해당 앱을 사용하고 특정 기능을 학습하면서 전혀 어려움과 두려움을 느끼지 않도록 UX 디자인을 기반을 두어 애플리케이션을 구축할 때 비로소 소비자의 마음을 사로잡을 수 있다.

2. 앱의 출현과 음악 생태계의 변화

스마트폰과 앱의 등장 이후 음악 생태계 내 기업들 간의 유대관계가 더욱 긴밀하게 변화하였다. 스마트폰 등장 후 음악 콘텐츠(음악제작사)와 앱(애플리케이션 제작 업체), 고도화된 네트워크(통신사), 그리고 스마트폰(단말기) 제조업체가 개방과 공유 등을 통한 수평적인 협력관계로 변화하게 된 것이다. 좋은 음악 콘텐츠가 있다고 하여도 소비자들이 쉽게 접근할 수 있도록 만들어 주는 좋은 앱이 없다면 원활한 콘텐츠 유통은 힘들 것이다. 또한, 아무리 훌륭한 앱이 있다고 해도 콘텐츠를 실어 나르는 수로의 역할을 하는 좋은 네트워크가 없다면 이 역시 소비자에게까지 콘텐츠가 신속하게 도달할 수 없다. 마지막으로 좋은 네트워크가 있다 하여도 이를 시각화, 그리고 청각화 해줄 수 있는 고성능 스마트 기기가 없다면 여태까지 언급했던 모든 노력이 허사로 돌아갈 것이다. 따라서 피처폰 시절에는 음악 콘텐츠, 통신사, 휴대폰 제조 사업자들이 각각의 자신의 고유 영역이 존재하였지만, 스마트폰과 앱의 등장 이후 아래 그림과 같이 음악산업과 정보통신산업 생태계 내 모든 사업자가 상호 유기적인 협력적 관계가 형성되었다.

[앱 등장 후 음악산업과 정보통신의 가치 사슬 변화]

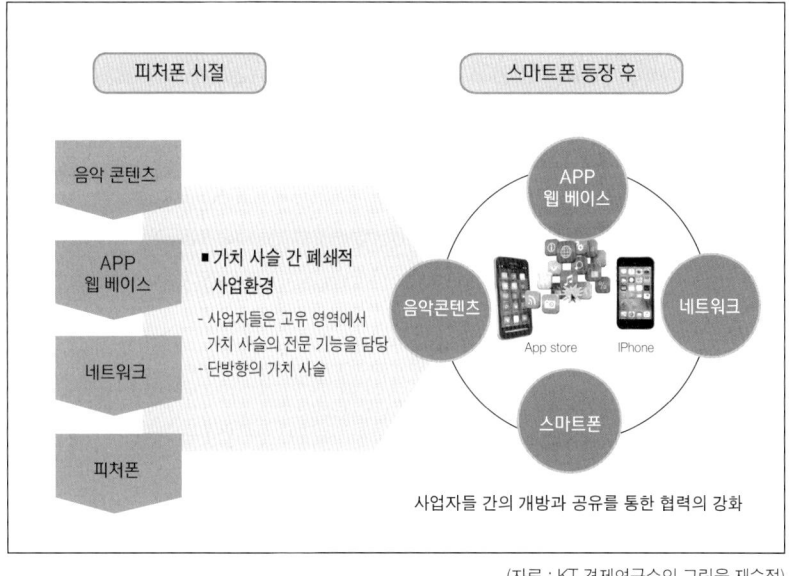

(자료 : KT 경제연구소의 그림을 재수정)

아래 2013년 정보통신정책연구원에서 발표한 보고서에 따르면 PC 대비 모바일 앱 만족도에서 국내 음악 앱 유저들은 1,678명 중 74%가 PC보다 모바일 앱 서비스에 만족한다고 응답하였다.

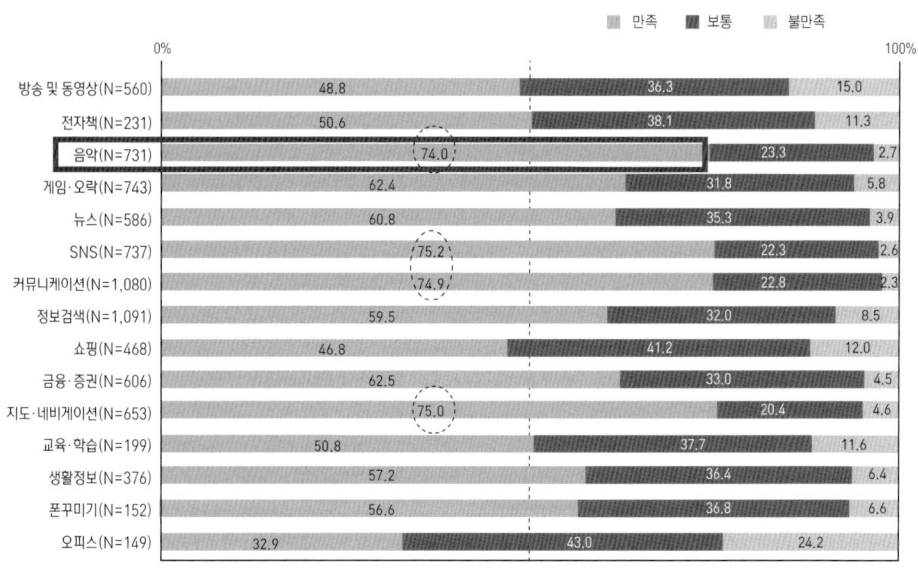

따라서 음악산업에서 사용자들은 이미 음악감상을 위한 모바일 환경에 익숙한 상황이며 사용자들의 목적에 더욱 부합하고 편리하게 제공하기 위하여 모바일 앱(App)을 개발하는 것은 소비자 만족을 위해서 이제 피하려야 피할 수 없는 과제가 되었다.

02
국제적 Killer Application의 시대

1. 킬러 앱(Killer Application)의 시대

킬러 애플리케이션(Killer Application)이란 시장에 진입 후 완전히 새로운 혁신을 가져옴과 동시에 기존에 없었던 새로운 카테고리를 형성하는 위력적 기술력이나 서비스를 갖춘 애플리케이션을 의미한다. 줄여서 Killer App이라 한다. 여기서 킬러(Killer)의 의미는 기존에 시장에 있었던 제품을 완전히 대체한다는 의미이다. 예를 들어 기존에 필름 카메라가 존재하였지만 디지털카메라가 그 기능을 대체하였고, 현재 스마트폰이 또다시 모든 디지털카메라의 기능을 대체하였다. 따라서 스마트폰이 등장하고 기존의 디지털카메라는 시장에서 지속적으로 배제와 위협을 당해 왔다.

[킬러(Killer)의 의미- 새로운 상품 및 서비스로 기존의 제품을 잠식]

(자료 : KBS 뉴스)

Mp3 플레이어 또한 스마트폰의 등장으로 잠식되었다. 이렇게 특정 신제품의 등장으로 기존에 존재하던 주력 제품이 시장에서 잠식되는 현상을 '카니발리제이션(cannibalization)'이라고 한다. 이렇게 기존의 주력 제품이나 서비스의 시장점유율을 소멸시키는 새롭고 혁신적인 제품이나 서비스에 '킬러(killer)'라는 호칭이 붙는 것이다.

따라서 킬러 앱이란 새롭게 등장한 앱이 사용자들의 특정 목적을 달성하기 위하여 기존에 시장에 존재하는 앱들의 기능을 완전히 대체하여 기존 앱으로부터 자신의 앱으로 소비자를 전환시키는 탁월한 능력을 가지고 있는 앱을 의미한다.

모바일 시대에 킬러 앱은 다음 쪽 그림의 치즈와 같이 많은 소비자의 호기심을 자극해 줄 수 있어야 한다. 이미 성숙기에 들어온 시장에서 소비자의 목적을 충족시켜줄 수 있는 다양한 경쟁 회사가 존재하기 때문에 사용자들에게 기존에 없었던 새로운 관심과 호기심을 가질 수 있게 설계하여야 한다는 것이다. 박형근 홍익대학교 심리학 박사에 따르면 인간의 뇌는 이성적인 것을 추구하는 동시에 감성적인 부분이 동시에 작동한다고 한다. 그러므로 스마트 시대의 차별성 있는 킬러 앱이 되려면 앱을 통한 목적 달성과 동시에 앞장에서 설명한 UX(사용자 경험) 디자인의 요소를 함께 접목시켜야지만 킬러 앱을 통한 특정 서비스가 시장에서 성공할 수 있다는 것이다. 따라서 성공적인 킬러 앱을 구축하려면 첫째, 사용하는데 어렵지 않으며 프랜들리한 느낌을 줄 수 있도록 가능하면 수행 방법이 단순해야 한다. 두 번째로 하나의 앱으로 아래 맥가이버칼처럼 모든 사용자들의 목적을 해결해 줄 수 있어야 한다.

[Killer Application]

경영학의 산업 조직 이론에 종종 '거래적 보완성'이라는 개념이 등장한다. 거래적 보완성이란 소비자들은 여러 상품들을 개별적으로 구매하는 것보다 한 번에 묶어서 구매하는 것을 선호한다는 것을 의미한다. 예를 들면 우리가 통신 서비스를 이용할 때 초고속 인터넷은 KT의 제품을 쓰고 이동통신 서비스는 SKT를 사용한다면 우리는 해당 서비스를 각각 거래하여야 함으로 시간이 길게 소요될 뿐만 아니라 각각의 통신 요금 청구서를 처리하는데 불편함을 느끼게 된다. 그러므로 Killer App은 이러한 거래적 불편함이 없이 하나의 App에 모든 기능이 포함되어 소비자들의 거래적 보완성을 충족시켜 줘야 한다는 것이다.

결론적으로 특정 앱을 사용하는 소비자들 스스로가 해당 앱을 사용한다는 것에 대한 자부심을 느끼게, 즉 얼리 어답터라는 느낌이 들게 앱이 만들어져야지 비로소 킬러 앱이 탄생되는 것이다. 그래야만 이 앱을 SNS 채널을 통해서 친구들에게 홍보하는 셀프 마케팅을 수행하고 해당 앱의 확산을 도모할 수 있기 때문이다.

국내 음악산업에서도 이제 이러한 킬러 앱이 나올 수 있어야 한다. 저자들이 이야기하는 킬러 앱의 의미는 좁은 내수 시장의 의미가 아니다.

한류, 즉 국내 음악산업의 국제적 확산을 위하여 전 세계 모든 음악 애호가들이 사용하는 킬러 앱이 만들어져야 한다는 것이다. 다음 장에서 음악산업의 킬러 앱 사례와 이를 통해 도출할 수 있는 킬러 앱 전략을 알아보자.

2. 음악산업의 Killer App 사례 (SoundHound)를 중심으로

"국제화 시대, 음악산업의 국내에서 제작된 Killer App은 세계인에게 국내 음악 콘텐츠를 알리는 통로이자 한류로 향하는 기차역이다."

1) 음악산업의 킬러 앱, SoundHound

"I am from San Francisco."

한류를 위한 Killer App의 개발을 위하여 우선 전 세계 음악산업의 공통된 패러다임을 살펴보면 첫째, 스마트 기기의 대중화로 인한 디지털 음악산업 구조로의 패러다임 이동, 둘째, 디지털 음악산업의 구조로 변화하였지만 실질적으로 수익 비중이 가장 높은 섹터는 라이브 공연 수입이라는 것, 셋째, 유튜브, SNS 등 뉴미디어의 등장을 대표적인 특징으로 나타낼 수 있다.

사운드 하운드(SoundHound)는 이렇게 진화된 음악산업 구조에 가장 부합하는 음악 섹터의 대표적인 '킬러 앱'이라고 볼 수 있다. SoundHound은 2005년 설립된 샌프란시스

[Killer App-SoundHound]

코에 위치한 음악 검색 앱을 비즈니스 모델로 하는 회사이다. 이 회사 비즈니스의 핵심 본질은 음성 인식과 음악 검색 기술력이다. 이러한 인식기술을 바탕으로 인간과 기계와의 상호작용성을 증진시키게 된다. 최종적으로는 SoundHound의 발전은 사회적 측면에서 보았을 때 혁신적이고 진보적인 서비스를 국민들에게 제공하는 긍정적인 혁신 선두 기업이라고 판단된다.

SoundHound는 샌프란시스코의 500 startups 그룹에 의해 벤처 캐피털로 만들어진 회사이다. 초기에 부족한 자본력으로 시작한 벤처 캐피털 기반의 회사였기 때문에 SoundHound는 경영을 함에 있어 그들에게 다가온 모든 위기 및 제한 사항에 대하여 유연성 있는 경

[샌프란시스코 500 startups]

영 철학과 사내 정책으로 회사를 운영할 수밖에 없었다. 다행히도 CEO인 Keyvan Mohajer의 경영 철학은 매우 유연하였다. 그는 "노트북 한

[해커도조 - 실리콘벨리 사무실 대여 업체]

대와 내 머리가 사무실"이라는 철학과 함께 "하루 빌리는 사무실"을 통해 기업의 근무지를 운영하였다.

실리콘밸리 일대에는 해커도조(Hacker dojo)란 사무실 대여 업체가 있다. 이 업체의 회원이 되려면 한 달에 $125(한화, 약 15만 원)을 지불하면 된다. 해커도조의 회원이 되면 자신과 직원들이 터치키(RFID-Key)를 지급받고 일 년 내내(24hours 7 days) 실리콘밸리 곳곳에 있는 해커도조 사무실을 사용할 수 있는 접근권(access)을 부여받는다. 실제로 실리콘밸리에서 탄생되는 많은 벤처 사업가들이 해커도조 커뮤니티를 활용하여 비즈니스뿐만 아니라 이벤트 행사를 수행하는 경우가 비일비재하다. 해커도조의 인터넷 사이트에는 모든 이벤트 스케줄(full event schedule)이 포스팅되기 때문에 빈 사무실을 사전 예약해서 편리하게 사용 가능하다. 이렇게 SoundHound는 국내처럼 대기업 위주의 신사업 확대가 아닌 전 세계에서 가장 혁신적인 기업가들이 모여 있는 실리콘밸리에서 재정적인 한계점을 극복해야 하는 상황에서 탄생하였다.

2) SoundHound는 고객의 어떤 요구(needs)를 충족시켜 주나요?

"개떡같이 불러도 찰떡같이 음악을 찾아줍니다."

커피숍에서 우연히 자신의 취향을 저격시키는 노래를 듣게 되면 '이 노래 제목이 뭐지?' 하는 궁금증이 생기게 된다. 이러한 궁금증을 해결하기 위해서는 카페 종업원에게 지금 나오는 노래가 무엇인지에 대하여 질문해야 하는데, 카페 종업원이 너무 바쁜 것을 보면 질문 타이밍을 놓치게 된다. 그리고 친구에게 "이 음악 정말 내 취향에 적격이야!", "너 혹시 이 노래 부른 가수가 누구인 줄 아니?"라고 질문을 던지게 된다.

"SoundHound는 이러한 사용자들의 음악 검색에 대한 궁금증을 해소해 주는 애플리케이션이다." 카페와 같은 공공장소에서 나오는 음악에 대한 상세한 정보를 정말 간단하게 찾아준다. 음악이 나오는 스피커에 스마트 기기를 대고 아래 그림과 같이 "Tap Here" 버튼을 누르게 되면 애플리케이션이 자동으로 노래를 인식하고 현재 소비자가 알고 싶어 하는 노래의 상세 정보를 스마트폰에 표시해 준다. SoundHound의 음악 데이터베이스(DB)는 'Spotify'라는 음악 스트리밍 사이트가 뒷받침하고 있다. 심지어 사용자가 직접 노래를 하거나 콧소리(humming)만으로 노래를 찾아준다. 매우 스마트한 애플리케이션이다. 여기서 우리는 스마트가 의미하는 바는 곧 '기술력'임을 알 수 있다.

[SoundHound 동작 절차]

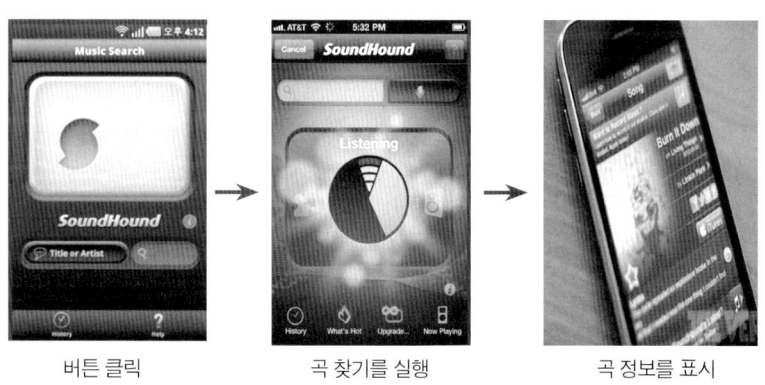

버튼 클릭   곡 찾기를 실행   곡 정보를 표시

이렇게 간단한 절차로 작동되는 SoundHound는 2011년부터 성공을 향상 질주가 시작되었다. SoundHound의 성장을 사용자 수 측면에서 바라보면 2009년 앱의 출시와 함께 2011년 약 50million(5,000만 명)에

서 2012년 12월 약 100million(1억 명)으로 사용자가 증가한 것으로 나타났다. 무선인터넷산업연합회(MOIBA, Mobile Internet Business Association)에서 발행한 "2012년 Mobile trend and insight for global market"

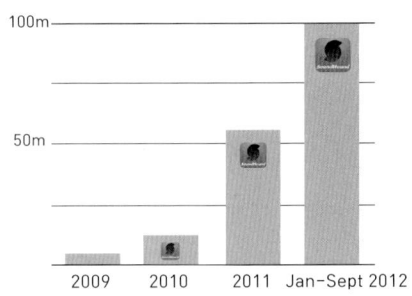

[SoundHound의 사용자 수 폭증 추이]

보고서의 통계에 따르면 미국의 'Google Play' 유료 앱스토어에서 SoundHound는 음악 분야에서 3위를 차지하였을 뿐만 아니라 뉴욕타임즈가 선정한 최고의 사용자 참여 애플리케이션에도 선정되었다. BBC 월드 라이오 프로그램에서 또한 "정말 놀라운 애플리케이션… 놀랍지 않나요?"라고 SoundHound를 극찬하였다. 이렇게 해외의 많은 공신력 있는 기관 및 매체에서 왜 SoundHound를 이렇게 극찬하였을까? 국내 음악 생태계를 위한 세계적인 킬러 앱 개발을 위하여 이제 SoundHound의 비즈니스 구조를 분석해볼 필요가 있다.

3) SoundHound의 비즈니스 모델 분석
"에코(ECO) 시스템적인 음악 생태계적 접근"

"요즘은 혼자서 할 수 있는 일이 별로 없어요."

"왜 SoundHound는 혁신 비즈니스 모델로 평가될 수 있었을까?" 본 장에서는 음악산업을 중심으로 하는 SoundHound의 혁신 비즈니스 모델을 속속히 파헤쳐 보기 위해서 SoundHound의 주요 협력 회사들(Key

Partners), 고객 세분화(Customer Segments), 비용 구조(Cost Structure), 그리고 소비자와 음악 제작사 관점에서 해당 킬러 앱을 활용하는 동기에 대해서 분석하고자 한다.

① **주요 협력사들**(Key Partners)

SoundHound의 주요 파트너는 아래 표와 같이 가수 혹은 밴드(Music Bands), 모바일 기기 플랫폼 업체(Mobile Platforms Owners), 휴대전화 제작회사(Device Manufacturers), 음원판매업체(Amazon), OTT업체(YouTube), 음원 스트리밍 서비스 업체(Spotify), 각 국가별 이동통신사, 그리고 구글 지도(Google maps)가 존재한다.

[SoundHound 주요 파트너 업체들]

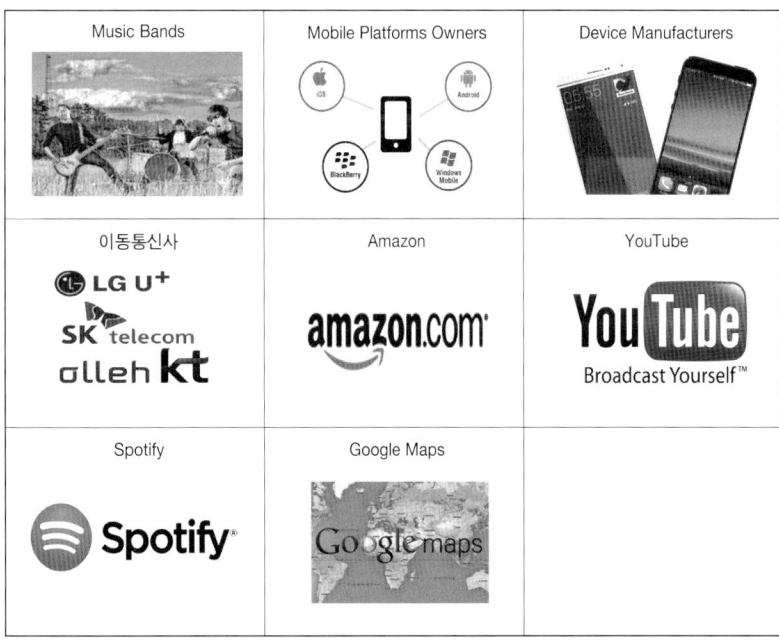

주요 파트너들과의 활동(functions)을 살펴보면 SoundHound는 음악 밴드(Music Bands)와 유럽의 소리바다, 멜론이라고도 불리는 음원 스트리밍 업체인 Spotify를 통해서 음원을 획득한다. 즉 두 집단과는 콘텐츠의 확보(content enlargement)를 위해서 비즈니스 관계를 형성한다. 음악 밴드와 Spotify는 소비자들이 카페에서 음악을 찾을 때 해당 음악을 검색하여 끄집어 올 수 있는 데이터베이스의 역할을 수행하는 것이다.

모바일 플랫폼 기업들과 휴대기기 제조사들과는 협력하여 운영 software를 만든다. SoundHound란 어플 역시 애플리케이션 소프트웨어기 때문에 소프트웨어가 돌아갈 수 있는 플랫폼(운영 체제)과 하드웨어가 뒷받침이 되어야 한다. 그러므로 스마트 시대의 거의 모든 애플리케이션 업체가 상호적인 연대가 생길 수밖에 없다.

특히 스마트 앱에서는 소프트웨어의 성능을 향상(software enhancement)시켜 소비자의 목적을 더욱 편리하고 신속하게 해결해 줄 수 있어야 한다. 따라서 앱의 기능적인 측면뿐만 아니라 소비자의 심리적인 요소 또한 감안한 프로그래밍이 필요하다. 즉 앞장에서 설명한 UI(User Interface)와 UX의 향상이 필요하다. 실제로 스마트폰의 자판을 개발할 때도 특정 상황에서 고객들이 새로운 자판을 통해 친구에게 문자를 보낼 때의 속도와 스트레스 정도를 체크하여 두 요소가 가장 최소화될 때까지 스마트폰 자판 개발 연구를 수행한다.

SoundHound 사용자들이 원하는 노래를 찾은 후 이 노래의 전체 음악을 감상하고 싶으면 YouTube를 통해서 사용자들은 전체 음악(full music)을 들을 수 있다. 흔히 사용자들이 YouTube는 무료로 사용된다고 생각하지만 소비자들이 이동통신사의 통신망을 사용할 경우

실질적으로 데이터 비용과 함께 음악을 감상하는 것이다. 따라서 이 동통신회사(SKT, LGU+, KT)와도 이 애플리케이션은 연관이 되어 있다.

유튜브에서 전체 음악을 감상한 후 사용자들이 해당 음원을 구매하고 싶다면 노래의 상세 보기 옆에 있는 'buy' 버튼만 클릭하면 된다. 원클릭으로 Amazon 사이트의 구매 페이지로 해당 노래가 내비게이팅된다. 아마존은 소비자들이 쉽게 음원을 구매할 수 있게 SoundHound와 협력 관계가 형성되어 있다.

마지막으로 의아한 점은 '왜 Google Maps이 SoundHound의 주요 파트너로 등장하는 것일까?'라는 점이다. 오른쪽 그림은 SoundHound에서 음악 검색에 실패 시 앱에 나타나는 화면이다. 왜 음악을 찾다가 갑자기 구글맵스의 지도가 나오는 것일까? 현재 사용자가 있는 위치를 나에게 알려주려고? 사실, 사용자는 음악을 찾고 싶은 것이지 내가 있는 위치는 별로 관련성이 없다.

그러므로 이렇게 구글맵스와 파트너십을 맺은 이유는 사용자의 편의보다는 SoundHound의 다른 고객층에 대한 편의와 연관성이 있는 것이다.

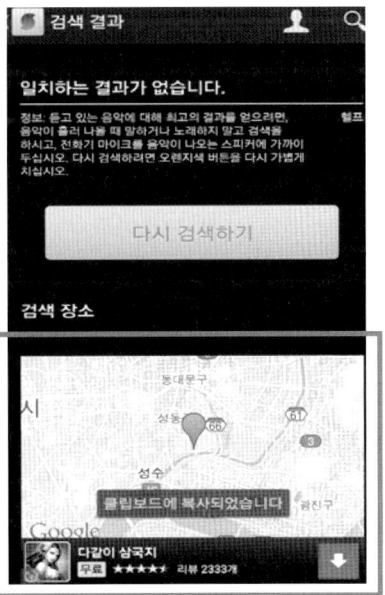

[SoundHound와 Google maps와의 파트너십]

SoundHound는 스마트 기기의 가장 큰 특징 중 하나인 위치 기반 서비스(LBS, Location-based service)를 활용하여 사용자가 어느 지역에서 해당 곡을 찾았는지를 기록한다. 이렇게 SoundHound에서 장소와 관련된 검색기록 기능을 탑재한 이유를 뒷부분의 '고객 세분화'장에서 집중적으로 다루기로 한다.

② **고객 세분화**(Customer Segments)

SoundHound의 주요 고객층을 살펴보면 1) 일반적인 모바일기기 사용자(Mobile User), 2) 광고회사(Advertiser), 그리고 3) 음악산업의 연예 기획사(Entertainment Company)를 들 수 있다.

무료 모바일 유저들을 끌어들이는 것은 보다 많은 사용자를 확보하는 것이 애플리케이션의 성공을 위한 첫 번째 요인(factor)이기 때문이다. 대부분의 디지털 경제에는 '네트워크 효과(Network Effect)'가 존재한다.

네트워크 효과란 어떤 재화나 서비스를 사용하는 이용자가 많으면 많을수록 그 재화나 서비스의 활용 가치가 더욱 상승하는 효과를 의미하는 것을 의미한다. 이러한 네트워크 효과는 주로 정보통신기술 분야에서 많이 나타난다. 과거 통신사의 고객 이탈 방지 전략중 하나로 같은 통신사 간에는 음성통화를 무료로 제공해 준 것 역시 이러한 네트워크 효과를 염두에 둔 전략이다. 같은 통신사의 가입자가 많으면 많을수록 해당 통신사로부터 고객이 받을 수 있는 혜택도 커지며, 통신사 입장에서도 수익이 더욱 극대화된다. 이러한 긍정적인 네트워크 효과는 앱의 성공에 크게 영향을 준다.

SoundHound는 고객과의 관계(customer relationships)를 Facebook, Twitter와 같은 SNS 사이트를 통해서 형성한다. 자신이 찾은 음악을 SNS에 공유(share)함으로써 친구 역시 SoundHound의 유저(user)가 되게 한다. 사용자(user)는 사실 일반 사용자와 소비자(customer)로 세분화할 수 있다. 일반 사용자는 돈을 지급하지 않고 무료로 앱을 사용하는 사용자를 의미하며, 소비자는 해당 프로그램을 사용하면서 실제로 지갑을 열고 돈을 지불하는 사용자를 의미한다. SoundHound는 이렇게 유료 버전(Paid version revenues)을 사용하는 사용자를 통해서 수익을 창출하기도 한다. 무료 버전과 유료 버전의 차이는 곡 검색 횟수의 제한이다. 하지만 지금은 무료 버전도 여러 곡을 찾는데 불편이 없을 정도로 제한이 해제되었다. 즉 소비자들에게 더 많은 혜택을 제공함으로써 더 많은 유저들을 확보하기 위한 전략을 구사하고 있다.

그 이유는 두 번째로 SoundHound의 주요 고객층이 광고주(Advertiser)이기 때문이다.

SoundHound는 음악이 검색되는 순간 광고를 의뢰한 회사의 상품 및 서비스를 아래 그림과 같이 사용자들에게 노출시킨다.

SoundHound가 무료 사용자에 대해서 검색 가능 곡의 제한을 완화한 이유는 이렇게 광고비로 벌어들이는 수익이 유료 고객들로부터 벌어들이는 수익보다 월등

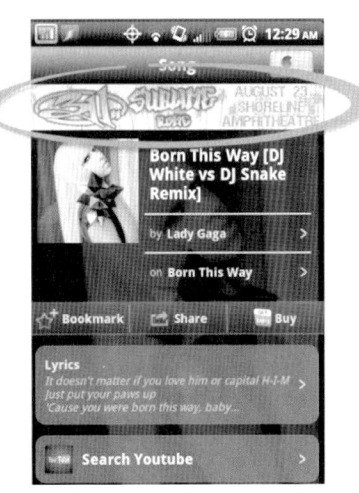

[SoundHound를 통한 광고]

히 크기 때문이다. 대부분 비즈니스 구조에서 B2C(Business to Customer)보다 B2B(Business to Business)가 수익이 큰 것을 확인할 수 있다.

　사용자 수가 많은 애플리케이션은 기업이 광고를 진행함에 있어 가치가 매우 높은 플랫폼이다. 따라서 SoundHound는 애플리케이션의 광고 매력도를 더욱 높이기 위해서 더욱 애플리케이션의 개방화 전략을 취한 것으로 파악할 수 있다. 이러한 앱을 통한 광고는 지리적 제약이 없어 전 세계적으로 광고가 가능하다는 점과 지상파 광고에 비해 비용이 훨씬 낮다는 점에서 장점이 존재한다.

　마지막으로 세 번째 SoundHound의 주요 고객층은 음악산업 엔터테인먼트 기업이다. 그 이유는 앞서 왜 SoundHound에 왜 Google Maps가 주요 파트너로 연결고리가 형성되었는지에 대한 답을 하면서 찾아갈 수 있다. 개개인의 스마트폰에는 위치 기반 서비스(LBS, Location-based service)가 있기 때문에 SoundHound는 사용자들이 어느 지역에서 어떤 가수를 많이 검색했는지에 대한 데이터를 전 세계적으로 수집할 수 있고 이를 바탕으로 빅데이터 분석이 가능하다.

　이렇게 SoundHound에 의한 수집된 '국가별, 지역별 특정 가수 검색에 대한 빈도 분석'은 엔터테인먼트 CEO가 콘서트를 기획하는 과정에서 어디를 타겟 지역으로 정해야 할지에 대한 의사결정(decision making)을 도와 줄 수 있다. 따라서 SoundHound를 통해서 수집된 빅데이터를 분석하여 재창출된 의미 있는 정보는 엔터테인먼트 CEO에게 거래 대상이 될 수 있다.

③ **운영비용 구조**(Cost Structure)

　SoundHound의 회사 운영에 대한 비용 구조를 살펴보면, 크게 프로그램 개발비용, 다양한 기업들과의 파트너십 구축을 위한 인적 네트워킹 비용, 서버 유지·보수(server maintenance) 비용이 있다. SoundHound는 Killer App이기 때문에 빠른 연산 속도, 즉 효율적인 알고리즘을 가진 프로그램을 개발하기 위한 비용이 수반된다. 또한, 아마존, 유튜브, Spotify 등 다양한 이해 관계자들과의 파트너십 구축을 위한 인적 네트워킹 비용이 수반된다. 마지막으로 SoundHound의 서버는 전 세계 모든 사용자의 음악 검색 요구에 응답하고 있다. 그뿐만 아니라 검색 장소에 대한 데이터가 본사 서버에 축적되고 있다. 그러므로 서버 과부하는 피할 수 없는 문제로 나타나 수밖에 없으므로 서버에 대한 성능을 향상하고 유지·보수(server maintenance)에 많은 비용이 들게 된다.

03
Killer App을 활용한 한류 촉진

과거 산업사회에서 기업의 최대 무기는 경쟁 상품과 차별되는 가격 경쟁력이었다. 하지만 현재에 와서는 소비자의 의식 수준 향상과 함께 소비자들은 제품을 구매함에 있어 가격 경쟁력뿐만 아니라 자신의 추구하는 가치와 철학에 부합하는 제품을 선호하게 되었다.

음악산업 역시 마찬가지다. 소비자들의 음악 청취 수준이 향상되었고 음악 장르의 다양성 또한 증가하였다. 다시 말해 소비자들이 청취하기 원하는 음악 장르의 스펙트럼이 더욱 넓어진 것이며, 스펙트럼 내 각각의 장르 안에 속하는 팬층 역시 과거에 비해 균등하게 두터운 분포를 이루고 있다.

따라서 음악 제작사는 다양한 소비자 수요를 만족시키기 위해서 다양한 콘텐츠 제작뿐만 아니라 소비자들이 전 세계적으로 넘쳐나는 음악 콘텐츠의 홍수 안에서 자신에게 부합할 수 있는 음악 콘텐츠를 편리하게 찾을 수 있도록 도와주어야 한다. 물론 이러한 소비자는 이제 국내 소비자만 뜻하는 것이 아니라 좁은 내수 시장을 벗어난 국제 시장을 포함한 모두를 의미한다. 이러한 시대적 환경 변화에 부합하기 위한 솔

루션으로 Killer App을 활용할 수 있다.

본 절에서는 국내 음악 제작사의 CEO 관점에서 국제적인 음악 전용 Killer App 개발의 필요성과 Killer App을 통한 수익의 극대화 전략에 대하여 살펴보자.

1. 국내 엔터테인먼트 CEO 관점에서 음악 전용 Killer App의 필요성

1) 콘서트(행사)에서 가장 큰 수입이 창출, 인터넷 수입은 상대적으로 미약

"APP은 Global base이기 때문에 외국 시장으로의 마케팅 비용 절감이 가능"

미국 경제잡지 포브스의 2012년 6월부터 2013년 6월까지의 1년간 유명인 소득 순위를 조사한 결과 2012년 싸이는 유튜브에서 큰 흥행을 했음에도 불구하고 수입 측면에서는 100위권 안에 진입하지 못하였다. 반대로 마돈나의 경우 신곡의 흥행이 부진함에도 불구하고 소득 순위 1위를 차지하게 되었다. 이렇게 마돈나를 유명인 소득 순위 1위로 만들었던 1등 공신은 공연 수입이었다. 따라서 국내 엔터테인먼트도 고성과(high performance)를 창출하기 위해서는 내수 시장에서의 치열한 경쟁뿐만 아니라 이제는 국외 시장에서의 성공적인 공연 유치 또한 필수적이다. Killer App의 가장 큰 장점 중 하나는 국외 시장으로의 마케팅 비용을 절감할 수 있다는 점이다. 즉 국외 시장의 공중파 혹은 케이블 방송에 막대한 광고비를 지급하지 않아도 국제적 베이스인 App을 통하여 마케팅이 가능하기 때문이다.

2. 외국 시장으로부터의 음원 콘텐츠 수익 창출이 편리함

| 노래 검색 이력 |

SoundHound APP은 사용자들이 자신들이 찾은 곡에 대한 이력(History)를 가질 수 있다. 그리고 곡 선택 시 아마존에서 Mp3 파일을 바로 구매할 수 있다. 그러므로 검색 후 당장 구매하지 않더라도 나중에 내가 구매하고자 하는 리스트가 고스란히 남아 있게 된다. 그러므로 SoundHound의 노래 검색 이력은 곧 '구매 가능성이 있는 곡'의 리스트라고 볼 수도 있다. 그러나 아쉽게도 SoundHound는 한국 음악에 대한 인식과 데이터가 매우 부족하다. 전 세계적으로 한국 음악에 대한 관심을 가지는 SoundHound 이용자들이 급격히 증가한다면 SoundHound 측에서 한국음악 검색과 구매에 대한 보완을 할 것이지만 아직까진 팝송 위주로 검색이 가능하다. 그러므로 우리나라에서 주도적으로 국내 음악산업을 성장시킬 수 있는 SoundHound와 같은 국제적인 킬러 앱을 개발하는 편이 더욱 빠르다고 볼 수 있다. 이는 세계적인 수요를 형성하여 국내 음원시장에 더욱 큰 성장 동력을 제공해 줄 것이다.

3. 외국 시장 콘서트 유치의 리스크 감소

SoundHound는 노래가 검색되었을 때 해당 가수 음원의 구매 경로뿐 아니라 콘서트 정보까지 사용자들에게 제공해준다. 정말 맥가이버칼처럼 App 하나에 모든 음악 관련 정보가 들어 있는 셈이다. 앞서 언급한 것과 같이 엔터테인먼트 CEO 역시 SoundHound의 기업 측면의 고객이다. SoundHound에서 노래 검색 시 자동으로 인식되는 '노래를 찾은 위치 검색'을 통해 획득한 빅데이터는 기업 측면에서 미지의 시장에 대한 정보를 제공하는 가치 있는 정보임이 틀림없다.

〈SoundHound-콘서트 정보 제공〉

만약 국내 엔터테인먼트 기업이 미국에 'A 걸그룹'의 콘서트를 유치한다고 생각해 보았을 때, 해당 엔터테인먼트 CEO는 '넓은 미국 땅에서 어느 지역에 콘서트를 유치하는 것이 가장 높은 성과를 창출할 수 있을까?'하는 의문이 들 것이다. Killer App은 이러한 걱정을 과학적인 자료의 분석으로 해결해 줄 수 있다.

예를 들어 아래와 같이 Killer App(SoundHound)에서 데이터를 수집하여 본 소속사 걸그룹의 음악 검색 빈도 수를 계산한 결과 샌프란시스코 지역에서 가장 높은 검색 빈도가 밝혀졌다면 이 소속사는 서부 샌프란시스코 지역을 콘서트 위치로 선정하는 것이 수익 창출에 가장 합리적인 의사결정이 될 것이다. 이와 같은 의사결정 방법은 경영과학식 의사결정이라고 한다.

[Killer App을 활용한 콘서트 유치]

따라서 Killer App은 소비자에게는 자신이 찾고 싶은 노래에 대한 정보를 제공해 줄 뿐만 아니라 국내 엔터테인먼트 CEO에게는 타지에서 성공적인 콘서트 개최를 위한 의미 있는 데이터를 제공해 줄 수도 있다. 따라서 국내에서도 이러한 SoundHound와 같은 국제적 수준의 킬러 앱이 하루빨리 출시되어 K-Pop의 새로운 성장 동력이 발생되기를 기원한다.

04
기업가 정신과 정부의 지원

1. 기업가 정신(entrepreneurship)

1) 길들여지지 말고 창조하자.

기업가 정신(entrepreneurship)이란 혁신적인 비즈니스를 시작하고 이를 경영함에 있어 발생할 수 있는 난관을 극복하고 기업을 성장시키려는 뚜렷한 의지이다.

1912년 미국의 경제학자 슘페터가 발표한 '경제 발전론'에 따르면 혁신적인 기업가는 새로운 재화나 서비스의 개발을 통하여 기존 시장의 재화나 서비스를 창조적으로 파괴할 수 있는(creative destruction) 행위를 할 수 있어야 한다고 하였다. 그가 이야기하는 창조적 파괴는 본 책에서 계속해서 언급하는 킬러 앱의 개념과 매우 흡사하다. 기업은 기술 혁신을 통하여 '창조적 파괴 행위'를 수행하고 이를 성공적으로 이끈다면 해당 기업에 이윤 창출을 가져다

줄 뿐만 아니라 나아가서는 국가 전체의 발전에 더욱 역동성을 가져다 줄 수 있다.

그러므로 국내 음악산업에 새로운 성장 엔진을 탑재하고 역동성을 증진하기 위해서 실종된 기업가 정신을 되찾아야 한다. 즉 국내 음악 콘텐츠를 해외에서 생산되는 콘텐츠에 비하여 더욱 가치 있게 창조하고 유통 측면에서도 더욱 국제적으로 영향력 있게 홍보할 수 있는 아이디어가 있다면 기획 단계에서만 머물지 말고 실제로 실행을 하라는 것이다. 어떤 일이든지 정말 행동하지 않으면 존재하지 않는다.

만약 국가 차원에서 한류 확산을 위한 SoundHound와 같은 Killer App 개발을 어떻게 생각하는가? 실제로 한류에 대한 세계적 관심이 증가하였지만 따라서 국가 차원에서 중립적인 관점으로 한류로 향하는 통로인 음악산업 애플리케이션을 제작한다면 음악산업을 통하여 한류는 더욱 활발히 장기적으로 진행될 수 있을 것이다. 이와 같은 경우 정부는 정말 플랫폼만 제공하고 중립적 관점에서 사업자들의 자율경쟁을 도모해야 할 것이다. 경쟁 활성화는 콘텐츠 제작에 있어 혁신(innovation)을 창출하고 이러한 혁신이 곧 국가 콘텐츠 경쟁력이기 때문이다. 우리는 수동적인 외국 문화의 수용자에서 이제는 적극적이고 창조적인 세계 문화의 생산자로 변모하여야 한다.

2. 정부의 지원

"창조경제의 심장은 창조적 기업 육성이다."

스마트한 정보 시스템과 단말기는 미국이 만들었지만, 이를 활용하여 돈을 버는 것은 지금부터다. 한류를 키워줄 수 있는 국가적 차원의 환경 조성이 중요하다.

실제로 SoundHound와 같은 Killer App을 개발함에 있어 자금과 경험보다 열정이 앞서는, 즉 이제 시작하는 startup 기업이 해당 생태계에서 이미 시장점유율을 기반한 지배력을 가지고 있는 기존의 기업들 간의 경쟁에서 생존하기란 쉬운 일이 아닙니다. 따라서 이러한 신생 기업이 생겨나고 성장할 수 있는 국가적 차원에서 제도와 정책적인 뒷받침이 이루어져야 한다. 우리나라는 새로운 국가 성장 동력 개발에 기업가 정신, 즉 창조정신에 대한 필요성과 중요성을 인식하고 국가 정책 기조에 이를 반영하고 있다. 하지만 이를 활성화하기 위한 국가적 차원의 지원과 교육 제공 수준은 아직 실무자들의 요구사항을 충분히 반영했다고 말하기에는 시기상조인 것으로 판단된다.

무료 통화 App Service를 개발한 청년 창업가 노상민 씨는 'KBS 희망 창조 코리아' 프로그램에서 APP service 창업 과정에서 실제로 많은 어려움을 겪었는데, 그중 특히 팀을 구성하는 데 필요한 핵심 인재

[자료 : KBS1, 희망창조코리아]

(critical resource)를 찾을 수 있는 커뮤니티, 즉 네트워크가 잘 형성되어 있지 않은 것이 한국 창업 지원 시스템의 문제점이라고 지적하였다. 성공적인 창업과 고성과 창출을 위한 팀 구성은 그 무엇보다 중요하다. 조직 구성원 모두가 공동 창업가 정신(collective entrepreneurship)으로 똘똘 뭉쳐지지 않는다면 몇 년 후에 그 기업은 곧 심각한 경영 위기에 봉착할 가능성이 크기 때문이다. 따라서 국가 차원에서 외국 선진국들과 같이

구직자와 고용자가 서로 소통할 수 있는 인터넷 공간을 형성해 주는 것이 중요하다.

또한, 한국에서 누군가가 Killer App을 개발하는 창업을 한다고 할 때 한국은 외국에 비해 창업 절차가 복잡하고 정부의 지원을 활용하는 것이 쉽지 않다. 이는 지자체들이 창업 지원 예산을 사용하기 위하여 수행하는 기업평가 내용과 심사기준이 지자체별로 상이하기 때문이다.

실제로 창업의 과정을 거친 많은 벤처 사장들과 인터뷰를 해보면, 한국은 Killer App을 개발하기 위하여 정부에 정책 자금을 요청하고 지원받기까지의 과정과 절차가 매우 복잡하다고 했다. 노상민 씨 역시 안정적인 투자자의 지원을 받는 데까지 약 2년이 넘는 시간이 소요되었다고 한다.

우리나라에서 음악산업을 위한 Killer App을 개발하기 위해서는 우선 중소기업청, 중소기업진흥공단, 미래창조과학부, KOTRA 등의 기관을 각각 개별적으로 접촉해야 한다. 하지만 미국의 경우 'Business USA' 그리고 프랑스는 '창업지원기구'에서 창업과 관련된 모든 지원과 절차를 한번에 'one-stop'으로 지원한다. 즉 간편한 절차를 통하여 창업자들의 거래 비용(시간 비용, 탐색 비용)이 감소할 수 있어 자신이 생각하는 제품 및 서비스의 타이밍을 맞추기가 국내보다 훨씬 수월한 것이다. 비즈니스에 있어 '타이밍'은 매우 중요한 핵심 성공 요인이다.

[한국의 Killer App 창업 절차]   [선진국의 Killer App 창업 절차]

(자료 : KBS1, 희망 창조 코리아)

현실적으로 Kille App 기업을 양성하기 위해서는 창조 기업을 위한 정부의 금전적인 지원(Financial Resources)은 매우 중요하다. 2012년 한국은행 자료를 바탕으로 국내총생산(GDP) 대비 정부의 벤처 투자 비율은 다른 나라와 비교하여 상대적으로 낮은 수준이다. 한국(0.12%)은 벤처 투자 비율이 이스라엘(0.66%)과 미국(0.22%)보다 상대적으로 낮은 수준으로 확인되었다.

[2012년 국내총생산 대비 벤처 투자 비율]

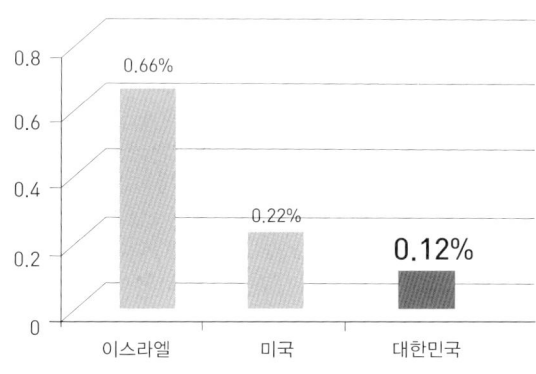

(자료: 한국은행)

상기 내용을 종합적으로 고려해 보았을때, 한국에서 청년들이 SoundHound와 같은 음악 Killer App을 개발하기란 다른 나라에 비해서 국가 차원의 경제적 뒷받침과 절차가 상대적으로 효율적이지 못하다고 판단된다. Killer App 육성을 위한 핀란드의 사례를 살펴보자. 국내 총생산의 약 25%를 책임지고 있던 NOKIA가 몰락하자 핀란드 정부는 해결 대책으로 벤처기업의 창업을 지원하였다. 특히 필란드 정부는 Killer App이 탄생할 수 있는 창업 생태계 조성에 정부가 심혈을 기울였다.

핀란드 정부는 4조 원 정부 창업기금(Fund)을 조성하여 해마다 Killer App을 개발하는 업체에 자금을 지원하였다. 노키아 역시 몰락 후 분파된 기업들에게 자신들의 노하우를 전수하여 분파 기업들이 세계 시장에서 경쟁 우위를 가질 수 있는 힘을 실어 주었다.

정부뿐만 아니라 핀란드는 대학(학계)에서는 성공한 기업가들을 초빙하여 학생들의 멘토로 연결시켜줄 뿐만 아니라 혁신적인 아이디어와 사업화 타당성을 가지고 있는 학생들에게 학생들의 비즈니스 계획을 현실화시켜 줄 수 있도록 투자자의 연결 또한 주선해 주었다.

비즈니스와 디자인 분야로 유명한 필란드 헬싱키에 위치한 알토대학(Aalto University) 창업지원센터 대표는 2013년에만 800여 개의 팀에 경제적, 그리고 네트워크적 지원을 수행하였다고 하였다. 이러한 정부와 학계의 노력 결과, 핀란드에서는 전 세계적으로 수십억 다운로드를 달성한 모바일 게임 앵그리버드, 1년 만에 매출 1조 원을 취득한 '슈퍼셀' 등의 킬러 애플리케이션 기업을 탄생시킬 수 있게 되었다.

[필란드 킬러 앱]

SoundHound와 같은 혁신 Killer App 서비스를 제공하는 기업은 중소 규모의 startup 형태로 사업을 시작하는 케이스가 대부분이다. 그러므로 대부분은 기업가 정신으로 무장한 젊은 신규 사업자가 기업의 대표직을 수행하는 경우가 많다. 이들은 시장에서 생존하기 위해서 계속해서 파괴적이고 혁신적인 서비스를 소비자에게 제공하기 위하여 노력하고 도전하고 있다.

이와 같은 중소 규모의 사업체가 지속적으로 생존하여 중견 기업으로 발전하고 구체적으로도 영향력을 행사할 때 대한민국 경제는 새롭게 재탄생될 수 있다. 국내 경제는 이들로부터 활력을 되찾게 되고 이들은 국가 경제의 튼튼한 허리의 역할을 할 것이라 판단된다.

그러므로 애플리케이션 기업들의 차세대 경쟁력 강화를 위하여 국가적 차원에서 제도적 기반 또한 더욱 명확해질 필요성이 존재한다. 예를 들면 창작물에 대한 보호, 지속적인 혁신을 위한 투자, 시장 지배력 사업자의 시장 지배력 남용 행위 금지 등에 대한 제도적인 기반이 더욱 명확하게 마련하는 것은 혁신적인 중소 애플리케이션 기업의 탄생과 국제적 경쟁력 강화에 큰 도움이 될 것이다.

상기의 내용을 종합적으로 고려해 보면, 스마트 시대에 애플리케이션 기업들은 한 국가 차원에서 경쟁을 하는 것이 아니라 국제적 차원의 경쟁 속에서 사업이 운영되고 있다는 점을 인식할 수 있어야 한다.

국내 기업들의 국제화는 외국 자금을 국내로 가져오는 것이다. 이를 쉽게 설명하면, 대한민국이라는 물통에 대한민국에서 우물을 파는 것과 병행하여 세계 각국에서 물을 끌어와 대한민국의 물통을 가득 채워주는 것과 동일한 논리라 볼 수 있다. 중소 규모의 기업이 활성화되면 단·장기적으로 국가에 많은 혜택이 발생하게 된다. 특히 국내 일자리 창출이 증가됨으로 실업률 감소에 큰 영향을 미치는 장점 또한 존재한다. 현, 중소기업청 한정화 청장에 따르면 "이 좁은 내수 시장을 어떻게 글로벌화 시킬까?"에 대한 대안 모색은 국가적 측면에서 매우 중요한 정책 과제임이 틀림없다고 언급하였다. 어쩌면 이미 고착된 대기업 중심의 시장 구조를 인식하고 외국 시장에서 중소기업의 성장 동력을 찾는 것도 좋은 현실적 대안이라는 점을 의미한다고 할 수도 있다.

따라서 이제 국내 중소형 규모의 혁신 비즈니스 기업들이 성장할 수 있는 합리적인 대안이 마련될 수 있도록 정부, 학계, 기업, 그리고 소비자가 함께 머리를 맞댈 수 있는 연대(solidarity)의 형성이 필요하다. 즉 생태계적 측면에서 상생 전략(win-win strategy)이 필요하다는 것이다. 상생 전략이란 상대방의 장점을 자신의 상황에 맞게 적용하여 기존의 장점의 합이 아니라 거기에 추가적인 플러스 알파, 즉 시너지 효과(synergy effect)를 창출하게 하는 전략이다.

따라서 국내에서도 SoundHound와 같은 음악산업을 위한 Killer App이 탄생되기 위해서는 앞서 소개한 핀란드 사례와 같이 정부, 기업, 학계가 연대가 되어 기업가 정신으로 무장된 젊은 기업가들을 지원해 줄 수 있어야 한다.

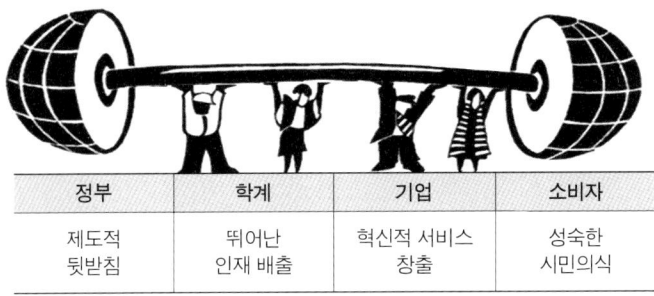

[국내 킬러 앱 경쟁력 강화를 위한 연대의 필요성]

정부	학계	기업	소비자
제도적 뒷받침	뛰어난 인재 배출	혁신적 서비스 창출	성숙한 시민의식

　정부는 경쟁 활성화를 위하여 시장에서 초래될 수 있는 다양한 비효율적 요인들을 제거하고 효율적인 경쟁 체제(regime)를 구축할 수 있어야 한다. 효율적인 경쟁 체제 구축이란 어떠한 시장 지배력을 가진 특정 사업자에게 시장이 독·과점화되는 고착화 현상을 제거할 수 있는 제도적 뒷받침을 마련해야 한다는 것을 의미한다.

　학계는 국제적 시대에 부합할 수 있는 인재들을 배출할 수 있어야 한다. 우리가 위대한 문화 그리고 혁신적인 재화나 서비스를 창출하기 위해서는 인간부터 큰 인물을 만들어야 하기 때문이다. 기업 또한 기업가 정신으로 무장하여 소비자들의 효용을 더욱 극대화하기 위하여 지속적인 혁신 서비스를 제공할 수 있어야 한다. 마지막으로 소비자들은 성숙한 시민의식과 함께 불법적으로 콘텐츠를 획득 및 사용하지 않아야 하며, 다양한 구매 정보의 획득으로 합리적인 판단과 함께 최적의 소비 활동을 수행해야 한다. 소비자들의 이러한 과정은 소비자들을 더욱 진화하게 만들며, 기업들의 경쟁을 더욱 활성화시킬 수 있을 것이다. 이러한 유효 경쟁 상황 속에서 기업들은 소비자의 요구 조건에 더욱 부합할 수 있는 혁신 서비스와 콘텐츠를 창출하게 된다. 우리는 좋은 꽃을 피우기 위해서는 좋은 씨앗도 중요하지만 씨앗이 멋지게 성장하게 도와주는 좋은 품질의 자양토 또한 중요하다는 사실을 잊지 말아야 한다.

본 책은 지금까지 고도화된 정보통신 생태계 내에서 국내 음악가들이 어떤 비즈니스 전략을 수행하여 국제적인 수준의 경쟁 우위를 차지할 수 있을지를 다양한 관점에서 바라보고 해당 관점별 경영 전략들을 제시하였다.

이 책을 읽는 다양한 독자들이 자신의 산업과 상황에 맞게 본 책의 내용을 잘 적용시켜 스마트 시대, 국제적인 경쟁 체제하에서 지속적인 경쟁 우위를 차지하고 나아가 새로운 성장 동력을 형성하여 대한민국 경제 발전의 새로운 기둥이 될 수 있기를 희망한다.

전문가 인터뷰 1

이름 : 최낙호
직업 : 공동창업자
경력 : 말랑(Malang) 스튜디오(유틸리티 플랫폼 그룹)
전 세계(14개국) 2,500만 다운로드
'알람몬(AlarmMon) 애플리케이션 제작'

Q 1. 말랑 스튜디오의 킬러 앱인 알람몬에 대하여 간략히 소개해 주세요.

알람몬은 앱스토어 시장에 2013년 6월에 처음 출시하였으며 소비자 개개인의 취향을 저격할 수 있는 오감 만족 알람 애플리케이션입니다. 그 후 출시 1년 만에 다운로드 건 수 1,000만 건을 돌파하였습니다. 알람몬 애플리케이션은 스마트폰이 가진 다양한 기능을 이용하여 시끄러운 알람, 조용한 알람, 게임 알람, 동영상 알람, 캐릭터 알람 등 다양한 종류의 콘텐츠(알람)를 알람몬 자체 앱스토어(상점)에서 다운받아 소비자의 기호에 맞게 사용할 수 있습니다. 사실 알람몬은 애플리케이션 업계에서는 후발 주자로 시작하였지만, 현재 한국 시장을 중심으로 전 세계로 애플리케이션의 인지도를 확장시켜 나가고 있습니다. 한국을 비롯한 중국·일본·동남아·영국·프랑스 등 약 14개국에서 알람몬이 사용되고 있으며 현재까지 전 세계적으로 2,100만 건의 다운로드 횟수를 기록하였습니다.

Q 2. 알람몬(Killer App)과 음악산업과는 어떤 연관성이 있습니까?

알람몬은 음악 전문 엔터테인먼트 기업과 협업하여 기본적으로 가수의 목소리를 통하여 알람음이 나오도록 하는 차별화된 모바일 알람 서비스를 제공하고 있습니다. 목소리뿐만 아니라 가수가 보유하고 있는 콘텐츠를 최대한 활용합니다. 예를 들어 음원, 목소리, 춤(댄스), 동영상 등을 활용하여 알람 콘텐츠를 제작합니다. 스마트폰과 통신 네트워크의 진보로 인하여 알람 서비스는 꼭 소리로만 제공된다는 편견을 깨고 실제 가수가 1인칭 관점에서 소비자를 깨워 주는 동영상을 제작하여 알람으로 사용되는 서비스 또한 존재합니다. 그뿐만 아니라 가수의 초상권을 바탕으로 음원, 목소리, 춤 등을 복합적으로 믹스하여 게임으로 제작한 알람도 존재합니다. 음악산업과의 연계로 알람몬은 기존의 알람 어플과 차별화될 수 있었으며, 새로운 성장 동력을 확보할 수 있었습니다. 알람몬을 다운로드 받게 되면 기본적으로 제공하는 알람이 있지만, 대부분 가수와 배우 등의 연예인 알람 콘텐츠의 경우 유·무료로 다운받아 사용하실 수 있습니다. 이러한 과정에서 발생되는 수익은 해당 가수가 소속되어 있는 엔터테인먼트에도 수익이 배분됨으로 알람몬 어플은 음악 생태계의 발전에도 이바지할 수 있습니다.

Q 3. 알람 콘텐츠 제작 시, 가수별로 차별화 전략이 존재하나요?

가수의 특성에 맞게 타켓 소비자를 선정하고 이에 부합하는 콘텐츠 전략을 실시합니다. 예를 들어 이번에 새로 출시한 러블리즈(걸그룹) 알람의 경우 주요 타겟층이 20~30대 남성이기 때문에 미니 게임 알람을 기획하였습니다. 아침에 일어나서 걸그룹 러블리즈를 찾는 게임인데 미션을 완수되기 전까지 알람이 꺼지지 않도록 기획되어 있습니다. 그리고 힙합가수 산이의 경우 대중성이 큰 가수이기 때문에 표적 연령층의 스펙트럼이 넓은 장점이 존재합니다. 그러므로 산이(힙합가수) 게임은 모든 사람이 코믹한 즐거움을 느낄 수 있도록 알람 콘텐츠를 기획하였습니다.

[알람몬 - 러블리즈, 산이의 알람 게임 어플]

모든 알람 게임이 진행되는 동안 해당 가수의 노래가 나오기 때문에 해당 가수 및 그들의 노래는 알람몬 사용자들에게 자연스럽게 홍보가 가능합니다. 앞서 언급한 것과 같이 알람몬을 통해 광고를 하게 되면 한국을 비롯한 중국·일본·동남아·영국·프랑스 등 약 14개국에 킬러 앱이라는 새로운 미디어를 통해서 홍보가 이루어진다는 글로벌한 장점 또한 존재합니다.

Q 4. 음악산업과의 전략적 제휴(strategic alliance)를 형성하기까지 어려웠던 점은 무엇입니까?

사실 알람몬은 음악산업과의 전략적 제휴를 통한 알람 콘텐츠 제작이 핵심 모델이 아니었습니다. 외국에서 K-Pop의 열풍과 함께 알람몬 서비스 콘텐츠 중에서 가수(음악산업)의 알람이 좋은 반응을 얻었습니다. 따라서 저희는 증가하는 소비자 욕구를 충족시키기 위해서 더욱 다양한 가수에 기반한 알람 콘텐츠 제작이 시급해졌습니다. 하지만 음악산업 종사자들을 콘텍하기가 힘들었고, 뿐만 아니라 힘들게 만난 음악산업 종사자 분들께 알람몬의 운영 시스템(앱 시스템)을 설명하고 이해시켜 드리는 것 또한 매우 어려운 과제였습니다. 아직까지 기존의 음악산업 경영자들은 '음원, 방송이 최고가 아니냐?'라는 생각이 대부분이었고, 이와 같은 기존의 수익 창출 메커니즘에서 벗어나는 앱(APP) 기반 사업이라는 신규 서비스 도입에 대하여 많은 의심을 하였습니다. 그들에게 사업의 타당성을 이해시키기 위해서 저희 역시 음악 생태계의 많은 이해가 필요하였고, 타 산업의 특성을 연구하였습니다.

그 후 알람몬과 음악산업이 서로 win-win할 수 있는 사업이라는 것에 대한 앞서 언급한 논리적인 설명으로 점점 산업과 산업과의 경계를 허물어 나갈 수 있었습니다. 하지만 여전히 음악산업 종사자들과의 네트워크적 측면에서는 어려운 점이 많습니다. 따라서 한국 정부에서 여러 산업이 만나 정보를 공유할 수 있는 정보 공유의 장을 종종 마련해 주었으면 합니다.

Q 5. 국제적인 Killer App 서비스의 성공을 위하여 어떤 점이 중요합니까?

"상대국의 대중화된 콘텐츠를 응용하는 현지화 전략"
"세계화와 지역화를 동시에 추구하는 글로컬리제이션(glocalization) 전략이 필요"

말랑스튜디오의 초기 멤버들은 ICT의 중심은 실리콘밸리라고 생각하고 실제로 실리콘밸리에서 열리는 Startup에 가서 저희가 처음에 구상한 비즈니스 모델을 프레젠테이션하였습니다. 여러 장점도 중요하였지만, 저희는 실리콘밸리에서 얻게 된 부정적인 피드백을 보완할 필요성이 있었습니다. 그들은 미국 시장의 관점에서 저희 말랑스튜디오의 킬러 앱은 "미국의 문화와 너무 맞지 않다."라고 하였습니다. 저희가 초창기 제작한 알람 콘텐츠는 가수 위주가 아니고 캐릭터 위주의 콘텐츠였는데 이 한국 캐릭터 콘텐츠가 미국 시장에 잘 적용(fit)되기가 어렵다는 것이었습니다. 이때 우리 것을 해외에 무조건 맞추는 것이 아니라 해외의 것을 가지고 응용해야 한다는 것을 깨달았습니다.

예를 들면 "우리나라에서 뽀로로가 유명하다고 해서 미국에 이를 무조건 적용하는 것은 성공의 열쇠가 아니라는 것입니다." 신속한 현지화 전략을 위해서는 첫 번째로, 자사가 내부적으로 보유하고 있는 핵심역량을 잘 활용할 수 있는 국가를 선정하여야 합니다. 문화, 생활 패턴이 비슷한 국가를 타게팅 하게 되면 상대적으로 현지화에 있어 리소스(회사의 보유 콘텐츠 자산)의 투입비용을 절감할 수 있기 때문에 상대적으로 외국 시장의 초기 진입에 용이합니다.

두 번째로, 외국 시장 개척을 위해서 대상으로 고려되는 외국 시장 내에서 인기 있는 캐릭터나 가수를 자사의 애플리케이션에 적용시키는 것이 효과적입니다. 예를 들면 저희 회사는 일본 시장을 공략할 때 헬로키티 캐릭터를 활용하고 있습니다. 그 이유는 한국의 문화와 캐릭터를 외국 시장에 이해시키는 데까지 상당한 시간과 비용이 소요되기 때문입니다. 대부분의 중소 규모의 애플리케이션 회사는 이러한 시간을 기다려줄 만큼 경제적, 시간적 여유가 없는 것이 현실입니다. 따라서 지역적으로는 우리나라에 관심이 많은 나라(중국, 대만)을 공략하는 것이 유리하고 캐릭터와 가수는 그 나라에 익숙한 캐릭터를 활용하여 신속한 현지화(localization)를 구축하는 것이 중요합니다. 이는 세계화(globalization)와 현지화(localization)를 동시에 추구하는 경영 전략인 클로컬리제이션(glocalization)과도 일맥상통한다고 볼 수 있습니다.

제가 인터뷰한 내용을 종합적으로 정리하면 Killer App 서비스를 국제적으로 활성화하기 위해서는 무조건 우리나라에서 개발된 콘텐츠를 외국 시장에 적용하는 것이 아니라, 이를 기반으로 추가적으로 상대국 내에서 이미 대중적으로 인기 있는 콘텐츠를 활용하는 것이 핵심 성공 요인(CSF, Critical Success Factor)이라고 생각합니다.

07

[부록]
스마트 시대의 음악 제작 과정

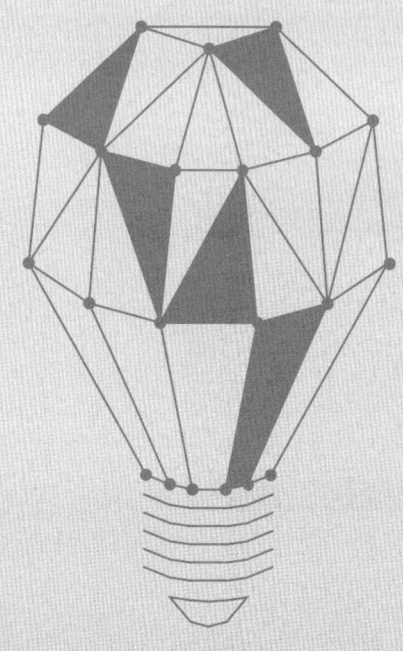

스마트폰의 대중화와 일상화로 인하여 대부분 소비자들의 음악 소비 패턴이 과거 아날로그 방식에서 디지털 방식으로 패러다임이 변화하게 되었다. 이러한 시대 흐름에 부합하기 위하여 대부분의 음악 제작자들은 음악 콘텐츠를 생산함에 있어 디지털 기술을 기반으로 한 음악 창작물을 생산(digital manufacture)하는 성향과 비중이 더욱 증가하게 되었다. 음악은 원래 아날로그 방식에서 출발하였는데 어떻게 디지털 음악 제작이 가능하게 되었을까? 부록에서는 이러한 의문점을 해결하고 현장에서의 생동감을 독자들에게 더욱 생생하게 전달하기 위하여 에이트(8eight) 전 멤버였던 백찬 가수 겸 음악 PD와 디지털 방식을 활용한 음악 제작 과정에 대한 심층 인터뷰를 실시하였다.

전문가 인터뷰

이름 : 백찬 (Luvan)
직업 : 가수, 음악 PD
가수 경력 : 전) 에이트(8eight) 멤버

음악 제작 경력
다비치 - 또 운다 또
정준영 - 병이에요 (Spotless Mind)
에이트 - 심장이 없어, 잘가요 내사랑, 미치지 말자
임정희 - 꽃향기 (응급남녀 OST),
서인국 - 부른다
BEAST - 내 여자친구를 부탁해 (Say No)
시크릿 - 잘해 더, 간미연,
이현 - 널 잃고 보니 등 다수

Q. 스마트 시대, 어떻게 음악 콘텐츠가 제작되나요?

작사 작곡은 불쑥 찾아온 주로 영감을 통해 창작이 시작되지만, 가수나 제작자에게서 의뢰를 받아 해당 아티스트에 맞춰 곡을 쓰는 경우도 있습니다. 저는 작사 작곡의 순서는 노래 속 화자의 이야기에 중점을 두는 편이라 일기를 쓰듯 글을 써내려 가는 동시에 그 감정에 맞는 멜로디를 붙이는 경우가 많습니다. 하지만 곡의 장르나 성향에 따라 순서는 유동적입니다. 댄스 장르의 경우에는 주로 트랙을 먼저 만든 뒤 그 트랙에 맞는 멜로디를 쓰고, 그다음 가사를 붙이는 경우가 많습니다. 여기서 트랙(Track)이란 흔히 가수 목소리 뒤의 배경 음악을 말합니다. 드럼 비트, 악기, FX(특수효과) 등을 총칭하는 것입니다. 곡 작업은 주로 집에 설치해 둔 간이 작업실에서 할 때도 있고, 스튜디오 작업실에서 할 때도 있습니다.

음악적 영감이란 것은 놓치면 후회할 일이 생기니 저의 경우는 영감이 오면 언제든 작업할 수 있게 전자피아노와 방음 시설을 준비해 두었습니다.

위 사진은 저의 집 간이 작업실이기도 한 요즘 흔히 볼 수 있는 홈레코딩 시스템의 작업 데스크입니다. 예전과 달리 컴퓨터 한 대만 있으면 간단한 음악 작업이 가능하고 음악 장비들 역시 저가의 장비들이 시중에 많이 나와 있기 때문에, 음악 작업에 접근하기가 훨씬 쉬워졌습니다. 필요한 장비는 크게 하드웨어와 소프트웨어로 나눌 수 있습니다.

디지털 음악 제작에 필요한 최소 하드웨어는 아래와 같습니다.

1. 컴퓨터

2. 오디오 인터페이스
   대부분의 PC에 내장된 사운드카드와 비슷한 기능을 하지만, 다양한 입/출력 단자를 가지고 있어 음악 작곡, 악기 연주, 녹음 등 활용 폭이 넓은 장비입니다.

3. 다이내믹 마이크 혹은 컨덴서 마이크
   다이내믹 마이크 : 흔히 노래방에서 볼 수 있는 마이크입니다.
   컨덴서 마이크 : 가수들이 녹음실에서 노래를 부르는 장면 등에서 볼 수 있는 바로 세워져 있는 마이크입니다.

4. 미디(MIDI)가 가능한 키보드
   미디란 음악 작업을 위한 컴퓨터 언어라고 이해하시면 됩니다.

5. 모니터 스피커
   여기서 말하는 모니터 스피커는 감상용 스피커가 아닌 작업용 스피커를 의미합니다. 작업용 스피커는 일반 스피커와는 소리의 성향이 다릅니다. 악기 소리 하나하나가 일반 스피커에 비하여 더욱 입체적으로 들린다는 느낌을 받을 수 있다는 점에서 차별성이 나타납니다.

디지털 음악 제작에 필요한 최소한의 소프트웨어의 목록은 아래와 같습니다.

1. DAW (작곡 프로그램)

예) Logic Pro, Cubase, Reason, Protools

[Logic Pro X (작곡 프로그램)]

이제는 프로그램 사용법만 숙지한다면 대형 레코딩 작업실이 아닌 초소형 홈레코딩 작업실에서도 창작이 가능합니다.

[보컬 녹음 - RealSound 제공]

창작한 곡을 발표하게 되면 가수와 만나 녹음을 합니다. 보컬 녹음은 앞쪽의 사진처럼 전문 녹음실에서 진행하게 됩니다. 한 곡 녹음하는데 4시간이 걸릴 때도 40시간이 걸릴 때도 있습니다. 가수는 녹음 부스 안에서 노래를 부르고, 작곡가는 밖에 있는 컨트롤 룸에서 곡을 전체적으로 디렉팅을 하며 함께 완성해 나갑니다. 참고로 앞서 언급한 컨덴서 마이크가 바로 저렇게 생긴 마이크입니다.

[세션 녹음 - RealSound 제공]

보통 보컬 녹음을 마친 후에는 세션 녹음을 합니다. 드럼, 기타, 베이스 기타, 현악기 등의 전문 연주자들이 컴퓨터 음악으로 완성된 편곡을 기반으로 실 연주를 펼치는 작업을 의미합니다. 컴퓨터 음악으로 드럼, 기타, 베이스 기타, 현악기 등을 모두 표현할 수 있는데도 세션 녹음을 하는 이유는, 아무리 디지털 기술이 발전했다고 해도 여전히 실제 악기가 주는 감동을 컴퓨터가 표현하지 못하는 부분이 있기 때문입니다. 그러므로 세션 녹음을 통하여 디지털 작업의 부족한 점을 보완할 수 있습니다.

[믹싱 - RealSound 제공]

보컬 녹음에 이어 세션 녹음까지 모든 녹음을 마치면 믹싱이라는 작업을 하게 됩니다. 녹음된 모든 오디오물을 듣기 좋게 정리하는 개념이라고 보시면 됩니다.

예를 들어, 기타의 볼륨에 비해 가수의 목소리가 너무 작으면 감상하는데 어려움이 있을 것입니다. 흔히 가수들이 "하이 좀 올려 주세요."라는 얘기를 많이 하는데, 그건 한글로는 고주파, 영어로는 High Frequency입니다. 이 주파수 대역을 올리면 목소리가 보다 시원하게 들립니다. 또 하나의 예를 들자면 노래방에서 흔히 에코라는 단어를 쓰는데, 이것은 전문 용어로는 리버브, 딜레이 등을 의미합니다. 목소리든 악기든 적당히 울림을 줌으로써 듣기 좋게 만드는 것입니다. 사실 믹싱의 개념은 워낙 방대하여 이렇게 짧게 설명하기엔 어려움이 있지만, 각각의 독립적인 오디오 데이터들을 잘 어우러지게 해 하나의 듣기 좋은 음악으로 들리게 하는 작업이라고 생각하면 됩니다.

[마스터링 - SUONO 제공]

음악 작업에 있어서 최종 단계는 마스터링이라고 하는 단계입니다. 여러분이 CD나 음원 사이트 등에서 듣는 모든 음악은 마스터링을 마친 음악입니다. 마스터링의 역할은 아래와 같이 설명할 수 있습니다.

1. **볼륨 조절** - 10곡이 수록된 정규 앨범이 있다고 가정을 해봅시다. 1번 트랙부터 3번 트랙까지 잘 들어오다가 4번 트랙의 노래가 갑자기 볼륨이 굉장히 작다면 감상하는데 불편함이 생깁니다. 감상의 흐름이 끊기지 않게 10곡의 볼륨을 균형 있게 맞춰줍니다.

2. **음원의 최종 재생 시간 결정** - 마스터링은 음악 제작의 최종 단계이기 때문에 곡의 최종 재생 시간을 결정합니다. 곡의 제일 앞과 뒤에는 Fade In/Out을 통해 자연스럽게 감상할 수 있게 합니다.

3. **음악의 전체적인 느낌을 결정** - 마스터링은 믹싱이 완료된 하나의 오디오 데이터를 가지고 작업하기 때문에 컴프레서, EQ, 리

버브 등의 장비를 사용했을 때 음악 전체에 영향을 주게 됩니다. 예를 들어 목소리만 바꾼다거나, 기타의 소리만 바꾼다거나 독립적으로 바뀌는 것이 아니라 음악 전체가 바뀌는 것입니다.

상기 내용을 종합해 보았을 때 마스터링이란 한 그루 한 그루의 나무를 자세히 보는 것이 아니라 큰 숲을 보는 통합적 작업이라고 할 수 있습니다. 부분이 아닌 전체에 영향을 주는 수많은 작업이 마스터링을 통해 이루어집니다. 이렇게 마스터링까지 작업이 완료되고 나면 결과물이 디지털 형식으로 저장되며 아래와 같이 온라인 음악 서비스 사이트에 최종적으로 업로드 됩니다.

[음악 작업 결과물 - 온라인 음악 서비스 사이트에 업로드]

참고 문헌

■ 1장
- 모바일인터넷전화 [mobile voice over Internet protocol] (시사상식사전, 박문각)
- [네이버 지식백과] 정보 통신 기술 (Basic 중학생을 위한 기술·가정 용어사전, 2007.8.10, ㈜신원문화사)
- 한국일보, 아이디어만 있으면 OK! 17개 혁신센터가 창업 동반자, 2015. 03. 27
- 전자신문, 이슈분석] 직접수신율 6.8% vs 5500만 가입자, 2014. 11. 16
- 아주경제, 〈단독인터뷰〉존 호킨스 "한국형 창조경제, ICT 경쟁력에 창의성 덧입히는 것", 2013. 10. 28
- 전자신문, [알아봅시다] 모바일 커머스, 2013. 7. 18.
- 정보통신정책연구원(KISDI), 국내·외 초고속인터넷 확산 요인 및 전략 사례 비교와 시사점, 2010
- 한국전자통신연구원(ETRI), 좋은 이웃, 2014
- 과학과 기술, 창조경제와 정부의 역할, 2013. 05
- 김대호 외 9인, ICT 생태계] 커뮤니케이션 북스, 2014. 3. 28.

■ 2장
- 김난도 외 4인, 《트랜드코리아 2013》, 미래의 창
- 머니위크, 비싼가구·가전제품 살 필요 없어요, 2012. 9. 29
- [네이버 지식백과] 저작권 [The Copyright, 著作權] (한국민족문화대백과, 한국학중앙연구원)
- [네이버 지식백과] 공동 실연자 [Joint Performer] (저작권 기술 용어사전, 2013., 한국저작권위원회)
- [네이버 지식백과] 실연자와 음반 제작자 (음악 저작권, 2013. 2. 25., 커뮤니케이션북스)
- 법제처, 찾기쉬운 생활법령 정보
- 스포츠경향, 저작권의 시대… 작곡가 '억소리' 시장은 '악소리' 2013. 05. 23
- 머니투데이, 2014.12.29. 외국인 관광객 1,400만 명 돌파… 세계 20위권 진입
- 전자신문, [알아봅시다] 모바일 커머스, 2013. 7. 18.
- 정보통신정책연구원(KISDI), 국내·외 초고속인터넷 확산 요인 및 전략 사례 비교와 시사점, 2010
- 한국전자통신연구원(ETRI), 좋은 이웃, 2014
- 과학과 기술, 창조경제와 정부의 역할, 2013. 058.
- 김대호 외 9인, [ICT 생태계] 커뮤니케이션 북스, 2014. 3. 28.
- 김동현(2012), "디지털 음악시장의 현황"
- 방송통신 위원회 보도 자료(2010. 06)
- 문화체육관광부·한국콘텐츠진흥원 2012 콘텐츠산업통계
- IFPI(2011). Digital Music Report 2011. Retrieved from www.ifpi.org/content/library/dmr2011.pdf
- IFPI(2014). Digital Music Rerport 2014. Retrieved from http://www.ifpi.org/downloads/Digital-Music-Report-2014.pdf

■ 3장
- Social and Other Networks Presentation for MBA Course, Prof. Nicholas Economides, Stern School of Business, New York University, 2011
- 박상수, 이기심과 이타심 그리고 합리성에 대한 비판적 연구, 産經論集, 2001
- 전자신문. 스타트업 CEO 희망릴레이. 이재석 미로니 대표, 2013. 03. 18
- 동아비즈니스리뷰, Social Communication, No.170, 2015. 2.
- 동아비즈니스리뷰, The China Strategy, No.174, 2015. 4.

- 편석준의 Mobile Insight, 인문학과 IT의 만남, [카카오 뮤직]은 싸이월드의 친척인가, 새로운 음원 플랫폼인가? Posted on 10월 4th
- 편석준의 Mobile Insight, 인문학과 IT의 만남, [카카오 뮤직]은 싸이월드의 친척인가, 새로운 음원 플랫폼인가? Posted on 10월 4th
- 2013 음악산업백서, 한국콘텐츠진흥원, 2015. 4.
- 통통뉴스, 〈사람이 만드는 노래를 만드는 사람들〉, 소셜밴드, 2011. 06. 02
- 동아일보, 〈소셜밴드〉를 아시나요, 2011. 05. 11

■ 4장
- 전자신문, '5G 정식명칭은 'IMT-2020 최고속도 20Gbps", 2015.06.18
- 동아일보, '데이터 정체 심각… 700MHz 확보 절실", 2015. 07. 06
- KT경제연구소, 〈모바일 기반 영상 시청 시장 확대를 위한 소비자 이용행태 분석〉, 2013.07.16.
- 조선일보, 유튜브로 뜬 피아니스트 "클래식은 그러면 안 되나요?", 2013. 05.21
- 한국경제연구원, 한반도 르네상스 구현을 위한 VIP리포트 : ICT 산업의 발전 과제와 시사점, Vol.630, 2015.
- 코리안스피릿, 세계적인 피아니스트 임현정, 벤자민인성영재학교 멘토가 되다., 2014. 11. 18.
- 정보통신정책연구원 〈ICT 생태계의 지속가능한 성장을 위한 망 중립성 및 인터넷 트래픽 관리방안 연구〉 2012. 11.
- 김대호 외 9인 《ICT 생태계》, 커뮤니케이션북스, 2014. 3.
- 박민성, 〈OTT서비스에 전략적 위상과 향후 진화 방향〉, 「방송통신정책」 제23권 22호 통권 531호, KISDI, 2011-12-1
- 조명신, 〈스마트 TV를 둘러싼 경쟁지형과 정책방안〉, 「방송통신정책」 SK 경영경제연구원, 2011.9.30
- 이기훈, 신유형 〈미디어 서비스 도입에 따른 각국 규제논의 현황〉, 정보통신정책, 제24권 13호, 2012
- 서기만, 〈OTT서비스의 이해와 전망〉, 한국방송공학회, Vol.16. No.1, 2011

■ 5장
- Nielsen, J. "Usability 101: Introduction to usability", Jakob Nielson's Alertbox, August, 2003
- 티브이데일리, "연예계 추억팔이 장사 좀 되십니까?", 2014. 03. 14
- DBR, "Special Report, Authenticity", 2013. 09.
- DBR, "Special Report, Social Communication", 2015. 02.

■ 6장
- 김유정, 김돈한, 〈AHP를 이용한 스마트폰 앱 구매경정 요인에 관한 연구〉, 인제대학교 디자인 연구소, 2012.
- 문준환, 〈소비자의 스마트폰 애플리케이션 이용 패턴 분석을 통한 앱 시장의 촉진 전략에 관한 연구〉, 서강대학교 MBA 학위논문, 2013.
- 김성철, 곽규태, 김영규 외 9, 〈미디어 경영론〉, 한국미디어경영학회 미디어 경영총서, 2015
- 신민수, 〈인터넷 비즈니스 분야에서의 경쟁력 강화 방안 연구〉, 정책연구 09-70, 정보통신정책연구원, 2009
- KBS1, 청년기업, 희망을 쏴라, 희망창조코리아, 2015.1.9

저자 약력

저자 김일중

한양대학교 경영대학원(경영정보시스템 전공, 경영학 박사 수료)
한양대학교 경영대학원(MBA)(경영정보시스템 전공, 경영학 석사)

현) 한양대학교 Business Intelligence & Strategy 연구소 선임연구원
　　한양대학교 MBA 총 동문회 대외협력국 부국장
　　한양대학교 Summer school, ICT Strategy for Business 강의
　　우송대학교, IT 경영학부 외래교수 역임
　　The Study Abroad Foundation, USA chartered NPO 선임연구원
　　외교통상부 자유무역협정(FTA) 정책기획과 국·영문 홈페이지 담당자

저서
《문화예술교육사를 위한 교육학개론 – 1, 2판》 (2013, 2014)

논문
〈A Study on the Critical Success Factors of Social Commerce through the Analysis of the Perception Gap between the Service Providers and the Users, APJIS〉
〈국내 상호접속제도 연구: 핵심이슈와 대안 발굴, 한국통신학회〉 외 다수

입상
외교통상부 우수 영문홈페이지 담당자
제1회 한양대학교 경영대학 발전 아이디어 공모전 우수상(국제화 부문)

저자 류석윤 – 연예기획자

현) 에이리스트 컴퍼니 대표 (www.a-list.co.kr)
Entertainment & Management Company

충남 대학교 농업생명과학대학, 농산물 유통의 컨텐츠화 강의
우송 대학교 IT 융합학부, IT와 경영 : 기업가 정신 강의

**아트놀로지 시대,
정보통신과 음악산업의 만남**

초판 1쇄 인쇄	2016년 11월 9일		
초판 1쇄 발행	2016년 11월 15일		

저자	김일중, 류석윤	그림	沈浩(심호)
펴낸이	박정태		
편집이사	이명수	감수교정	정하경
편집부	김동서, 위가연, 조유민		
마케팅	조화묵, 박명준, 최지성	온라인마케팅	박용대, 김찬영
경영지원	최윤숙		
펴낸곳	북스타		
출판등록	2006.9.8 제313-2006-000198호		
주소	파주시 파주출판문화도시 광인사길 161 광문각 B/D		
전화	031-955-8787	팩스	031-955-3730
E-mail	kwangmk7@hanmail.net		
홈페이지	www.kwangmoonkag.co.kr		
ISBN	978-89-97383-91-7 13320		
가격	18,000원		

이 책의 무단전재 또는 복제행위는 저작권법 제97조5항에 의거
5년 이하의 징역 또는 5,000만 원 이하의 벌금에 처하게 됩니다.

저자와의 협약으로 인지를 생략합니다.
잘못된 책은 구입한 서점에서 바꾸어 드립니다.